高等学校“十三五”规划教材

分析化学实验

姚慧　高嵩　王晓峰　韩双　主编

化学工业出版社

·北京·

内 容 提 要

《分析化学实验》按实验基础知识、化学分析法实验、仪器分析法实验、综合性实验安排内容，共62个实验项目，在内容安排上由浅入深，方便学习。对一些基础操作视频，本书配有二维码，读者可扫码观看。第6章的2个技能考核示例可供兄弟院校参考使用。

本书可作为高等院校化学类、化工类、环境类、材料类、生物类、食品类等专业本科生的教材，也可供相关实验技术人员参考。

图书在版编目（CIP）数据

分析化学实验/姚慧等主编. —北京：化学工业出版社，2020.7（2024.8重印）

高等学校“十三五”规划教材

ISBN 978-7-122-36753-2

Ⅰ.①分… Ⅱ.①姚… Ⅲ.①分析化学-化学实验-高等学校-教材 Ⅳ.①O652.1

中国版本图书馆CIP数据核字（2020）第078496号

责任编辑：宋林青　　文字编辑：朱　允　陈小滔

责任校对：赵懿桐　　装帧设计：刘丽华

出版发行：化学工业出版社（北京市东城区青年湖南街13号　邮政编码100011）

印　　装：涿州市般润文化传播有限公司

787mm×1092mm　1/16　印张11　字数268千字　2024年8月北京第1版第5次印刷

购书咨询：010-64518888　　售后服务：010-64518899

网　　址：http://www.cip.com.cn

凡购买本书，如有缺损质量问题，本社销售中心负责调换。

定　　价：28.00元

前言

《分析化学实验》参照教育部制定的《关于进一步深化本科教学改革全面提高教学质量的若干意见》《普通高等学校本科化学专业规范》《关于实施高等学校本科教学质量与教学改革工程的意见》的要求，依据本校历年来的分析化学实验教学实践，并参考其它院校的化学理论教材及实验教材编写而成。为了强化学生实验安全意识、降低实验室安全事故发生的概率，本教材大幅增加了实验室安全操作和安全防护知识的相关内容。在实验项目设置方面，将基础性实验、综合性实验和设计性实验相结合，形成验证—综合—创新螺旋上升式实验教学体系，既保留了传统经典的实验项目，又增加了新的检测手段，使实验内容更加丰富。本教材还配有相关安全操作和仪器操作的视频，通过扫描本页后的二维码即可观看，以增加实验预习的直观性，增强预习效果。

本书共筛选了 62 个实验。在层次上尽量做到由浅入深，在表述方法上尽量做到详尽，以便于学生自学和教师教学，有较强的可操作性。本书可作为高等院校化学类、化工类、环境类、材料类、生物类、食品类等专业本科生的教材，也可供相关人员参考。通过本教材的学习，学生可掌握分析化学实验的基本操作和基本原理，培养实验技能和动手能力，进而培养分析问题和解决问题的综合能力。

本教材共分 6 章，第 1 章主要介绍实验室安全知识、实验基本操作、实验室“三废”处理和实验数据处理等知识；第 2 章为化学分析法，包括基本操作、酸碱滴定法、配位滴定法、氧化还原滴定法、重量分析法，共 17 个实验项目；第 3 章到第 5 章为仪器分析实验，包括电位分析法、伏安分析法、紫外-可见分光光度法、荧光光谱法、红外光谱法、原子吸收光谱法、原子发射光谱法、气相色谱法、高效液相色谱法、毛细管电泳法等内容，共 36 个实验项目；第 6 章为综合技能训练实验，包括综合实验、实验设计、技能考核 3 大类，含 4 个综合实验项目、3 个实验设计（含 21 个题目）、2 个技能考核。

本书由沈阳化工大学应用化学学院高嵩教授负责组织编写，姚慧、高嵩、王晓峰、韩双任主编，参加编写的人员还有（按姓氏笔画顺序排列）：王娟、王淑菊、张英、燕萍、臧淑艳等。本书二维码中的操作视频由沈阳化工大学应用化学学院无机化学教研室的同事完成，在此向他们表示衷心的感谢。

本书在编写过程中参考了大量的相关教材和资料，在此向这些文献的作者表示衷心的感谢，同时也感谢化学工业出版社对本书的出版所给予的大力支持。由于编者水平有限，疏漏及不当之处在所难免，恳请读者批评指正。

编者

2020 年 2 月于沈阳

附：操作视频及相应页码

1. 实验台的清洁 P1	2. 烧杯的使用 P9	3. 分液漏斗的使用 P9	4. 锥形瓶的使用 P9	5. 细口试剂瓶的打开 P12	6. 市售试剂瓶的打开 P12
7. 试剂瓶的使用 P12	8. 滴管和滴瓶 P12	9. 洗瓶的使用 P12	10. 固体试剂的取用 P12	11. 液体试剂的取用 P13	12. 台秤的使用 P14
13. 电子天平的使用 P14	14. 量筒的使用 P15	15. 固定质量称量法 P15	16. 减量称量法 P15	17. 移液管和吸量管的使用 P16	18. 容量瓶使用前的准备工作 P16
19. 标准溶液的配制 P17	20. 稀释标准溶液 P17	21. 滴定管使用前的准备工作 P17	22. 滴定管的润洗和装液 P18	23. 滴定操作 P19	24. 常压过滤前的准备工作 P20
25. 常压过滤 P21	26. 干燥器的使用 P23	27. 坩埚和坩埚钳 P62	28. 玻璃电极 P65	29. 甘汞电极 P65	30. 复合电极 P65
31. 分光光度计 P84					

目录

第1章 绪论

1.1 实验室安全知识

1.1.1 实验室学生守则

① 学生进入实验室工作，要遵守纪律，不大声喧哗，保持实验室安静，严格遵守实验室各项规章制度，服从管理人员的安排。

② 要爱护实验室设备和仪器，节约水、电和煤气，严禁将实验室内的任何物品带出实验室。

③ 实验前认真预习，明确实验目的和要求，了解实验的基本原理、方法、步骤。写好预习报告并交指导教师检查，否则不得进入实验室。

④ 实验前要清点仪器，如果发现有破损和缺少，应立即向指导教师报告，按规定手续向实验室申请补领。实验中如有仪器损坏，应立即主动向指导教师报告，进行登记，按规定价格进行赔偿，再换取新仪器，不得擅自拿别的位置上的仪器。

⑤ 实验仪器应整齐地放在实验台上，保持实验室整洁、卫生。

⑥ 实验时要仔细观察，认真思考，详细做好实验记录。使用仪器时，应按照要求进行操作。应按规定量取用药品，无规定量的，要尽量少用，以节约药品。取药品时要小心，不要撒落在实验台上。药品自试剂瓶中取出后，不能再放回原瓶中。

⑦ 实验过程中，应保持实验台面的整洁。实验后，废纸、火柴梗等固体废弃物应倒入垃圾箱内，切勿倒入水槽，以免堵塞下水管道。废液必须倒入废液缸内，以便统一处理。严禁将实验仪器、化学药品擅自带出实验室。

⑧ 完成实验后，将所用仪器洗净并整齐地放在指定位置，将实验台擦净，最后检查水、电和煤气是否关好。应请指导教师检查，得到指导教师许可后才能离开实验室。

⑨ 实验结束后，值日生负责清扫地面和实验室，检查水龙头以及门窗是否关好，电源是否切断。

1.1.2 实验室安全守则

① 严格遵守实验室安全守则，了解实验室水、电、气的阀门位置，熟悉各种安全用具

（如洗眼器、紧急冲淋器、灭火器等）的使用方法，不得随意搬动、开启安全用具。

② 绝对禁止在实验室内饮食、吸烟，或把食物和餐具带进实验室，不准用实验器皿做茶杯或餐具。不得用尝味道的方法来鉴别未知物，实验完毕必须洗净双手。

③ 进入实验室工作时必须穿工作服，离开实验室时脱下工作服。应经常保持整洁，禁止穿工作服进入食堂或其它公共场所，禁止穿拖鞋、背心、短裤进入实验室。实验进行时，不得擅自离开实验室，工作完成后离开实验室时应用肥皂洗手。

④ 使用有毒试剂时，严防试剂进入口内或接触伤口。有毒药品或试液不得倒入下水道，应倒入指定的回收瓶内，集中回收处理。

⑤ 在进行任何有可能碰伤、刺激或灼伤眼睛的工作时，必须戴防护眼镜。浓酸、浓碱等具有强腐蚀性的药品，切勿溅在皮肤和衣服上，尤其不可溅入眼中。使用时要戴上橡皮手套、防护眼镜及工作帽。

⑥ 使用极易挥发和易燃的有机溶剂（如乙醇、丙酮等）时，必须远离明火。用后即刻塞紧瓶塞，并放在阴凉处，切不可将瓶口对着自己或他人，以防气液冲出引起事故。

⑦ 接触有毒、有恶臭或者有刺激性气味的气体时，应该在通风橱中进行。

⑧ 绝不允许随意混合各种化学药品，以免发生意外事故。

⑨ 使用电器时不能用湿手、湿物接触电源。水、电、气等一经使用完毕立刻关闭。实验室停止供电、供水时，应立即将电源、水源开关全部关上，以防恢复供电、供水时由于开关未关而发生事故。离开实验室时应检查门、窗、水、电是否安全。

⑩ 实验室中所有药品不得带出实验室。每瓶试剂必须贴有明显的与瓶内物质相符的标签，标明试剂名称及浓度。

⑪ 实验室使用的氧气钢瓶严禁沾污油脂。使用人的手、衣物或工具上沾有油污时，禁止接触氧气钢瓶。

1.1.3 实验室的基本安全操作

良好的安全意识是杜绝安全隐患、保护人身安全的关键，所以走进实验室做实验之前，必须要牢记以下几点：

① 熟悉实验室周围环境、安全设施位置，以及安全出口和逃生通道的走向。

② 熟悉实验室内安全设施及水、电、气总开关的位置。

③ 熟悉防护眼镜、紧急喷浴器和洗眼器的位置及使用方法。

④ 熟悉待做实验的注意事项，特别是安全方面。

⑤ 掌握着火、爆炸、触电、跑水、烧伤、危险化学品中毒等事故应急处理的基本常识。

1.1.3.1 化学试剂的安全操作

① 操作或使用化学品前，应穿戴好防护用品。

② 量取化学试剂时，不小心洒在实验台面和地面，需及时清理干净。

③ 严谨使用不明液体。鉴定不明液体时，不可直接去嗅化学试剂的味道，而应保持适当距离，摆动手掌将少许气味引向鼻孔，不要闻未知毒性的试剂。

④ 严谨以嘴吸移液管的方式取用试剂。

⑤ 装有化学试剂的容器必须立即贴好标签，注明试剂名称、纯度和配制时间等，使用时应仔细阅读标签。

⑥ 对于低沸点或易挥发的液体，容器内不可盛得过满，不可置于阳光下或高温处，开启这类容器时，瓶口不要对人。

⑦ 稀释硫酸时，一定要将浓硫酸沿着烧杯壁慢慢地注入水中，并不断用玻璃棒搅拌，使产生的热量迅速地扩散，切不可把水倒入浓硫酸中。因为水的密度较小，浮在浓硫酸上面，溶解时放出的热会使水立刻沸腾，使硫酸溶液向四周飞溅，这是非常危险的。

⑧ 配制和使用有机试剂时，应远离火源或者是关闭火源。配制和使用有刺激性气味的药品时应在通风橱中进行。

1.1.3.2 玻璃仪器的安全操作

玻璃器皿是化学实验室的常用仪器，种类很多，按用途大致可分为容器类仪器、量器类仪器和其它类仪器。容器类仪器包括试剂瓶、烧杯、烧瓶等，根据它们能否受热又可分为可加热的仪器和不宜加热的仪器。量器类仪器有量筒、移液管、滴定管、容量瓶等，一律不能受热。其它类仪器包括具有特殊用途的玻璃仪器，如冷凝管、分液漏斗、干燥器、砂芯漏斗、标准磨口玻璃仪器等。这些玻璃仪器如果使用不当，就会造成意外伤害，因此，以下具体安全操作应予以重视。

① 使用玻璃器皿前应仔细检查是否有裂纹或破损，如有则应及时更换，使用时应轻拿轻放，以防打碎。

② 加热溶液时，玻璃器皿（除试管外）必须放在石棉网上进行，使受热面均匀，以防局部过热损坏玻璃器皿。

③ 除烧杯、烧瓶及硬质试管外，像量筒、试剂瓶、培养皿等非加热的玻璃器皿一律禁止加热使用。不可在试剂瓶或量筒中稀释浓硫酸或溶解固体试剂。

④ 灼热的器皿放入干燥器时，不可马上盖严，应留点缝隙以便放气。挪动干燥器时，应双手操作，并用双手的大拇指按紧盖子，以防滑落或打碎。

⑤ 将玻璃管插入橡胶塞，或在玻璃管上套橡胶管时应注意防护，插管时可戴手套或用毛巾包着玻璃管进行操作。橡胶塞打孔较小时，不可强行用力插入玻璃管或温度计，应涂些润滑剂，边转动边插入，或重新打孔。

1.1.3.3 样品分解的安全操作

样品分解是将试样中待测组分全部转变为适于测定的形式。通常是将试样中的待测组分以可溶盐的形式转入溶液。分解试样常用的分解方法有溶解法、熔融分解法和微波消解法等。

① 采用溶解法溶解样品时，应在通风橱里进行，以防吸入有毒或刺激性气体损害身体健康。

② 采用高氯酸溶解试样时，如果试样中含有机物，一定要先用硝酸氧化有机物，再用高氯酸分解，以免引起爆炸。

③ 氢氟酸易腐蚀玻璃器皿，并且对人体的毒害很大。皮肤接触到氢氟酸，会渗透到皮肤里与骨骼中的钙发生反应引起剧烈的疼痛，很难治愈。使用氢氟酸时，须带胶皮手套。如果皮肤接触到氢氟酸应立即用自来水冲洗，并采取相应的急救措施。通常是在接触部位涂上葡萄糖酸钙凝胶。如果接触范围过广，又或者延误时间太长的话，医护人员可能会在动脉或周围组织中注射钙盐溶液。

④ 熔融分解法是将试样和固体溶剂混合，在高温下使待测组分转变为可溶于水或酸的形式。采用该法分解试样时应佩戴护目镜和防热手套以防高温灼烧。

⑤ 采用微波消解法分解样品时，严谨消解危险的易燃易爆的有机试剂或包含这些试剂的样品。如要用微波消解法消解，可先蒸发有机试剂然后再消解，杜绝使用大量高氯酸来消解样品罐。

1.1.3.4 铬酸洗液的安全配制

重铬酸钾为氧化剂，它与硫酸组成的铬酸洗液是实验室中常用的强氧化洗液之一。铬酸洗液的配制方法虽然十分简单，但是反应过程中能产生大量的热，并有迸溅的危险，所以在配制铬酸洗液时要特别注意。新配置的铬酸洗液应为深橙红色。

实验室常用的铬酸洗液配制方法：将研细的重铬酸钾 20g 溶于 40mL 水中，慢慢加入 360mL 浓硫酸。配好的洗液应贮存在磨口瓶内，因浓硫酸有强吸水性，以防洗液吸水而降低洗涤效能。该洗液用于去除器壁残留油污，洗液倒入要洗的仪器中，应使仪器周壁全浸洗后稍停一会儿或浸泡一夜再倒回原洗液瓶，洗液可重复使用。

这种洗液在使用时要切记不能溅到身上，以防“烧”破衣服和损伤皮肤。洗涤时残留在被洗涤器具上的铬酸洗液不能直接倒入下水道，应集中贮存在废液瓶中，再依次用硫酸亚铁和废碱液处理。

当铬酸洗液由红棕色变为墨绿色时，$K_2Cr_2O_7$ 被还原，说明洗液已失去洗涤效能。失效的铬酸洗液主要成分是硫酸铬、硫酸和水等。为避免造成环境污染，首先在废液中加入硫酸亚铁，使残留的有毒六价铬还原成无毒的三价铬，再加入废碱液或石灰使三价铬转化为 $Cr(OH)_3$ 沉淀，埋于地下。被洗涤的器具先用水洗，待风干后，再用铬酸洗液洗涤，以免洗液被水稀释而降低洗涤效果。铬酸洗液中存有少量三氧化铬，它是强氧化剂，遇到酒精会猛烈反应导致着火，所以应避免与酒精接触。

1.1.3.5 马弗炉的安全操作

马弗炉是一种通用的加热设备，主要供实验室、工矿企业、科研单位作元素分析测定和合金钢制品、各种金属机件的回火、淬火、退火等热处理之用，还可作金属和陶瓷的烧结、溶解、分析以及金刚石切割刀片进行高温烧结等高温加热用，也可以用于有机物固化烧结，属周期作业电炉。那么马弗炉怎么操作才最安全呢？

① 马弗炉应放于坚固、平稳、不导电的平台上。马弗炉为大功率电器设备，必须使用动力电源，通电前，先检查马弗炉电气性能是否完好，接地线是否良好，并应注意是否有断电或漏电现象。

② 使用时炉温不得超过最高温度，以免烧毁电热元件，并禁止向炉膛内灌注各种液体及熔解的金属。

③ 马弗炉加热时，炉外套也会变热，故炉子应远离易燃物，并确保炉外易散热。

④ 热电偶不要在高温状态或使用过程中拔出或插入，以防外套管炸裂。

⑤ 在做灰化实验时，一定要先将样品在电炉上充分炭化后，再放入灰化炉中，以防碳的积累损坏加热元件。

⑥ 马弗炉使用时，要经常照看，防止自控失灵造成事故，晚间无人值班时，切勿使用马弗炉，不得连续使用 8h 以上。

⑦ 保持炉膛清洁，及时清除炉内氧化物之类的杂物，炉膛内应垫一层石棉板，以减少坩埚的磨损及防止炉膛污染。

⑧ 马弗炉使用完毕，应切断电源，使其自然降温。不应立即打开炉门，以免炉膛突然受冷碎裂。如急用，可先开一条小缝，让其降温加快，待温度降至 200℃以下时，方可开炉门。

⑨ 发现漏电或其它不正常现象时，应请专人修理，不得随意乱动。

⑩ 使用马弗炉时，需注意安全，用坩埚钳取放坩埚时应佩戴防护手套，谨防烫伤。

1.1.4 仪器设备的安全操作

1.1.4.1 电子分析天平的安全操作

① 电子分析天平在开始称量前预热 30min，并注意天平是否水平。

② 称量样品时应戴称量手套或用纸条。

③ 使用天平称量时，要轻拿轻放，绝不允许对天平尤其是称量盘有较大的冲击和震动。

④ 称量时一定要小心，不要将物料撒在天平内。称量具有挥发性、腐蚀性的物质时，应在带盖的称量瓶中进行，防止腐蚀天平。

⑤ 使用天平称量时，称量的物体质量不允许超过天平的最大量程。

⑥ 称量完毕一定要切断电源，天平内放入干燥剂，盖上防尘罩。

1.1.4.2 紫外-可见分光光度计的安全操作

① 开机前将样品室内的干燥剂取出，仪器自检过程中禁止打开样品室盖。

② 比色皿内溶液以皿高的 2/3～4/5 为宜，不可过满以防液体溢出腐蚀仪器。测定时应保持比色皿清洁，池壁上液滴应用擦镜纸擦干，切勿用手捏透光面。测定紫外波长时，需选用石英比色皿。

③ 测定时，禁止将试剂或液体物质放在仪器的表面上，如有溶液溢出或其它原因将样品槽弄脏，要尽可能及时清理干净。

④ 实验结束后切断电源，将比色皿中的溶液倒尽，然后用去离子水或有机溶剂冲洗比色皿至干净，倒立晾干。

1.1.4.3 电位滴定仪的安全操作

① 仪器的输入端（电极插座）必须保持干燥、清洁。仪器不用时，将短路插头插入插座，防止灰尘及水汽侵入。

② 取下电极套后，应避免电极的敏感玻璃泡与硬物接触，因为任何破损或摩擦都将使电极失效。

③ 复合电极的外参比电极（或甘汞电极）应经常检查是否有饱和氯化钾溶液，补充液可以从电极上端小孔加入。

④ 电极应避免长期浸在去离子水、蛋白质溶液和酸性氟化物溶液中。

⑤ 与橡皮管起作用的高锰酸钾等溶液，请勿使用。

⑥ 在滴定强酸、强碱或产生结晶的溶液时，实验结束后应清空管内残留液体，用去离子水清洗，确保管内干净。

⑦ 电极十分脆弱，使用完毕后应擦干并插入 KCl 溶液中进行保护。

1.1.4.4 电化学工作站的安全操作

① 仪器最好接地，要确保电源的 3 芯插头中的中间插头接地良好。

② 开机时先开计算机再开启电化学工作站主机电源，不可反复开关。

③ 仪器的工作电极夹与其余两个（辅助电极夹、参比电极夹）不能短路，也不要把电极连接线弄湿。平时仪器不用时，可以用模拟电解池来连接。

④ 关机时按照先关软件、再关电脑、最后关电化学工作站主机顺序进行。

⑤ 检测过程中不应出现电流溢出的现象，当软件显示电流“Overflow”的时候应及时停止实验，关闭仪器，检测电极系统之间是否有短路现象。

⑥ 严禁将溶液等放置在仪器上方，以防溶液溅入仪器内部导致主板损毁。

1.1.4.5 火焰原子吸收光谱仪的安全操作

① 原子吸收点火的操作顺序为：先开助燃气，后开燃气。熄灭顺序为：先关燃气，熄灭后再关闭助燃气。一旦发生“回火”，应镇定地迅速关闭燃气，然后关闭助燃气，切断仪器的电源。若“回火”引燃了供气管道及辅件物品，应用二氧化碳灭火器灭火。

② 仪器室内不得使用或存放与实验无关的易燃易爆等危险品，禁止在仪器附近抽烟或使用明火。

③ 建议将气瓶安装在不受阳光直接照射的室外，如果放在室内应置于易燃易爆专用钢瓶柜中，不能让气瓶的温度超过 40℃，并且两米之内不得有明火。

④ 仪器点火前必须进行燃气气路密闭性安全检查，可采用简易的肥皂水检漏或检漏仪检漏。

⑤ 点火前排风装置必须打开，点火时操作人员应处于仪器正面左侧，且右侧及正后方不能站人。

⑥ 仪器工作时，如果遇到突然停电，应迅速关闭燃气。

⑦ 仪器使用完毕后，应先关闭乙炔钢瓶总开关，待火焰自动熄灭后再关闭空压机。

⑧ 为了防止乙炔钢瓶总开关泄漏，所有工作结束后应再次确认乙炔钢瓶各压力表指针归零。

1.1.4.6 石墨炉原子吸收光谱仪的安全操作

① 石墨炉原子吸收光谱仪使用时，要注意冷却水的使用，首先接通冷却水源，待冷却水正常流通后，方可执行下一步的操作。

② 仪器工作时，如果遇到突然停电，则迅速切断主机电源；然后将仪器各部分的控制机构恢复到停机状态，待通电后，再按仪器的操作程序重新开启。

③ 在进行原子吸收分析时，如遇到突然停水，应迅速切断主电源，以免烧坏石墨炉。

④ 工作时，冷却水的压力与惰性气体的流速应稳定，一定要在通有惰性气体的条件下接通电源，否则会烧毁石墨管。

⑤ 仪器必须接地，要确保电源的 3 芯插头中的中间插头接地良好。

1.1.4.7 ICP 原子发射光谱仪的安全操作

① 高纯氩气和氮气应存放在阴凉、通风处，每次安装好减压阀之后，必须进行检漏，保证气体无泄漏。

② 工作前先检查电源线路、气源管路是否完好。开启仪器应先开气源，再开循环水，最后开高频电源。关闭仪器按相反的操作步骤进行。

③ 点燃等离子体之前，必须先打开通风系统，同时确保炬室门关闭，锁扣完全到位。

④ 打开炬室门之前，必须关闭等离子体。等离子体至少关闭五分钟以后，才可以进行炬室部分的处理工作。

⑤ 工作结束后，必须关闭高频开关。

1.1.4.8 气相色谱仪的安全操作

(1)“先通气、后开电，先关电、后关气”的基本操作原则

① 开启载气（氮气）钢瓶总阀，观察其压力应大于 1MPa，否则应停止使用。缓慢调节

减压阀使其输出压力为0.4～0.5MPa。观察净化器内填料是否变色、失效，要及时处理或更换。

② 当柱前压力指示稳定后方可通电开机。严格按照“分析方法”中规定的要求，设定检测器温度、气化室温度、毛细管进样口温度、柱箱温度，并设定相应的保护温度。

③ 根据“分析方法”中规定的要求，严格设定和调节气相色谱仪载气流量、分流比流量、清洗气流量以及尾吹气流量。为了确保样品检测的重复性，各气路流量调节尽可能和前一次一致。

④ 氢火焰离子化检测器点火时检测器温度要高于150℃，点火时将氢气流量调至0.15MPa以上，点燃后缓慢调至0.1MPa。

⑤ 关机：先关闭加热电流，再关闭氢气、空气气源，降低检测器、气化室、毛细管进样口、柱箱的温度，待气相色谱仪温度降至150℃以下后，方可断电停机，最后关闭载气。

(2) 氢火焰离子化检测器 (FID)

FID是用氢气和空气燃烧所产生的火焰使被测物质离子化的，故应注意安全问题。在未接色谱柱时，不要打开氢气阀门，以免氢气进入柱箱。测定流量时，一定不能让氢气和空气混合，即测氢气时，要关闭空气，反之亦然。无论什么原因导致火焰熄灭时，应尽快关闭氢气阀门，直到排除故障，重新点火时，再打开氢气阀门。高档仪器有自动检测和保护功能，火焰熄灭时可自动关闭氢气。

(3) 热导检测器 (TCD)

① 为确保热丝不被烧断，在检测器通电之前，一定要确保载气已经通过了检测器，否则，热丝可能被烧断，致使检测器报废。关机时要待检测器温度降至室温，然后一定要先关仪器电源，最后关载气。

② 载气中含有氧气时，会使热丝寿命缩短，所以使用TCD时载气必须彻底除氧。

1.1.4.9 高效液相色谱仪的安全操作

① 流动相应选用色谱纯试剂，二次去离子水，酸碱液及缓冲溶液要进行过滤。

② 对抽滤后的流动相进行超声脱气处理。

③ 采用过滤或离心方法处理样品，确保样品不含固体颗粒。

④ 正常情况下，仪器首先用甲醇冲洗10～20min，然后再进入测试用流动相（如流动相为缓冲试剂，则要用二次去离子水冲洗10～20min，直至将色谱柱中有机相冲净为止）。

⑤ 样品测试结束后，就要进行色谱仪及色谱柱的清洗和维护。如流动相为缓冲试剂，同样也要用二次去离子水清洗10～20min，方可用有机相进行保护，否则，色谱柱易损坏。

⑥ 关机时，先关计算机，再关液相色谱。

1.1.4.10 毛细管电泳色谱仪的安全操作

① 长时间不使用的试剂不得存放于仪器托盘中，特别是盐酸，有可能造成仪器部件的腐蚀和仪器内的湿度增加。

② 未涂层的毛细管长时间不用，要先用去离子水清洗，再用空气吹干。

③ 长时间不使用，在停机之前必须使样品及缓冲溶液托盘处于“Load”状态。

④ 当发现毛细管检测窗口有断裂并有液体流出污染检测孔径及光纤接头时，应立即用清水冲洗孔径和光纤接头，并立即用洗耳球吹干，不得用有机溶剂冲洗光纤接头。

⑤ 毛细管电泳使用的电压一般超过1万伏，注意避免触电。

1.1.4.11 红外光谱仪的安全操作

① 仪器一定要安装在稳定牢固的实验台上，远离振动源。

② 样品测试完毕后应及时取出，长时间放置在样品室中会污染光学系统，导致性能下降。样品室应保持干燥，应及时更换干燥剂。

③ 所用的试剂、试样保持干燥，用完后及时放入干燥器中。

④ 压片模具及液体吸收池等红外附件，使用完后应及时擦拭干净，必要时清洗，保存在干燥器中以免锈蚀。

⑤ 光路中有激光，开机时严禁眼睛对着光路。

1.1.5 实验室意外事故应急措施

(1) 火灾

如遇起火，立即灭火（如切断电源，移走易燃物等），防止火势蔓延；火势较大，应及时向有关负责人报告并及时向公安消防部门报警（119），立即切断或通知相关部门切断电源。实验室失火时一定要保持沉着，不要惊慌，根据起火原因与火势大小及时采取以下措施：小火可以用湿布、石棉或沙土覆盖灭火，火势大时可使用泡沫灭火器，但电气设备引起的火灾只能用四氯化碳灭火器或二氧化碳灭火器，火势较大应立即报警。衣服着火时应立即脱下，用水浇灭；或立即躺下，滚压灭火，切勿乱跑。

(2) 触电

如遇人员触电，应立即切断电源或用非导体将电线从触电者身上移开，使伤者脱离电源。如有休克现象，应将触电者移到有新鲜空气处，立即进行人工呼吸，并请医务人员到现场抢救。

(3) 化学品腐蚀受伤

受强酸、强碱腐蚀，应立即用大量清水冲洗，然后用饱和碳酸氢钠溶液（针对酸性物质）或硼酸、稀醋酸（针对碱性物质）冲洗，再用清水冲洗。出现意外，及时向有关老师和实验负责人报告，必要时去医院就医。

(4) 烫伤、割伤

实验室应备有急救箱并经常检查，保证常用急救药品齐备无缺。烫伤时在烫伤处抹上烫伤膏，切勿用水冲洗。轻微的割伤可用药棉擦净伤口贴上创可贴，割伤严重者，应立即扎止血带，送医院救治。

1.1.6 实验室“三废”处理

实验室“三废”指在化学实验过程中产生的废气、废液、废渣等有害物质。液体废弃物主要包括有机废液和无机废液。固体废弃物包括合成产物、分析产物、过期或失效的化学试剂等。气体废弃物包括试剂和试样的挥发物、使用仪器分析样品时产生的废气，以及在实验过程中产生的有毒、有害气体等。

危险化学品废弃物具有易燃易爆、腐蚀、毒害等危险特性，如果管理和处置不当，不但会污染空气、水源和土壤，破坏生态环境，而且还会对人体健康造成伤害，因此必须对危险化学品废弃物进行妥善处置。

1.1.6.1 实验室“三废”处理原则

应采取有效方法，对危险化学品废弃物进行回收、提纯、再利用。没有回收利用价值的，应采取必要的措施进行无害化处理。不能进行无害化处理和提纯再利用的危险化学品废弃物，应根据不同性质倒入废液回收桶或专有包装进行回收，统一收集处理时必须做好详细的记录。

1.1.6.2 实验室“三废”处理方法

① 产生少量有毒气体的实验应在通风橱内进行，通过排风扇排到室外（使排出的气体在外面大量空气中稀释），避免污染室内空气。

② 产生毒气量大的实验必须备有吸收或处理装置。如二氧化碳、氧化氮、二氧化硫、氯气、硫化氢、氟化氢等可用导管通入碱液中，使其大部分被吸收后再排出；一氧化碳可点燃转化成二氧化碳后再排放。

③ 各实验室应配备贮存废液的容器，实验所产生的对环境有污染的废液应分类倒入指定容器贮存。

④ 酸性、碱性废液按其化学性质，分别进行中和后处理。使 pH 达到 6～9 后再排出。

⑤ 有机物废液，集中后进行回收、转化、燃烧等处理。

⑥ 尽量不使用或少使用含有重金属的化学试剂进行实验。

⑦ 能够自然降解的有毒固体废弃物，集中深埋处理。

⑧ 不溶于水的固体废弃物不能直接倒入垃圾桶，必须将其在适当的地方烧掉或用化学方法处理成无害物。

1.2 实验室常用玻璃仪器

1.2.1 实验常用玻璃仪器介绍

化学实验常用仪器中，大部分为玻璃制品和一些瓷质类器皿。玻璃仪器种类很多，按其用途可分为容器类仪器、量器类仪器和其它类仪器。根据它们能否受热又可以分为可加热的和不宜加热的仪器。

(1) 容器类仪器

容器类仪器是指常温或加热条件下物质的反应容器、贮存容器。包括试管、烧杯、烧瓶、锥形瓶、滴瓶、细口瓶、广口瓶、称量瓶、分液漏斗和洗气瓶。每种类型又有许多不同的规格，使用时要根据用途和用量选择不同种类和不同规格的容器。注意阅读使用说明和注意事项，特别要注意对容器加热的方法，以防损坏仪器。

(2) 量器类仪器

量器类仪器用于度量溶液体积。量器类仪器一律不能受热，不可以作为实验容器，例如不可以用于溶解、稀释操作，不可以量取热溶液，不可以长期存放溶液。量器类仪器主要有：量筒、移液管、吸量管、容量瓶和滴定管等。每种类型又有不同规格，应遵循保证实验结果精确度的原则选择度量容器。正确地选择和使用度量容器，反映了学生实验技能水平的高低。

(3) 其它类仪器

其它类仪器包括具有特殊用途的玻璃器皿，如干燥器、砂芯漏斗等。

常用仪器的规格、用途和注意事项见附录1。

1.2.2 玻璃仪器的洗涤与干燥

化学实验中使用的各种仪器常粘附有化学药品，既有可溶性物质，也有灰尘和其它不溶性物质以及油污等有机物。为了使实验得到正确的结果，应根据仪器上的污物的性质，采用适当的方法，将仪器洗涤干净。

1.2.2.1 一般仪器的洗涤方法

对普通玻璃容器，倒掉容器内物质后，可向容器内加入1/3左右的自来水冲洗，再选用合适的刷子，依次用洗衣粉和自来水刷洗。最后用洗瓶挤压出去离子水水流涮洗，将自来水中的金属离子洗净。注意，不要同时拿多个仪器一起洗，以免仪器破损。

对于某些用通常的方法不能洗涤除去的污物，则可通过化学反应将粘附在器壁上的物质转化为水溶性物质。例如，铁盐引起的黄色污染物加入稀盐酸或稀硝酸浸泡片刻即可除去；接触、盛放高锰酸钾后的容器可用草酸溶液清洗（粘在手上的高锰酸钾也可以同样清洗）；粘有碘时，可用碘化钾溶液浸泡片刻，或加入稀的氢氧化钠溶液并温热，或用硫代硫酸钠溶液也可将其除去；银镜反应后粘附的银或有铜附着时，可加入稀硝酸，必要时可稍微加热，以促进溶解。对于未知污物，可使用铬酸洗液清洗。

1.2.2.2 度量仪器的洗涤方法

度量仪器的洗净程度要求较高，有些仪器形状又特殊，不宜用毛刷刷洗，常用洗液进行洗涤。度量仪器的具体洗涤方法如下：

(1) 滴定管的洗涤

先用自来水冲洗，使水流净后，将酸式滴定管活塞关闭，碱式滴定管除去乳胶管，用橡胶乳头将管口下方堵住。加入约15mL洗液，双手平托滴定管的两端，不断转动滴定管并向管口倾斜，使洗液流遍全管（注意：管口对准洗液瓶，以免洗液外溢），可反复操作几次。洗完后，碱式滴定管由上口将洗液倒出，酸式滴定管可将洗液分别由两端放出，再依次用自来水和去离子水洗净。如果滴定管太脏，可将洗液灌满整个滴定管浸泡一段时间，此时，在滴定管下方应放一烧杯，防止洗液流在实验台面上。

(2) 容量瓶的洗涤

先用自来水冲洗，将自来水倒净，加入适量（15～20mL）洗液，盖上瓶塞。转动容量瓶，使洗液流遍瓶内壁，将洗液倒回原瓶，最后依次用自来水和去离子水洗净。

(3) 移液管和吸量管的洗涤

先用自来水冲洗，用洗耳球吹出管中残留的水。然后将移液管或吸量管插入洗液瓶内，按移液的操作，向移液管中吸入约1/4容积的洗液。用右手食指堵住移液管上口，将移液管横置过来，左手托住没沾洗液的下端，右手食指松开，平移移液管，使洗液润洗内壁，然后放出洗液于瓶中。如果移液管太脏，可在移液管上口接一段橡皮套，再以洗耳球吸取洗液至管口处，以自由夹夹紧橡皮管，使洗液在移液管内浸泡一段时间，拔出橡皮套，将洗液放回瓶中，最后依次用自来水和去离子水洗净。

除了上述清洗方法之外，现在还有超声波清洗器。只要把用过的仪器放在配有合适洗涤剂的溶液中，接通电源，利用声波的能量和振动，就可以将仪器清洗干净。

1.2.2.3 洗净的标准

凡洗净的仪器，应该是清洁透明的。当把仪器倒置时，器壁上只留下一层既薄又均匀的水膜，器壁不应挂水珠。凡是已经洗净的仪器，不要用布或软纸擦干，以免布或纸上的少量纤维留在器壁上沾污了仪器。

1.2.2.4 仪器的干燥

实验时所用的仪器，除必须洗净外，有时还要求干燥。常用的干燥方法有如下几种：

（1）晾干

将洗净的仪器倒立放置在适当的仪器架上或者仪器柜内，让其在空气中自然干燥。这种干燥方法是较为常用的，适用于烧杯、锥形瓶、量筒、容量瓶、移液管等仪器的干燥。

（2）吹干

对一些不能受热的容量器皿可用冷风干燥。如果吹风前用乙醇、乙醚、丙酮等易挥发的水溶性有机溶剂冲洗一下，则干得更快。

（3）烘干

将洗净的仪器放入电热恒温干燥箱内加热烘干。电热恒温干燥箱（简称烘箱）是实验室常用的仪器，见图1-1，常用来干燥玻璃仪器或烘干腐蚀性低、热稳定性比较好的药品，但挥发性易燃品或刚用酒精、丙酮淋过的仪器切勿放入烘箱内，以免发生爆炸。烘箱带有自动控温装置和温度显示装置。具体使用方法参考烘箱使用说明书。

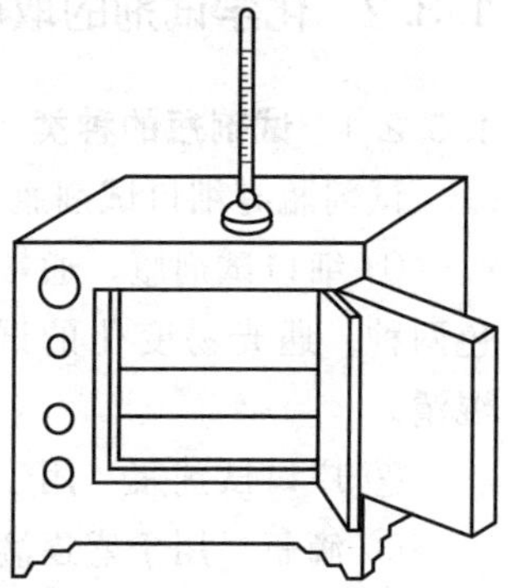

图1-1 烘箱

烘箱最高使用温度可达300℃，常用温度在100～200℃左右。玻璃仪器干燥时，应先洗净并将水尽量倒干，放置时应注意平放或使仪器口朝上，带塞的瓶子应打开瓶塞，如果能将仪器放在托盘里则更好。一般在105℃加热15min左右即可干燥。最好让烘箱降至常温后再取出仪器。如果较热时就要取出仪器，应注意用干布垫手，防止烫伤。热玻璃仪器不能碰水，以防炸裂。热仪器自然冷却时，器壁上常会凝上水珠，这可以用吹风机吹冷风干燥。烘干的药品一般取出后应放在干燥箱里保存，以免在空气中又吸收水分。

1.3 化学试剂及取用方法

1.3.1 化学试剂的分类

化学试剂的种类很多，世界各国对化学试剂的分类和级别的标准不尽相同，我国化学试剂的产品标准有国家标准（GB）、行业标准（ZB）及企业标准（QB）。按照药品中杂质含量的多少，分类如表1-1所示。

表 1-1 我国化学试剂等级标准

级别	一级品	二级品	三级品	四级品
名称	保证试剂(优级纯)	分析试剂(分析纯)	化学纯	实验试剂
英文名称	Guarantee reagent	Analytical reagent	Chemically pure	Laboratory reagent
英文缩写	GR	AR	CP	LR
瓶签颜色	绿	红	蓝	棕或黄

应根据实验的不同要求选用不同级别的试剂。一般说来，在制备化学实验中，化学纯级别的试剂就已能符合实验要求。但在有些实验中，例如分析实验中，要使用分析纯级别的试剂。要根据实验要求，本着节约的原则来选用不同规格的化学试剂，不可盲目追求高纯度而造成浪费。当然也不能随意降低规格而影响测定结果的准确度。

1.3.2 化学试剂的取用

1.3.2.1 试剂瓶的种类

试剂瓶有细口试剂瓶、广口试剂瓶、滴瓶和洗瓶等。

① 细口试剂瓶　通常为玻璃制品，也有聚乙烯制品。用于保存试剂溶液，有无色和棕色两种。遇光易变化的试剂（如硝酸银等）用棕色瓶。玻璃瓶的磨口塞各自成套，不要混淆。

② 广口试剂瓶　用于装少量固体试剂，有无色和棕色两种。

③ 滴瓶　用于盛逐滴滴加的试剂，例如指示剂等，也有无色和棕色两种。使用滴瓶时用手指夹住胶头进行吸液和滴加。

④ 洗瓶　为聚乙烯瓶，内盛去离子水，用手捏一下瓶身即可出水，主要用于洗涤沉淀、冲洗用自来水洗净的玻璃容器。

1.3.2.2 试剂瓶塞的打开方法

① 盐酸、硫酸、硝酸等液体试剂瓶，多用塑料塞（也有用玻璃磨口塞的）。塞子打不开时，可用热水浸过的布裹上塞子的头部，然后用力拧，一旦松动，就能拧开。

② 细口试剂瓶塞也常有打不开的情况，此时可在水平方向用力转动塞子或左右交替横向用力摇动塞子。若仍打不开，可紧握瓶的上部，用木柄或木锤从侧面轻轻敲打塞子，也可在桌端轻轻叩敲，请注意，绝不能手握下部或用铁锤敲打。

用上述方法还打不开塞子时，可用热水浸泡瓶的颈部（即塞子嵌进的那部分）。也可以用热水浸过的布裹着，玻璃受热后膨胀，再按前面的做法拧松塞子。

1.3.2.3 试剂的取用方法

取用试剂之前，应看清标签。没有标签的药品不能使用，以免发生事故。取用时，先打开瓶塞，将瓶塞反放在实验台上。如果瓶塞上端不是平顶而是扁平的，可用食指和中指将瓶塞夹住（或放在清洁的表面皿或滤纸上），绝不可将它横置桌上以免沾污。不能用手接触化学试剂。取完试剂后，一定要把瓶塞盖严，绝不允许将瓶盖张冠李戴。最后把试剂放回原处，以保持实验台整齐干净。

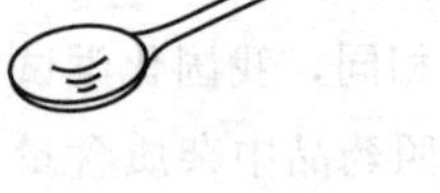

图 1-2　药匙

(1) 固体试剂的取用

固体试剂通常存放在易于取用的广口瓶中。

① 要用清洁、干燥的药匙（见图 1-2）取试剂，应专匙专用。用

过的药匙必须洗净擦干后才能再使用。

② 注意不要超过指定用量取药品，多取的不能倒回原瓶，可放在指定的容器供他人使用。

③ 要求取用一定质量的固体试剂时，可把固体放在干燥的称量纸、表面皿或小烧杯内称量。具有腐蚀性或易潮解的固体应放在称量瓶内称量。

④ 有毒药品在教师指导下取用。

(2) 液体试剂的取用

液体试剂通常盛放在细口试剂瓶或滴瓶中。每个试剂瓶上都必须贴上标签，并标明试剂的名称、浓度和纯度。

从细口瓶中取用液体试剂时，用倾注法。先将瓶塞取下，反放在实验台上，用左手拿住容器（如试管、量筒等），用右手握住试剂瓶上贴标签的一面，逐渐倾斜瓶子，让试剂沿着洁净的试管壁流入试管或沿着洁净的玻璃棒注入烧杯中，如图 1-3 所示。倾注完成后试剂瓶口在容器上靠一下，再逐渐竖起瓶子，以免遗留在瓶口的液滴流到瓶的外壁。

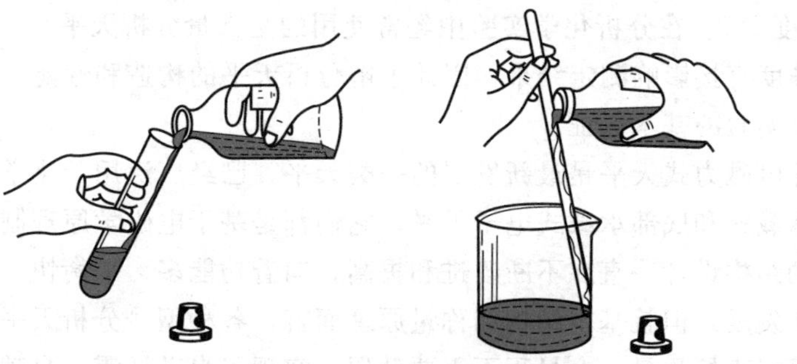

图 1-3 从细口瓶中取用液体试剂

定量移取液体试剂时，根据要求可选用准确度较高的量器，如滴定管、移液管等。

1.3.3 化学试剂的配制

试剂配制一般是指把固态的试剂溶于水（或其它溶剂）配制成溶液，或把液态试剂（或浓溶液）加水稀释为所需的稀溶液。

一般溶液的配制方法如下：

配制溶液时先算出所需的固体试剂的用量，称取后置于容器中，加少量去离子水（或其它溶剂），搅拌溶液。必要时可加热促使溶解，再加去离子水至所需的体积，混合均匀，即得所配制的溶液。

用液态试剂（或浓溶液）稀释时，先根据试剂密度或浓度算出所需液态试剂的体积，量取后加去离子水至所需的体积，混合均匀即可。

配制饱和溶液时，所用溶质的量应比计算量稍多，加热使之溶解后，冷却，待结晶析出后，取用上层清液以保证溶液饱和。

配制易水解的盐溶液［如 $SnCl_2$、$SbCl_3$、$Bi(NO)_3$］时，应先加入相应的酸（HCl 或 HNO_3），以抑制水解或使水解产物溶于相应的酸中使溶液澄清。

配制易氧化的盐溶液时，需加入相应的纯金属，使溶液稳定。如配制 $FeSO_4$、$SnCl_2$ 溶液时需分别加入金属铁、锡。

1.4 实验基本操作

分析化学实验中常用的基本操作分三个方面：一是分析天平的称量操作，二是滴定分析的基本操作，三是重量分析的基本操作。

1.4.1 分析天平的称量操作

分析天平是定量分析最重要的、最常用的称量工具，根据灵敏度大小，实验室常用天平可以分为常量分析天平（0.1g·分度$^{-1}$）、微量分析天平（0.01g·分度$^{-1}$）和超微量分析天平（0.001g·分度$^{-1}$）。在分析化学实验中经常使用的是常量分析天平。

称量的准确度直接影响测定结果，因此了解分析天平的构造和性能，并能正确进行称量是做好定量分析实验的基本保证。

电子天平即电磁力式天平是最新发展的一类天平，已经广泛用于化学实验室。目前使用的主要有顶部承载式和底部承载式电子天平，它们都是基于电磁学原理制造的。

电子天平的结构设计一直在不断改进和提高，向着功能多、平衡快、体积小、质量轻和操作简便的趋势发展。但就基本结构和称量原理而言，各种型号分析天平基本相同。

电子天平可以直接称量，全量程不需要砝码，实现了自动调零、自动去皮和自动显示称量结果，加快了称量速度，提高了称量的准确性。常见的电子天平如图 1-4 所示。

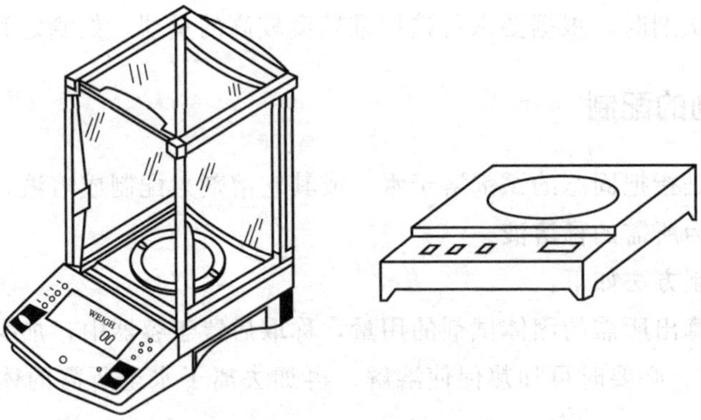

图 1-4 常见的电子天平

1.4.1.1 电子天平称取试样的方法

（1）固定质量称量法

天平调整零点后，将被称物直接放在天平盘上，所得读数即为被称物的质量。这种方法适用于称量洁净干燥的器皿、棒状或块状及其它整块的不易潮解或升华的固体样品。注意：

不得用手直接取被称物，可以采用布手套、垫纸条、用镊子或钳子夹取等适宜方法。

称取颗粒状试样时，先将器皿置于称量盘上，去皮，再用药匙将试样慢慢加入到器皿中，当所加试样质量略小于欲称质量时，应小心地将盛有试样的药匙伸向器皿中心上方约 2～3cm 处，药匙的另一端顶在掌心上，用拇指、中指及掌心拿稳药匙，并用食指轻弹匙柄，让试样慢慢抖入器皿中，使之与所需称量值相符，即可得一定质量的试样，如图 1-5(a) 所示。

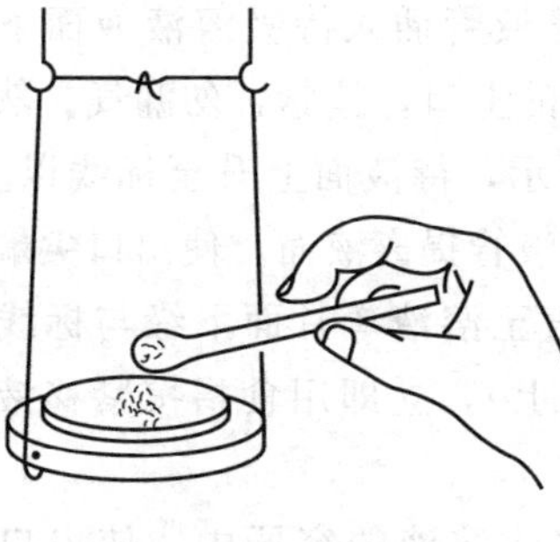

(a) 固定质量称量法

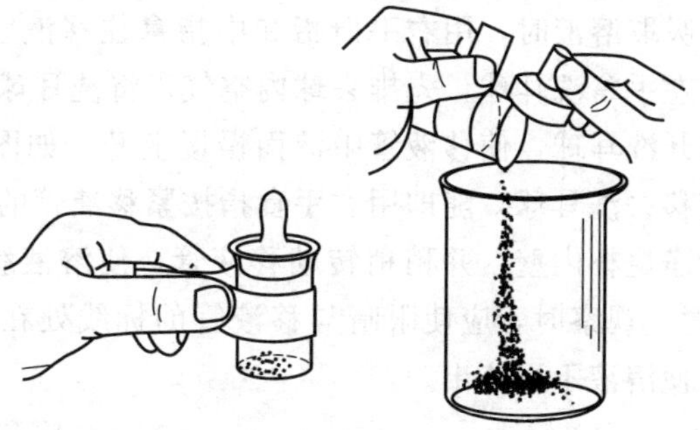

(b) 减量法

图 1-5　称量方法

(2) 减量法

此法常用于称取易吸水、易氧化或易与 CO_2 反应的试样。称取试样时，将纸片折成宽度适中的纸条，套住称量瓶，用左手的拇指和食指夹住纸条，如图 1-5(b) 所示。将称量瓶置于称量盘上准确称量，设质量为 m_1，然后仍用纸条套住称量瓶，从称量盘上取下，置于准备盛放试样的容器上方，右手用小纸片夹住瓶盖柄，打开瓶盖，将称量瓶倾斜，并用瓶盖轻轻敲击瓶口，使试样慢慢落入容器内，注意不要撒在容器外。当倾出的试样质量接近所需要称取的质量时，把称量瓶慢慢竖起，同时用瓶盖继续轻轻敲击瓶口侧面，使沾附在瓶口的试样落入瓶内，然后盖好瓶盖，再将称量瓶放回称量盘上称量，设称得质量为 m_2。两次质量之差即为试样的质量。按上述方法可连续称取几份试样。

若利用电子天平去皮功能，可将称量瓶放在天平的称量盘上，显示稳定后，去皮，然后按上述方法向容器中敲出一定量的试样，再将称量瓶放在称量盘上称量，显示的负值达到称量要求，即可记录称量结果。如果要连续称量试样，则可再去皮，使显示为零，重复操作即可。

必须注意，若敲出的试样质量超出所需的质量范围，不得将敲出的试样再倒回称量瓶中，此时只能弃去敲出的试样，洗净容器，重新称量。

1.4.2　滴定分析的基本操作

度量仪器是量取液体体积的仪器，如标有分刻度的量筒、量杯、吸量管、滴定管以及标有单刻度的移液管、容量瓶等。其规格是以最大容量为标志，常标有使用温度，不能加热，更不能用作反应容器。读取容量时，视线应与量器（竖直）弯月面的最低点保持水平。在滴定分析实验中度量仪器的使用必不可少。

1.4.2.1　量筒、量杯

量筒、量杯常用于液体体积的一般度量。

1.4.2.2 移液管、吸量管

移液管和吸量管是用来准确移取一定体积液体的量器，如附录 1 所示。移液管又称吸管，是一根细长而中间膨大的玻璃管，在管的上端有一环形标线。将溶液吸入管内，使溶液弯月面的下缘与标线相切，让溶液自由流出，则流出的溶液体积就等于其标示的数值。

移液管在使用前应洗至不挂水珠，然后用去离子水洗三次。洗涤的水应从管尖放出。吸取溶液前可用滤纸将管尖端内外的水吸去，然后用待吸溶液润洗三次。

吸取溶液时，用右手拇指和中指拿住移液管上端，将移液管插入待吸溶液液面下 1cm 处，左手拿洗耳球，先排去球内空气，将洗耳球对准移液管的上口，按紧，勿漏气。然后慢慢松开洗耳球，使移液管中液面慢慢上升，如图 1-6 左图所示，待液面上升至标线以上时，迅速移去洗耳球，随即用右手食指按紧移液管的上口。将移液管提离液面，使出口尖端紧靠着干净烧杯内壁，并稍稍转动移液管，使溶液缓缓流出，直至溶液弯月面下缘与标线相切(注意：观察时，应使眼睛与移液管的标线处在同一水平面上)，立即用食指按紧移液管上口，使溶液不再流出。

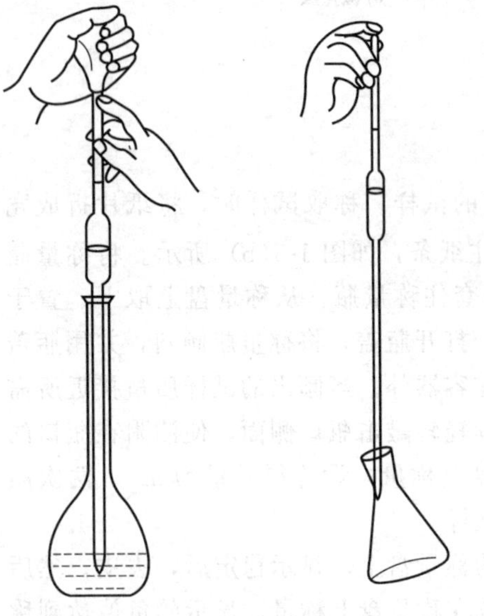

图 1-6 吸取溶液和放出溶液

将移液管放入接收溶液的容器中，使出口尖端靠着容器的内壁，容器稍微倾斜，移液管应保持垂直。松开食指，使溶液自由地沿容器壁流下，如图 1-6 右图所示。待移液管内液面不再下降时，停留 15s，再移出移液管。这时尚可见管尖部位仍留有少量液体，对此，除特别注明“吹”字的移液管，否则不要吹出，因为不注明“吹”字的移液管标示的容积不包括这部分体积。

吸量管是带有分刻度的移液管，用以吸取不同体积的液体。吸量管的用法基本上与移液管的操作相同。移取溶液时，可以使用分刻度截取所吸溶液的准确量。在同一实验中尽可能使用同一吸量管的同一部位，而且尽可能使用上面的部分。如果使用注有“吹”字的吸量管，则要把管末端留下的最后一滴溶液吹出。

移液管和吸量管使用完毕后，应洗涤干净，然后放在指定位置。

1.4.2.3 容量瓶

容量瓶是用来配制准确浓度溶液的容量器皿。它是一种细颈梨形的平底玻璃瓶，带有磨口玻璃塞或塑料塞。在其颈部有一标线，表示在指定温度下，当溶液充满至标线时，所容纳的溶液体积等于瓶上所示的体积。

容量瓶使用前必须检查瓶塞是否漏水，标线位置距离瓶口是否太近。如果漏水或标线离瓶口太近，则不宜使用。检查漏水的方法是在瓶中加自来水到标线附近，盖好瓶塞后，用左手食指按住瓶塞，其余手指拿住瓶颈，右手用指尖托住瓶底边缘，如图 1-7 所示，将瓶倒立 2min 观察瓶塞周围是否有水渗出，如不渗水，将瓶放正，把瓶塞转动 180°后，再倒立试一次，检查合格后即可使用。用细绳将塞子系在瓶颈上，保持二者配套使用。

用容量瓶配制溶液有两种情况：

如果将一定量的固体物质配成一定浓度的溶液，通常是将物质准确称在小烧杯中，加水或其它溶剂将固体溶解后，将溶液定量地全部转移到容量瓶中。转移时，右手拿玻璃棒悬空插入容量瓶内，玻璃棒的下端靠在瓶颈内壁，但不要太接近瓶口，左手拿烧杯，烧杯嘴紧靠玻璃棒，使溶液沿玻璃棒慢慢流入，如图 1-8 所示。待溶液流完后，把烧杯嘴沿玻璃棒向上提起，并使烧杯直立，使附着在烧杯嘴上的少许溶液流入烧杯，再将玻璃棒放回烧杯中，然后用少量的去离子水吹洗玻璃棒和烧杯三次，洗涤液按上述方法转移到容量瓶中。然后加去离子水稀释，当加至容量瓶的 2/3 时，将容量瓶沿水平方向摇动几下，使溶液混匀。再继续加水，至近标线时，改用滴管加水，直至溶液弯月面下缘与标线相切为止。盖上瓶塞，一只手按住瓶塞，另一只手的指尖顶住瓶底边缘，如图 1-7 所示，然后将容量瓶倒转并摇荡，再直立。如此重复多次，使溶液充分混匀。

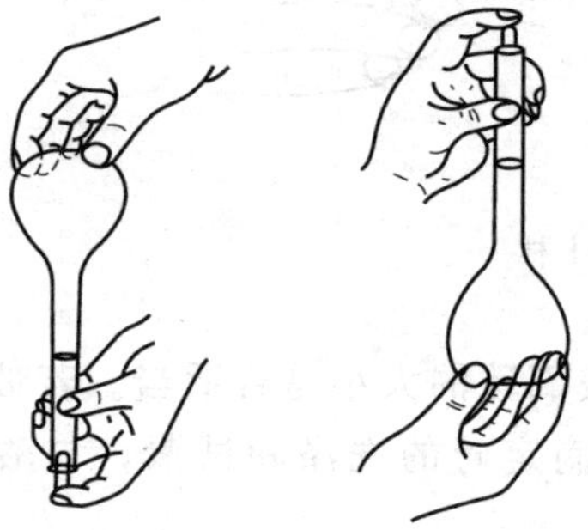

图 1-7　容量瓶的翻动

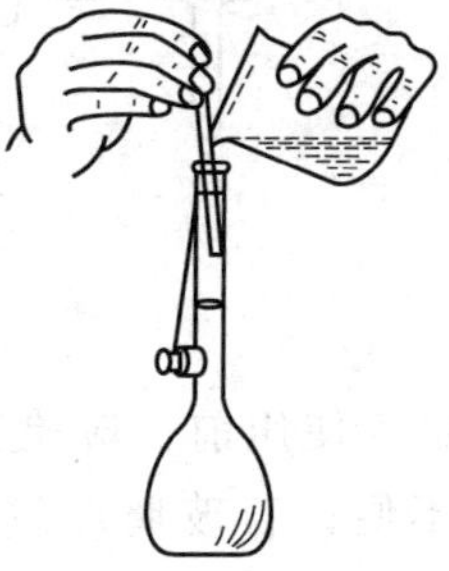

图 1-8　转移溶液到容量瓶中

如果用容量瓶稀释溶液，则用移液管移取一定体积的溶液于容量瓶中，然后按上述方法加水至标线，混匀溶液。

容量瓶使用完毕后，应立即用自来水冲洗干净。如长期不用，磨口处应洗净擦干，并用纸片将磨口隔开。

1.4.2.4　滴定管

滴定管是滴定时用来准确测量流出溶液体积的量器。最常用的是容积为 50mL 的滴定管，其最小刻度是 0.1mL，可估计到 0.01mL，因此读数可读到小数点后第二位，一般读数误差为±0.01mL。

滴定管可分为两种：一种是下端带有玻璃活塞的酸式滴定管，用于盛放酸性溶液或氧化性溶液，不能盛放碱性溶液。因为碱性溶液会腐蚀玻璃，使活塞不能转动。另一种是碱式滴定管，用于盛放碱性溶液，其下端连接一段橡胶管，内放一颗玻璃珠，以控制溶液的流出。橡胶管下端接一尖嘴玻璃管。碱式滴定管不能盛放与橡胶管起作用的溶液，如 I_2、$KMnO_4$ 和 $AgNO_3$ 等氧化性溶液。

由于用玻璃活塞控制滴定速度的酸式滴定管在使用时易堵、易漏，而碱式滴定管的橡皮管易老化，因此，一种酸碱通用滴定管——聚四氟乙烯活塞滴定管得到了广泛的应用。

(1) 滴定管使用前的准备

① 洗涤和试漏　酸式滴定管洗涤前应检查玻璃活塞是否与活塞套配合紧密，如不紧密将会出现漏液现象，不宜使用。洗涤可根据滴定管沾污的程度而采用前述的洗涤方法洗净。为了使玻璃活塞转动灵活并防止漏水，需在活塞处涂以凡士林。方法是：取下活塞，将滴定

管平放在实验台上，用干净滤纸将活塞和活塞套的水擦干，再用手指蘸少许凡士林，在活塞的两端圆柱周围各均匀地涂一薄层，如图1-9所示，然后把活塞插入活塞套内，向同一方向转动，直到从外面观察呈均匀透明为止。凡士林不能涂得太多，也不能涂在活塞中段，以免凡士林将活塞孔堵住。若凡士林涂得太少，活塞转动不灵活。为防止在使用过程中活塞脱落，可用橡皮筋将活塞扎住或将橡皮圈套在活塞末端的凹槽上。最后用水充满滴定管，擦干管壁外的水，置于滴定管架上，直立静置2min，观察有无水滴渗出，然后将活塞旋转180°，再观察一次，若无水滴渗出，而且活塞转动灵活，即可使用。否则应重新涂凡士林，并试漏。

图1-9 给玻璃活塞涂凡士林

碱式滴定管使用前，应检查橡胶管是否老化，玻璃珠的大小是否适当。若玻璃珠过大，则操作不便；若玻璃珠过小，则会漏水。碱式滴定管的洗涤和试漏，与酸式滴定管相同。

② 装液和赶气泡 将溶液装入滴定管之前，应将试剂瓶中的溶液摇匀。往滴定管装入溶液时，先要用该溶液润洗滴定管三次，以保证装入滴定管的溶液不被稀释，每次用量5～10mL。洗涤时，横持滴定管并缓慢转动，使溶液流遍全管内壁，然后将溶液自下放出。洗好后，即可装入溶液，加至“0.00”刻度以上。注意：装液时要直接从溶液瓶倒入滴定管，不得借助于烧瓶、漏斗等其它容器。

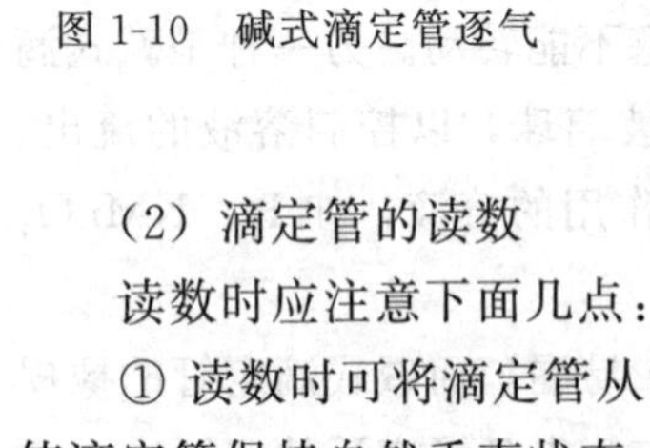

图1-10 碱式滴定管逐气

装好溶液后要注意检查出口管处是否有气泡，如有，则要排出，否则将会影响溶液体积的准确测量。对于酸式滴定管，可迅速打开活塞，使溶液冲出，即可排出滴定管下端的气泡。

对于碱式滴定管，可一只手持滴定管成倾斜状态，另一只手将橡胶管向上弯曲，并轻捏玻璃珠所在部位稍偏上处的橡胶管，当溶液从尖嘴口冲出时，气泡也随之逸出。如图1-10所示。

(2) 滴定管的读数

读数时应注意下面几点：

① 读数时可将滴定管从滴定管架上取下，用右手的大拇指和食指捏住滴定管的上端，使滴定管保持自然垂直状态。

② 读数时应读取弯月面下缘最低点，视线必须与弯月面下缘最低点处于同一水平面上，否则将引起误差，如图1-11所示。对于深色溶液（如$KMnO_4$）应该读取液面的最上缘。

③ 每次滴定前应将液面调节在刻度为“0.00”的位置，因为这样可以使每次滴定前后的读数几乎都在滴定管的同一部位，可避免由于滴定管刻度的不准确而引起的误差。

④ 为了使读数准确，在装满或放出溶液后，必须静置 1～2min，待附着在内壁上的溶液流下来后再读取。

⑤ 背景不同所得的读数也有差异，所以应注意保持每次读数的背景一致。为了便于读数，可用黑白纸做成读数卡，将其放在滴定管背后，使黑色部分在弯月面 0.1mL 处，此时弯月面的反射全部成为黑色，这样的弯月面界面十分清晰，如图 1-12 所示。

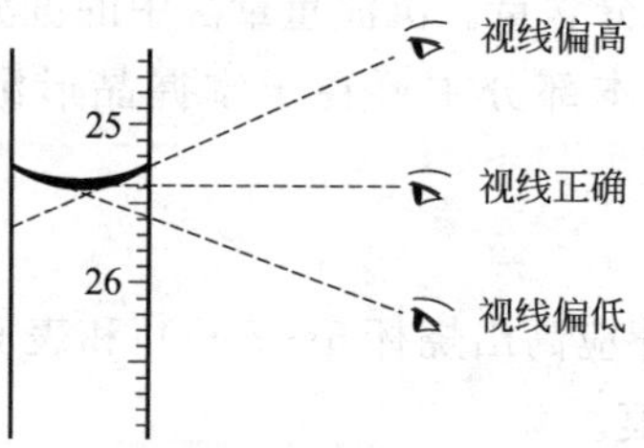

图 1-11　读数时视线位置

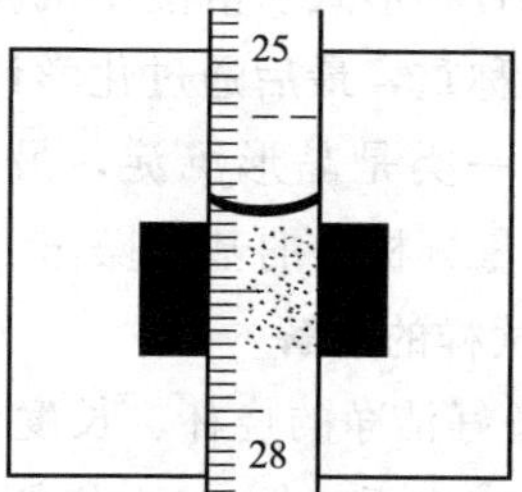

图 1-12　放读数卡读数

（3）滴定操作

将酸式滴定管夹在滴定管架上，用左手控制旋转塞，拇指在管前，中指和食指在管后，轻轻捏住活塞柄，无名指和小指向手心弯曲，如图 1-13 所示。转动活塞时要注意勿使手心顶着活塞，以免顶出活塞，造成漏液。如用碱式滴定管，则用左手拇指和食指轻捏玻璃珠所在部位稍偏上处的橡胶管，使形成一条缝隙，溶液即可流出，如图 1-14 所示。注意不要使玻璃珠上下移动，更不要捏玻璃珠下部的橡胶管，以免空气进入而形成气泡，影响准确读数。滴定时，左手握住滴定管滴加溶液，右手的拇指、食指和中指拿住锥形瓶颈部，其余两指辅助在下侧，向同一方向旋转，摇动锥形瓶，如图 1-15 所示。摇动时应微动腕关节，注意不要使瓶内溶液溅出。在允许的条件下，滴定刚开始时，速度可稍微快些，但溶液不能呈流水状地从滴定管放出。近终点时，滴定速度要减慢，改为逐滴加入，即加一滴，摇几下，再加一滴……，并以少量去离子水淋洗锥形瓶内壁，以洗下因摇动而溅起的溶液，直至终点。

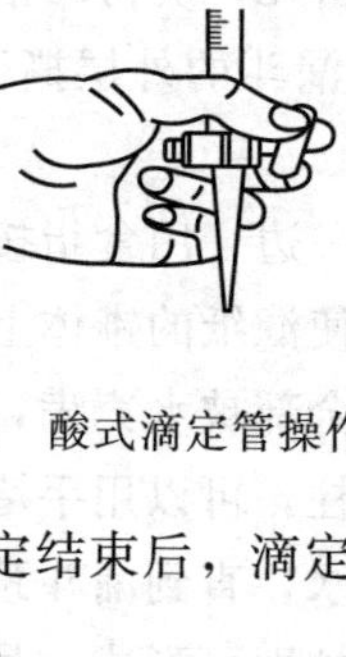
图 1-13　酸式滴定管操作手法

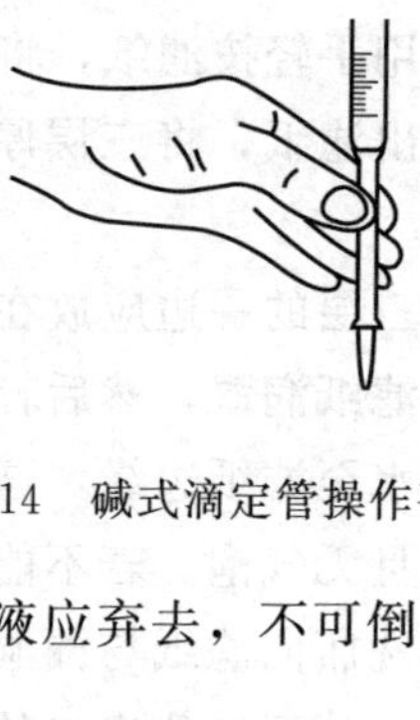
图 1-14　碱式滴定管操作手法

图 1-15　滴定手法

滴定结束后，滴定管内剩余的溶液应弃去，不可倒回原瓶中，以免污染溶液，随后洗净滴定管。

1.4.3 重量分析基本操作

重量分析法是分析化学中重要的经典分析方法，通常是用适当的方法将被测组分经过一定步骤从试样中分离出来，称其质量，进而计算出该组分的含量。以不同的分离方法分类，可分为沉淀重量法、气体重量法（挥发法）和电解重量法。最常用的沉淀重量法是将待测组分以难溶化合物形式从溶液中沉淀出来，沉淀经过陈化、过滤、洗涤、干燥或灼烧后，转化为称量形式称重，最后通过化学计量关系计算出待测组分含量。沉淀重量法中的沉淀类型主要有两类：一类是晶形沉淀，另一类是无定形沉淀。本部分主要在于掌握晶形沉淀（如 $BaSO_4$）重量分析法的基本操作。

1.4.3.1 试样的溶解

① 准备好洁净的烧杯、长度合适的玻璃棒（玻璃棒应高出烧杯 5～7cm）和表面皿（表面皿的大小应大于烧杯口）。烧杯内壁和底部不应有划痕。

② 准确称取试样置于烧杯后，用表面皿盖好。

③ 溶解试样。将溶剂沿烧杯壁或沿着下端与烧杯壁紧靠的玻璃棒缓慢加入烧杯中，防止溶液外溅。溶剂加完后用玻璃棒搅拌使试样完全溶解，盖上表面皿，如有必要则放在电炉上加热使试样全部溶解。

1.4.3.2 沉淀及陈化

在热溶液中进行沉淀操作时，一只手拿滴管缓慢滴加沉淀剂，与此同时，另一只手持玻璃棒进行充分搅拌。待沉淀完全后，盖上表面皿，放置过夜或在水浴上加热 1 h 左右，使沉淀陈化。

1.4.3.3 沉淀的过滤

重量分析法使用的定量滤纸，称为无灰滤纸。每张滤纸的灰分质量约为 0.08mg，在称量时可以忽略。过滤晶形沉淀时，可用慢速滤纸。过滤用的玻璃漏斗锥体角度应为 60°，颈的直径不能太大，一般为 3～5mm，颈长为 15～20cm，颈口处呈 45°角，如图 1-16(a) 所示。漏斗的大小应与滤纸的大小相适应，使折叠后的滤纸的上缘低于漏斗上沿 0.5～1cm，不能超出漏斗边缘。

滤纸一般按四折法折叠，折叠时，应先将手洗干净，揩干，以免弄脏滤纸。具体方法是先将滤纸整齐地对折，然后再对折，这时不要把两角对齐，将其打开后成为顶角稍大于 60° 的圆锥体，如图 1-16(b) 所示。为保证滤纸和漏斗的密合，第二次对折时不要折死，先把圆锥体打开，放入洁净而干燥的漏斗中，如果滤纸和漏斗边缘不十分密合，可稍稍改变滤纸折叠的角度，直到与漏斗密合为止。用手轻按滤纸，将第二次的折边折死，所得圆锥体的半边为三层，另一半边为一层。然后取出滤纸，将三层厚的一边中紧贴漏斗的外层撕下一角，保存于干燥的表面皿上，备用。

将折叠好的滤纸放入漏斗中，且三层的一边应放在漏斗出口短的一边。用食指按紧三层的一边，用洗瓶吹入少量去离子水将滤纸润湿，然后轻按滤纸边缘，使滤纸的锥体上部与漏斗之间没有空隙。按好后，用洗瓶加水至滤纸边缘，这时漏斗颈内应全部被水充满，当漏斗中水全部流尽后，颈内水柱仍能保留且无气泡。若不能形成完整的水柱，可以用手堵住漏斗的出口，稍掀起滤纸三层的一边，用洗瓶向滤纸与漏洞间的空隙里加水，直到漏斗颈和锥体的大部分被水充满，然后按紧滤纸边，放开堵住出口的手指，此时水柱即可形成。最后用去

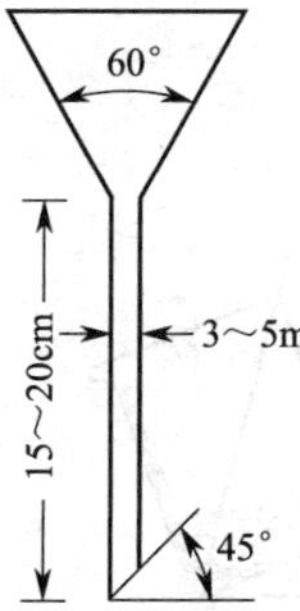

(a) 漏斗规格

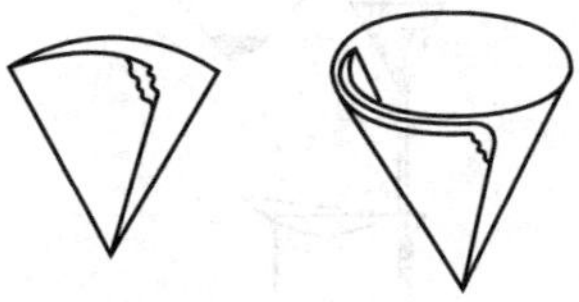
(b) 滤纸折叠方法

图 1-16 过滤装置

离子水冲洗滤纸，将准备好的漏斗放在漏斗架上，下面放一个干净的烧杯盛接滤液，使漏斗出口长的一边紧靠烧杯壁，漏斗和烧杯上均盖好表面皿，备用。

过滤一般分三个阶段进行。第一阶段采用倾泻法，尽可能地过滤清液，如图 1-17(a) 所示。第二阶段是洗涤沉淀并将沉淀转移到漏斗上。第三阶段是清洗烧杯和洗涤漏斗上的沉淀。

采用倾泻法是为了避免沉淀堵塞滤纸上的空隙，影响过滤速度。待烧杯中沉淀下降以后，将清液倾入漏斗中。溶液应沿着玻璃棒流入漏斗中，而玻璃棒的下端对着滤纸三层厚的一边，并尽可能接近滤纸，但不能接触滤纸。倾入的溶液一般不要超过滤纸的 2/3，或离滤纸上边缘至少 5mm，以免少量沉淀因毛细作用越过滤纸上缘，造成损失，且不便洗涤。

暂停倾泻溶液时，应使烧杯沿玻璃棒向上提起，直至烧杯口竖直向上，以免烧杯嘴上的液滴流失。过滤过程中，装有沉淀和溶液的烧杯的放置方法应如图 1-17(b) 所示，即在烧杯下放一块木头，使烧杯倾斜，以利于沉淀和清液分开，便于转移清液。同时玻璃棒不要靠在烧杯嘴上，避免烧杯嘴上的沉淀沾在玻璃棒上部而造成损失。如用倾泻法一次不能将清液倾注完，应待烧杯中沉淀下沉后再次倾注。倾泻法将清液完全转移后，应对沉淀进行初步洗涤。洗涤时，每次用约 10mL 洗涤液吹洗烧杯四周内壁，使沾附的沉淀集中在烧杯底部，每次的洗涤液同样用倾泻法过滤。如此洗涤杯内沉淀 3～4 次。然后加少量洗涤液于烧杯中，搅动沉淀使之混匀，立即将沉淀和洗涤液一起通过玻璃棒转移至漏斗内。再加入少量洗涤液与烧杯中，搅拌混匀后，如此重复几次，使大部分沉淀转移至漏斗中。按图 1-18(a) 所示的吹洗方法将沉淀吹洗至漏斗中，即用左手把烧杯拿在漏斗上方，烧杯嘴向着漏斗，拇指在烧杯嘴下方，同时，右手把玻璃棒从烧杯中取出横在烧杯口上，使玻璃棒伸出烧杯嘴 2～3cm。然后用左手食指按住玻璃棒较高的地方，倾斜烧杯使玻璃棒下端指向滤纸三层一边，用右手以洗瓶吹洗整个烧杯内壁，使洗涤液和沉淀沿玻璃棒流入漏斗中。如果仍有少量沉淀牢牢地附着在烧杯壁上而洗不下来，可将烧杯放在桌上，用沉淀帚［见图 1-18(b)，它是一头带有橡皮的玻璃棒］在烧杯内壁自上而下、从左至右擦拭，使沉淀集中在底部。按图 1-18(a) 所示的操作将沉淀吹洗到漏斗中。也可用前面折叠滤纸时撕下的滤纸角擦拭玻璃棒和烧杯内壁，将此滤纸角放在漏斗的沉淀上。应在明亮处仔细检查是否吹洗、擦拭干净，包括玻璃棒、表面皿、沉淀帚和烧杯内壁。

必须指出，过滤开始后，应随时检查溶液是否透明，如不透明，说明有穿滤现象发生。

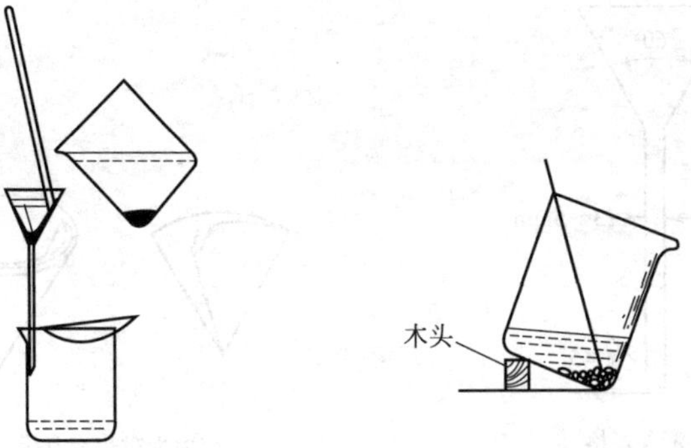

(a) 倾泻法过滤　　(b) 烧杯放置的方法

图 1-17　过滤操作

这时必须换另一洁净的烧杯接收滤液，在原漏斗上再次过滤有穿滤现象的滤液。如发现滤纸穿孔，则应更换滤纸重新过滤，而第一次用过的滤纸应保留。

1.4.3.4　沉淀的洗涤

沉淀全部转移到滤纸上后，应对它进行洗涤，其目的在于将沉淀表面所吸附的杂质和残留的母液除去。其方法如图 1-18(c) 所示，即洗瓶的水流从滤纸的多重边缘开始，螺旋式地往下移动，最后到多重部分停止，称为“从缝到缝”。这样，可将沉淀洗干净且可使其集中到滤纸的底部。为了提高洗涤效率，洗涤沉淀时要少量多次，直至沉淀洗净为止，这通常称为“少量多次”原则。

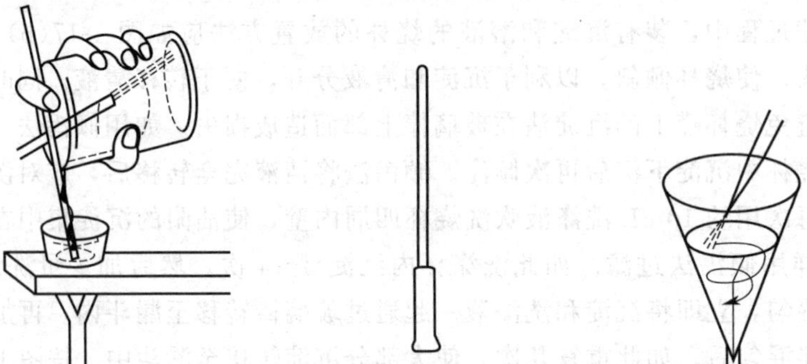

(a) 吹洗沉淀　　(b) 沉淀帚　　(c) 沉淀的洗涤

图 1-18　洗涤操作

1.4.3.5　沉淀的烘干

沉淀和滤纸的烘干通常在电炉或煤气灯上进行，具体操作步骤是用扁头玻璃棒将滤纸边挑起，向中间折叠，将沉淀盖住，如图 1-19 所示，再用玻璃棒轻轻转动滤纸包，以便擦净漏斗内壁可能沾有的沉淀，然后将滤纸包转移至已干燥至恒重的干净坩埚中，使它倾斜放置，多层滤纸部分朝上，盖上坩埚盖，稍留一些空隙，置于电炉或煤气灯上进行烘烤。

1.4.3.6 沉淀的灰化

图 1-19 沉淀的包裹

灰化通常在电炉或煤气灯上进行。待沉淀烘干后，稍稍加大火焰，使滤纸炭化，注意火力不能突然加大，如温度升高太快，滤纸会生成整块的炭。如遇滤纸着火，可用坩埚盖盖住，使坩埚内火焰熄灭（切不可用嘴吹灭），同时移去火源，火熄灭后，将坩埚盖移至原位，继续加热至全部炭化。炭化后加大火焰，使滤纸灰化。滤纸灰化后应该不再呈黑色。为了使坩埚壁上的炭灰化完全，应该随时用坩埚钳夹住坩埚转动，但注意每次只能转一极小的角度，以免转动过快而造成沉淀飞扬。

1.4.3.7 沉淀的灼烧

沉淀灰化后，将坩埚移入马弗炉中（根据沉淀的性质调节至适当的温度），盖上坩埚盖，但要留有空隙，灼烧 40～45min，其灼烧条件与空坩埚灼烧条件相同，取出，冷却至室温，称重。然后进行第二次、第三次灼烧，直至坩埚和沉淀恒重为止，一般第二次及以后灼烧 20min 即可。所谓恒重，是指相邻两次灼烧后的称量差值在 0.2～0.4mg 。

从马弗炉中取出坩埚时，先将坩埚移至炉口，至红热稍退后，再将坩埚从炉中取出，放在洁净耐火板上。在夹取坩埚时，坩埚钳应预热，待坩埚冷至红热退去后，再将坩埚转至干燥器中。在坩埚冷却时，原则上是冷至室温，一般需 30min 左右。但要注意，每次灼烧，称量和放置的时间都要保持一致。

使用干燥器时，首先将干燥器擦干净，烘干多孔瓷板后，将干燥剂通过纸筒装入干燥器的底部，应避免干燥剂沾污内壁的上部，然后盖上瓷板。干燥剂一般用变色硅胶，此外还可用无水氯化钙等。由于各种干燥剂吸收水分的能力都是有一定限度的，因此干燥器中的空气并不是绝对干燥，而只是湿度相对较低而已。所以灼烧和干燥后的坩埚和沉淀，如果在干燥器中放置过久，可能会吸收少量水分而使质量增加，应该加以注意。干燥器盛装干燥剂后，应在干燥器的磨口上涂上一层薄而均匀的凡士林，盖上盖子。

开启干燥器时，左手按住干燥器的下部，右手按住盖子上的圆顶，向左前方推开盖子，如图 1-20 所示，盖子取下后应拿在右手中，用左手放入（或取出）坩埚（或称量瓶），及时盖上干燥器的盖子。盖子取下后，也可放在桌上安全的地方（注意要磨口向上，圆顶朝下）。盖上盖子时，也应当拿住盖子圆顶，推着盖好。

当将坩埚或称量瓶等放入干燥器时，应放在瓷板圆孔内。如果称量瓶比圆孔小则应放在瓷板上。坩埚等热的容器放入干燥器后，应连续推开干燥器盖子 1～2 次。搬动或挪动干燥器时，应该用两手的拇指同时按住盖子，防止盖子滑落打破，如图 1-21 所示。

图 1-20 开启干燥器的操作

图 1-21 搬动干燥器的操作

坩埚与沉淀的恒重质量与空坩埚的恒重质量之差，即为沉淀的质量。目前，生产单位常用一次灼烧法，即先称沉淀与坩埚的恒重质量，然后用毛刷刷去沉淀，再称出空坩埚的质量，用差减法即可求出沉淀的质量。

1.5 分析化学中的误差及数据处理

定量分析的任务是准确测定组分在试样中的含量。在测定过程中，即使采用最可靠的分析方法，使用最精密的仪器，有技术很熟练的人员进行操作，也不可能得到绝对准确的结果。因为在任何测量过程中，误差是客观存在的。因此我们应该了解分析过程中误差产生的原因及其出现的规律，以便采取相应措施，尽可能使误差减小。另一方面，需要对测试数据进行正确的统计处理，以获得最可靠的数据信息。

1.5.1 定量分析中的误差

误差：指测定值与真实值之间的差值。

$$E=x_i-\mu$$

式中，E 表示误差；x_i 表示测定值；μ 表示真实值。

准确度：指测定平均值与真实值接近的程度，常用误差大小表示。误差越小，准确度越高。

偏差：指个别测定值与几次测定值的平均值之间的差值。

$$d_i=x_i-\bar{x}$$

式中，d_i 表示偏差；$\bar{x}$ 表示平均值。

平均偏差：指各个偏差值的绝对值的平均值。

$$\bar{d}=\frac{1}{n}\sum_{i=1}^{n}|x_i-\bar{x}|$$

式中，$\bar{d}$ 表示平均偏差；n 表示样本数量。

标准偏差：

$$s=\sqrt{\frac{\sum_{i=1}^{n}(x_i-\bar{x})^2}{n-1}}$$

式中，s 表示标准偏差。

精密度：测定值之间相互接近的程度。精密度的大小常用偏差表示。

在一般的分析工作中，测定次数是有限的，这时的标准偏差成为样本标准偏差，也以 s 表示。在偏差的表示中，用标准偏差更合理。因为将单次测定值的偏差平方后，能使较大的偏差显著地表现出来，因此，标准偏差比平均偏差能更好地反映测定结果精密度的好坏。

1.5.2 有效数字及其运算规则

在定量分析中，分析结果所表达的不仅仅是试样中待测组分的含量，还反映了测量的准确程度。在实验数据的记录和结果的计算中，保留几位数字不是任意的，要根据测量仪器、分析方法的准确度来决定，这就涉及到有效数字的概念。

数据的位数与测定准确度有关，记录的数字不仅表示数量的大小，而且要正确地反映测量的精确程度。例如读取滴定管读数：甲 23.43mL、乙 23.42mL、丙 23.44mL，前三位可准确读取，后一位估读，为可疑数字，但不是臆造的，应该保留，所以四位皆为有效数字。

1.5.2.1 有效数字

实际上能够测得到的数字，只有最后一位是可疑的。有效数字包括全部可靠数字及一位不确定数字在内。

数字零在数据中具有双重作用：

① 作普通数字用，如 5.0180 是 5 位有效数字。

② 作定位用，如 0.05018 是 4 位有效数字，可以写成 5.018×10^{-2}。

有效数字的确定规则：

① 从前面第一个非零数字起，后面的数字皆为有效数字。

② pH、pK_a、pM 等对数值，其有效数字位数仅取决于小数部分数字的位数。

③ 倍数和分数不是测量数据，不考虑有效数字位数。

1.5.2.2 修约规则

四舍六入五成双规则：

五成双是指被修约的那个数是 5，后面无任何数或后面的数皆为“0”时，5 前为奇数，舍 5 入 1，5 前为偶数，舍 5 不进；若后面还有任何非“0”数字时，总比 5 大，均应进位。

1.5.2.3 有效数字的运算规则

① 加减法：几个数据相加或相减时，它们的和或差的有效数字的保留，应以小数点后位数最少的数据为依据，即取决于绝对误差最大的那个数据。如：

$$0.0121+25.64+1.05782=26.70992=26.71$$

② 乘除法：几个数据的乘除运算中，所得结果的有效数字的位数应以有效数字位数最少的数据为依据，即取决于相对误差最大的那个数。如：

$$(0.0325\times5.103\times60.06)\div139.8=0.0712$$

注意：在乘除法运算中，常会遇到 8 以上的大数，如：8.82、0.08345、0.921，在计算时应多算一位。

$$\frac{0.01000\times9.00\times163.54\times\frac{1}{2}}{1.2460\times1000}=0.005906$$

1.5.3 可疑数据的取舍

在分析化学实验中，对于任意物理量的测定，其准确度都是有一定限度的。在实验中得到的一组数据往往有个别数据离群较远，这一数据称为异常值，又称可疑值。如果这是由过失造成的，则这一数据必须舍去。若并非这种情况，必须慎重对待，对于不是因为过失而造成的异常值，应按一定的统计学方法进行处理。检验异常值的方法很多，当测量数据比较少时，简单又方便的方法是 Q 值检验法。

Q 值检验法

① 数据排列：$x_1 \quad x_2 \cdots x_n$

② 求极差：$x_n - x_1$

③ 求可疑数据与相邻差：$x_n - x_{n-1}$ 或 $x_2 - x_1$

④ 计算：

$$Q=\frac{x_n-x_{n-1}}{x_n-x_1} \quad \text{或} \quad Q=\frac{x_2-x_1}{x_n-x_1}$$

⑤ 根据测定次数和要求的置信度（如 90%），查 $Q_{表}$。

⑥ 将 Q 与 $Q_{表}$（如 Q_{90}）相比较：

若 $Q>Q_{表}$，舍弃该数据。

若 $Q \leqslant Q_{表}$，保留该数据。

1.5.4 平均值的置信区间

对于准确度要求比较高的分析化学实验，经过几次平行测定，除了给出测定的平均值外，还应估计出随机误差的影响程度，即提出待测组分真值的可能存在范围，同时说明做出这种评估的置信度是多少。

在实际工作中，当测定数据有限时，样本平均值的置信区间为：

$$\mu=\bar{x} \pm t s_{\bar{x}}=\bar{x} \pm \frac{t s}{\sqrt{n}}$$

它表示在一定置信度下，以平均值为中心，包括真值 μ 的范围。这就叫平均值的置信区间。若将置信度固定，当测定的精密度越高和测定次数越多时，置信区间越小，表明测定平均值越接近真值，即测定的准确度越高。

例如，分析铁矿石中铁含量得到如下结果：$n=4$，$\bar{x}=35.21\%$，$s=0.06\%$。求置信度为 95% 的置信区间。

解：置信度为 95% 时，$1-\alpha=0.95$，$\alpha=0.05$，$f=n-1=3$，查表得 $t=3.18$。

$$\mu=\bar{x} \pm t s_{\bar{x}}=\bar{x} \pm \frac{t s}{\sqrt{n}}=35.21\% \pm \frac{3.18 \times 0.06\%}{\sqrt{4}}=35.21\% \pm 0.095\%$$

1.6 实验数据的记录和实验报告

1.6.1 实验数据的记录

学生要有专门的实验报告本，标上页数，不得撕去任何一页。实验数据应按要求记在实验记录本或实验报告本上。绝不允许将数据记在单页纸、小纸片上，或随意记在其它地方。

实验过程中的各种测量数据及有关现象，应及时准确而清楚地记录下来，记录实验数据时，要有严谨的科学态度，要实事求是，切忌夹杂主观因素，决不能随意拼凑和伪造数据。

实验过程中涉及的各种特殊仪器的型号和标准溶液浓度等，也应及时准确记录下来。记录实验数据时，应注意其有效数字的位数。用分析天平时，要求记录至 0.0001g，滴定管及移液管的读数，应记录至 0.01mL；用分光光度计测量溶液的吸光度时，如吸光度在 0.6 以下，应记录至 0.001，大于 0.6 时，则要求记录至 0.01。

实验中的每一个数据，都是测量结果，所以，重复测量时，即使数据完全相同，也应记录下来。在实验过程中，如果发现数据算错、测错或读错而需要改动时，可将数据用一横线划去，并在其上方写上正确的数字。

1.6.2 实验报告

实验之前必须做好预习，写出预习实验报告。实验完毕后，要及时而认真地写出实验报告。并在离开实验室前或在指定时间将实验报告交给老师。分析化学实验报告一般包括以下内容：

① 实验名称、姓名、班级、学号、指导教师、实验成绩和日期。

② 实验目的。

③ 实验原理：简要地用文字和化学反应说明。

④ 仪器与试剂：简明扼要写出。

⑤ 实验步骤：详尽写出。

⑥ 实验记录：注意有效数字位数，最后一位一定要认真估读。

⑦ 实验数据处理：用文字、表格、图形将数据表示出来，根据实验要求计算出分析结果、实验相对标准偏差大小。注意：标准溶液浓度一定要保留 4 位有效数字；测定结果应按有效数字运算规则保留有效数字！

⑧ 结果讨论：对实验教材上的思考题、实验中观察到的现象、实验注意事项以及产生误差的原因应进行讨论和分析，以提高自己分析问题和解决问题的能力。

上述各项内容的繁简取舍，应根据各个实验的具体情况而定，以清楚、简练、整齐为原则。实验报告中的相关内容，如实验目的、原理、仪器与试剂、实验步骤等，要求在实验预习时准备好，其它内容则可在实验过程中以及完成后填写、计算和撰写。预习部分中的内容就不要在报告部分重复写了。

1.6.3 评分标准

① 报告总分为 100 分。

② 预习部分和数据记录占 40 分。其中实验操作 20 分，预习部分是否工整、整洁，数据记录是否规范、有无涂改 20 分。

③ 报告部分占 60 分。其中结果是否准确 20 分，标准溶液浓度是否准确、是否保留 4 位有效数字 10 分，是否求标准偏差 10 分，有无结果讨论 10 分，报告部分是否工整、整洁 10 分。

④ 没写预习报告、没穿工作服（白大褂）者不允许做实验，本次实验成绩为零。

实验报告示例如下：

分析化学实验报告

实验项目：有机酸摩尔质量的测定

姓名　　　　班级　　　　学号

同组人　　　　指导教师　　　　成绩

基础化学实验中心

实验日期：　　年　　月　　日

预习部分

【实验目的】

1. 了解酸碱滴定法的应用，掌握有机酸摩尔质量的测定原理和方法。

2. 熟悉容量瓶、移液管的使用方法。

3. 熟练掌握 NaOH 溶液的配制和标定方法。

【实验原理】

邻苯二甲酸氢钾（$KHC_8H_4O_4$）因具有纯品容易获得、易于干燥不吸湿、摩尔质量大可相对降低称量误差等优点而常被用作基准物质。

以邻苯二甲酸氢钾为基准物质，酚酞为指示剂标定 NaOH 溶液的浓度。标定反应为：

$$KHC_8H_4O_4 + NaOH = KNaC_8H_4O_4 + H_2O$$

由反应方程式可知：$KHC_8H_4O_4$ 与 NaOH 物质的量之比为 1∶1。

大多数有机酸为弱酸，它的逐级解离常数符合准确滴定的要求，$cK_a \geqslant 10^{-8}$，利用酸碱滴定法可以测出有机酸的摩尔质量。测定时，n 值需已知。有机酸和氢氧化钠的反应为：

$$n\,NaOH + H_nA = Na_nA + n\,H_2O$$

以酚酞为指示剂，用 NaOH 标准溶液进行滴定。

【仪器与试剂】

滴定管；烧杯；锥形瓶；大量筒；试剂瓶；容量瓶；移液管；分析天平（0.0001g）；邻苯二甲酸氢钾（基准试剂或 AR）；酚酞指示剂；有机酸试样；NaOH。

【实验步骤】

1. $0.1mol \cdot L^{-1}$ NaOH 溶液的配制

通过计算求出配制 500mL $0.1mol \cdot L^{-1}$ NaOH 溶液所需固体 NaOH 的量（2g）。在托盘天平上迅速称出，置于烧杯中，立即用去离子水溶解，并稀释至 500mL，置于橡皮塞细口瓶中，摇匀备用。

2. $0.1mol \cdot L^{-1}$ NaOH 溶液浓度的标定

在分析天平上准确称取三份邻苯二甲酸氢钾，每份 0.4～0.6g，取一份置于 250mL 锥形瓶中，加 30mL 去离子水使之溶解（如未溶解完可略微加热）。冷却后加入 1 滴酚酞指示剂，用 NaOH 溶液滴定至呈微红色且 30s 不褪色，即为终点，平行测定三次。

3. 有机酸试样的测定

准确称量有机酸试样 1.2～1.5g 于烧杯中，加 100mL 去离子水溶解，定量转入 250mL 容量瓶中，以水稀释至刻度，摇匀。

用移液管准确移取 25.00mL 上述试液于 250mL 锥形瓶中，再加 1 滴酚酞指示剂，用已标定的 $0.1mol \cdot L^{-1}$ NaOH 标准溶液滴定至溶液呈微红色且 30s 不褪色，即为终点，记录消耗 NaOH 标准溶液体积，平行测定 3 次。

原始记录部分

邻苯二甲酸氢钾的质量（g）： $\Delta m_1 = m_2 - m_1$

$\Delta m_2 = m_3 - m_2$

$\Delta m_3 = m_4 - m_3$

有机酸试样的质量（g）： $\Delta m = m_2 - m_1$

标定 NaOH 溶液（mL）： V_1

V_2

V_3

定量移取有机酸的体积：25.00mL

测定有机酸（mL）： V_4

V_5

V_6

报 告 部 分

【数据处理与结果计算】

1. NaOH 溶液浓度的计算

$$c_{NaOH} = \frac{m_{KHC_8H_4O_4}}{V_{NaOH} \times M_{KHC_8H_4O_4} \times 10^{-3}} (mol \cdot L^{-1})$$

2. 有机酸摩尔质量的计算

$$M_{H_nA} = \frac{m_{H_nA} \times 10^3}{\frac{1}{n} c_{NaOH} V_{NaOH}} \quad (g \cdot mol^{-1})$$

3. 标准偏差的计算

$$s = \sqrt{\frac{\sum (x_i - \bar{x})^2}{n-1}}$$

【结果讨论】

对实验教材上的思考题、实验中观察到的现象、实验注意事项以及产生误差的原因应进行讨论和分析。

第2章 化学分析法

2.1 基本操作

实验1 分析天平称量练习

【实验目的】

1. 了解分析天平的构造，学会正确的称量方法。
2. 初步掌握递减称量法。
3. 了解在称量中如何运用有效数字。

【实验原理】

电子分析天平一般采用应变式传感器、电容式传感器、电磁平衡式传感器。应变式传感器结构简单、造价低，但精度有限。其特点是称量准确可靠、显示快速清晰，具有自动检测系统、简便的自动校准装置以及超载保护装置。常用的称量方法有直接称量法、固定质量称量法和递减称量法。

1. 直接称量法

直接称量法是将称量物放在天平盘上直接称量其质量的方法。例如，称量小烧杯的质量、容量器皿校正中称量某容量瓶的质量、重量分析实验中称量某坩埚的质量等，都使用这种称量法。

2. 固定质量称量法

固定质量称量法又称增量法，用于称量某一固定质量的试剂（如基准物质）或试样。这种称量操作较慢，适于称量不易吸潮、在空气中能稳定存在的粉末状或小颗粒样品（最小颗粒应小于 0.1mg，以便容易调节其质量）。

3. 递减称量法

递减称量法又称减量法，用于称量一定质量范围的样品或试剂。在称量过程中样品易吸水、易氧化或易与 CO_2 等反应时，可选择此法。由于称取试样的质量是由两次称量之差求得，故也称差减法。本实验练习递减称量法。

【仪器与试剂】

1. 仪器

电子分析天平（0.0001g）；小烧杯（50mL）；称量瓶。

2. 试剂

石英砂。

【实验步骤】

从瓷盘中用纸带（或纸片）夹住装有试样的称量瓶放于天平称量盘中央位置（注意：不要让手指直接触及称量瓶瓶身和瓶盖），关闭侧门，称出称量瓶加试样后的准确质量。将称量瓶从天平上取出，在接收容器的上方倾斜瓶身，用称量瓶盖轻敲瓶口上部使试样慢慢落入容器中，瓶盖始终不要离开接收器上方。当倾出的试样接近所需量（可从体积上估计或试重得知）时，一边继续用瓶盖轻敲瓶口，一边逐渐将瓶身竖直，使沾附在瓶口上的试样落回称量瓶，然后盖好瓶盖，准确称其质量。两次质量之差，即为试样的质量。按上述方法连续递减，可称量多份试样。有时一次很难得到合乎质量范围要求的试样，可重复上述称量操作 2～3 次。

实验要求每人称量三份试样，每份 0.2～0.4g。

【数据记录及处理】

记录项目	Ⅰ	Ⅱ	Ⅲ
称量瓶＋试样的质量(倒出前)			
称量瓶＋试样的质量(倒出后)			
倒出试样质量			

【注意事项】

1. 称量时应尽量将称量瓶放在称量盘中央位置，读数时应关闭两侧天平门。

2. 称量完毕必须再次校对天平，这样做既可以检查称量是否准确，又可以检查天平是否回复到使用前的状态。

【思考题】

1. 分析天平的称量方法有哪几种？固定称量法和差减法各有何优缺点？在什么情况下选用这两种方法？

2. 在实验中记录称量数据应保留至几位？为什么？

3. 如何表示天平的灵敏度？

4. 称量时，每次均应将砝码和称量瓶放在天平中央，为什么？

实验 2　酸碱标准溶液的配制和浓度的比较

【实验目的】

1. 练习滴定基本操作，掌握酸式、碱式滴定管和移液管的正确使用方法。

2. 掌握酸碱标准溶液的配制和浓度的比较。

3. 熟悉甲基橙和酚酞指示剂的使用和终点颜色的变化。

【实验原理】

滴定分析是将一种已知准确浓度的溶液（标准溶液）滴加到被测试样的溶液中，直到化学反应完全为止，然后根据标准溶液的浓度和体积求得被测试样中组分含量的一种方法。在进行滴定分析时，一方面要会配制滴定剂溶液并能准确测定其浓度；另一方面要准确测量滴定终点时所消耗滴定剂的体积。

浓 HCl 易挥发，固体 NaOH 易吸收空气中 H_2O 和 CO_2，因此不能直接配制准确浓度的 HCl 和 NaOH 标准溶液，只能先配制近似浓度的溶液，然后用基准物质标定其准确浓度。或者是用另一个已知准确浓度的酸碱标准溶液滴定该溶液，再根据体积比求得该溶液的浓度。

【仪器与试剂】

1. 仪器

塑料活塞滴定管（50mL）；移液管（25mL）；烧杯（250mL）；锥形瓶（250mL）；小量筒（10mL）；大量筒（100mL）；容量瓶（500mL）；玻璃塞细口试剂瓶（500mL）；橡胶塞细口试剂瓶（500mL）；电子分析天平（0.0001g）；托盘天平（0.1g）。

2. 试剂

HCl（$6mol·L^{-1}$）；NaOH（固体，AR）；甲基橙指示剂（0.1%）；酚酞指示剂（0.2%乙醇溶液）。

【实验步骤】

1. 酸碱溶液的配制

（1）$0.1mol·L^{-1}$ HCl 溶液的配制

通过计算求出配制 500mL $0.1mol·L^{-1}$ HCl 溶液所需盐酸（$6mol·L^{-1}$）的体积约为 8mL。然后用小量筒量取此量的盐酸，用去离子水稀释至 500mL，放置于玻璃塞细口试剂瓶中，摇匀备用。

（2）$0.1mol·L^{-1}$ NaOH 溶液的配制

通过计算求出配制 500mL $0.1mol·L^{-1}$ NaOH 溶液所需固体 NaOH 的质量为 2.0g。在托盘天平上迅速称出，置于 250mL 烧杯中，立即用去离子水溶解，并稀释至 500mL，放置于橡胶塞细口试剂瓶中，摇匀备用。

2. NaOH 溶液与 HCl 溶液的相互滴定

（1）取塑料活塞滴定管一支，检查是否漏水，用自来水和去离子水分别清洗滴定管内壁 2～3 次，再用所要盛装的 NaOH 溶液润洗 3 次，然后将 NaOH 溶液装入滴定管中。排出滴定管下端气泡，并将滴定管液面调至 0.00 刻度。

（2）用 25mL 移液管准确移取 25.00mL HCl 溶液于 250mL 锥形瓶中，加入一滴酚酞指示剂，用 NaOH 溶液滴定至溶液由无色变微红色，30s 不褪色即为终点，记录消耗 NaOH 溶液的体积。重复上述操作，反复滴定三次，求出体积比（V_{HCl}/V_{NaOH}）。三次测定结果的相对标准偏差应小于 0.3%。

（3）用滴定管准确放出 25.00mL NaOH 溶液于 250mL 锥形瓶中，加入一滴甲基橙指示剂，用 HCl 溶液滴定至溶液由黄色变成浅橙色（黄色中略带些红色）为止，记录消耗 HCl 溶液的体积。重复上述操作，反复滴定三次，求出体积比（V_{NaOH}/V_{HCl}）。

【数据记录及处理】

记录项目	Ⅰ	Ⅱ	Ⅲ
移取 NaOH 体积/mL	25.00	25.00	25.00
消耗 HCl 体积/mL			
V_{NaOH}/V_{HCl}			
移取 HCl 体积/mL	25.00	25.00	25.00
消耗 NaOH 体积/mL			
V_{HCl}/V_{NaOH}			

要求：填全实验数据并进行数据处理，计算标准偏差和相对标准偏差。

标准偏差计算公式：$s=\sqrt{\dfrac{\sum(x_i-\bar{x})^2}{n-1}}$

相对标准偏差计算公式：$s_r=\dfrac{s}{\bar{x}}\times100\%$

【注意事项】

1. 量取和配制盐酸溶液时应在通风橱中进行，以免 HCl 气体通过呼吸进入人体而引起呼吸道不适。

2. 应用尽可能短的时间完成 NaOH 固体药品的称量，减少药品吸水潮解的程度，提高称量的准确度。

3. 本实验的关键是甲基橙指示剂终点颜色的把握，指示剂用量 1 滴为宜，用量多终点难以把握，会带来较大的滴定误差。

【思考题】

1. 配制 NaOH 溶液时，应选用何种量器称量？为什么？
2. HCl 和 NaOH 溶液能否直接配制标准溶液？为什么？
3. 在滴定分析实验中，滴定管、移液管为何需要用所装滴定剂和要移取的溶液润洗？
4. 滴定管、移液管量取溶液体积，记录时应保留几位有效数字？
5. 滴定管读数的起点为何每次最好调至 0.00 刻度处？

2.2 酸碱滴定法

实验 3 有机酸摩尔质量的测定

【实验目的】

1. 了解酸碱滴定法的应用，掌握有机酸摩尔质量的测定原理和方法。
2. 熟悉容量瓶、移液管的使用方法。
3. 熟练掌握 NaOH 溶液的配制和标定方法。

【实验原理】

邻苯二甲酸氢钾（$KHC_8H_4O_4$）因具有纯度高、容易获得、易于干燥、不吸湿、摩尔质量大可相对降低称量误差等优点而常被用作基准物质。本实验以邻苯二甲酸氢钾为基准物质，酚酞为指示剂来标定 NaOH 溶液浓度。

邻苯二甲酸氢钾的结构式为 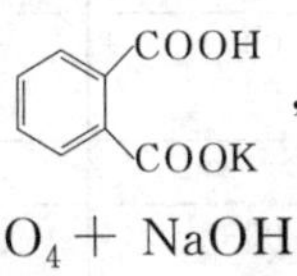，其中只有一个可电离的氢离子。

标定反应方程式：$KHC_8H_4O_4 + NaOH \xlongequal{} KNaC_8H_4O_4 + H_2O$

由反应方程式可知：$KHC_8H_4O_4$ 与 NaOH 的物质的量之比为 1∶1。

大多数有机酸为弱酸，如果它们能溶于水，并且它们的逐级解离常数符合准确滴定的要求：$cK_a \geqslant 10^{-8}$，可以利用酸碱滴定法测定有机酸的摩尔质量。测定时 n 值需已知，有机酸和氢氧化钠的反应为：

$$n\mathrm{NaOH} + \mathrm{H}_n\mathrm{A} = \mathrm{Na}_n\mathrm{A} + n\mathrm{H_2O}$$

以酚酞为指示剂，用 NaOH 标准溶液进行滴定。

【仪器与试剂】

1. 仪器

滴定管（50mL）；烧杯（250mL）；锥形瓶（250mL）；大量筒（100mL）；橡皮塞细口试剂瓶（500mL）；容量瓶（250mL）；移液管（25mL）；分析天平（0.0001g）；托盘天平（0.1g）。

2. 试剂

邻苯二甲酸氢钾（基准试剂或 AR）：在 100～125℃干燥 1h，放入干燥器中备用。

酚酞指示剂（0.2%乙醇溶液）；NaOH（固体，AR）；有机酸试样（固体）。

【实验步骤】

1. $0.1\mathrm{mol \cdot L^{-1}}$ NaOH 溶液的配制

通过计算求出配制 500mL $0.1\mathrm{mol \cdot L^{-1}}$ NaOH 溶液所需固体 NaOH 的量（2g）。在托盘天平上迅速称出，置于 250mL 烧杯中，立即用去离子水溶解，并稀释至 500mL，置于橡皮塞细口试剂瓶中，摇匀备用。

2. $0.1\mathrm{mol \cdot L^{-1}}$ NaOH 溶液浓度的标定

在分析天平上准确称取三份邻苯二甲酸氢钾，每份 0.4～0.6g，取一份置于 250mL 锥形瓶中，加 30mL 去离子水使之溶解（如未溶解完可略微加热）。冷却后加入 1 滴酚酞指示剂，用 $0.1\mathrm{mol \cdot L^{-1}}$ NaOH 溶液滴定至溶液呈微红色，30s 不褪色即为终点。三次测定结果的相对标准偏差应小于 0.3%。

3. 有机酸摩尔质量的测定

准确称量有机酸试样 1.2～1.5g 于 250mL 烧杯中，加 100mL 去离子水溶解，定量转移至 250mL 容量瓶中，以去离子水定容，摇匀。

用 25mL 移液管准确移取 25.00mL 上述试液于 250mL 锥形瓶中，再加 1 滴酚酞指示剂，用已标定的 $0.1\mathrm{mol \cdot L^{-1}}$ NaOH 标准溶液滴定至溶液呈微红色，且 30s 不褪色即为终点，记录消耗 NaOH 标准溶液体积，平行测定 3 次。

【数据记录及处理】

记录项目	Ⅰ	Ⅱ	Ⅲ
（称量瓶＋试样）的质量（前）/g			
（称量瓶＋试样）的质量（后）/g			
试样的质量/g			
NaOH 体积初读数/mL	0.00	0.00	0.00
NaOH 体积终读数/mL			
V_{NaOH}/mL			

要求：填全实验数据并进行数据处理，计算 NaOH 溶液的准确浓度（保留 4 位有效数字），计算有机酸的摩尔质量，保留小数点后 2 位，求出有机酸摩尔质量的相对标准偏差。

NaOH 浓度计算公式：$c_{NaOH}=\frac{m_{KHC_8H_4O_4}}{V_{NaOH}M_{KHC_8H_4O_4}\times 10^{-3}}$，单位为 $mol\cdot L^{-1}$

有机酸摩尔质量计算公式：$M_{H_nA}=\frac{m_{H_nA}\times 10^3}{\frac{1}{n}c_{NaOH}V_{NaOH}}$，单位为 $g\cdot mol^{-1}$

$M_{KHC_8H_4O_4}=204.2g\cdot mol^{-1}$。

标准偏差计算公式：$s=\sqrt{\frac{\sum(x_i-\bar{x})^2}{n-1}}$

相对标准偏差计算公式：$s_r=\frac{s}{\bar{x}}\times 100\%$

【注意事项】

1. 在称量邻苯二甲酸氢钾之前应先将锥形瓶编号，记录不同编号锥形瓶中邻苯二甲酸氢钾的质量。

2. 应用尽可能短的时间完成 NaOH 固体的称量，减少 NaOH 吸水潮解的程度，提高称量的准确度。

3. 从移液管放出有机酸试液时，移液管垂直台面，锥形瓶倾斜成约 45°，使溶液自由地沿壁流下，待液面下降到管尖后再等 15s，不应立即提起移液管。

【思考题】

1. 溶解基准物 $KHC_8H_4O_4$ 所用去离子水的体积是否需要准确量取？为什么？
2. 用 $KHC_8H_4O_4$ 标定 $0.1mol\cdot L^{-1}$ NaOH 溶液时，基准物称取量如何计算？
3. 推导化学计量点时 pH 的计算公式。
4. 甲基橙能否作为测定有机酸的指示剂？为什么？
5. 能否用 NaOH 标准溶液分步滴定草酸？为什么？
6. 标定 NaOH 溶液的基准物质有哪些？最好选择哪个？为什么？

实验 4　铵盐中氨态氮含量的测定（甲醛法）

【实验目的】

1. 了解酸碱滴定法的应用，掌握甲醛法测定铵盐中氮含量的原理和方法。
2. 熟悉容量瓶、移液管的使用方法。
3. 了解大样的取用原则。

【实验原理】

含有氨态氮的氮肥，主要成分是各类铵盐，如硫酸铵、氯化铵、碳酸氢铵等。除碳酸氢铵可用强酸标准溶液直接滴定外，其它铵盐由于 NH_4^+ 是一种极弱酸（$K_a=5.6\times 10^{-10}$），不能用强碱标准溶液直接滴定。一般可用以下两种方法测定其含量：

1. 蒸馏法

在试样中加入过量的碱，加热，把 NH_3 蒸馏出来，吸收于一定量过量的酸标准溶液中，然后用碱标准溶液回滴过量的酸，以求出试样中氨含量。也有的是把蒸出的NH_3用硼酸溶液吸收，然后用酸标准溶液直接滴定。蒸馏法虽较准确，但比较麻烦和费时。

2. 甲醛法

铵盐与甲醛作用，生成六亚甲基四胺酸和定量的强酸，其反应如下：

$$4NH_4^+ + 6HCHO \longrightarrow (CH_2)_6N_4H^+ + 6H_2O + 3H^+$$

以酚酞为指示剂，用 NaOH 标准溶液滴定反应中生成的酸。

4mol NH_4^+ 与甲醛作用，生成 3mol H^+（强酸）和 1mol $(CH_2)_6N_4H^+$，即 1mol NH_4^+ 相当于 1mol 酸。则 NH_4^+ 与 NaOH 的物质的量之比为 1∶1，NH_4^+ 的含量以氮来表示。

甲醛法准确度较差，但速度较快，故在生产上应用较多。试样如果含 Fe^{3+}，影响终点观察，可改用蒸馏法。

【仪器与试剂】

1. 仪器

滴定管（50mL）；烧杯（250mL）；锥形瓶（250mL）；大量筒（100mL）；小量筒（10mL）；橡胶塞细口试剂瓶（500mL）；容量瓶（250mL、500mL）；移液管（25mL）；分析天平（0.0001g）；托盘天平（0.1g）。

2. 试剂

邻苯二甲酸氢钾（基准试剂或 AR）：在 100～125℃干燥 1h，放入干燥器中备用。

酚酞指示剂（0.2%乙醇溶液）；甲醛试液（40%）；NaOH（固体，AR）；铵盐试样（固体）。

【实验步骤】

1. 0.1mol·L $^{-1}$NaOH 溶液的配制

在托盘天平上迅速称取 2g NaOH 置于 250mL 烧杯中，立即用去离子水溶解，并稀释至 500mL，放置于橡胶塞细口试剂瓶中，摇匀备用。

2. 0.1mol·L $^{-1}$NaOH 溶液的标定

在分析天平上准确称取三份邻苯二甲酸氢钾，每份 0.4～0.6g，取一份置于 250mL 锥形瓶中，加 30mL 去离子水使之溶解（如未溶解完可略微加热）。冷却后加入 1 滴酚酞指示剂，用 0.1mol·L $^{-1}$ NaOH 溶液滴定至呈微红色，30s 不褪色即为终点。平行测定三次。

3. 铵盐试样的测定

在分析天平上准确称取铵盐试样 1.2～1.4g 于 250mL 烧杯中，加入少量去离子水使之溶解。将溶液小心转移至 250mL 容量瓶中，用去离子水稀释至刻度，塞上玻璃塞，反复摇匀。

用 25mL 移液管准确移取 25.00mL 上述试液于 250mL 锥形瓶中，加入 5mL 预先用 0.1mol·L^{-1} NaOH 溶液中和过的 40%甲醛试液，再加 1 滴酚酞指示剂，摇匀，静止 1min，然后用已标定的 0.1mol·L^{-1} NaOH 标准溶液滴定至溶液呈微红色，30s 不褪色即为终点，记录消耗 NaOH 标准溶液体积。平行测定 3 次。

【数据记录及处理】

记录项目	Ⅰ	Ⅱ	Ⅲ
(称量瓶+铵盐试样)的质量(前)/g (称量瓶+铵盐试样)的质量(后)/g			
铵盐试样的质量/g			
NaOH 体积初读数/mL NaOH 体积终读数/mL	0.00	0.00	0.00
V_{NaOH}/mL			

要求：填全实验数据并进行数据处理，计算 NaOH 溶液准确浓度并保留 4 位有效数字，计算铵盐中氨态氮含量。

NaOH 浓度计算公式：$c_{NaOH}=\dfrac{m_{KHC_8H_4O_4}}{V_{NaOH}M_{KHC_8H_4O_4}\times 10^{-3}}$，单位为 $mol\cdot L^{-1}$

铵盐中氮含量的计算公式：$w_N=\dfrac{c_{NaOH}V_{NaOH}M_N}{m_s}\times 100\%$

$M_N=14.01g\cdot mol^{-1}$，$M_{KHC_8H_4O_4}=204.23g\cdot mol^{-1}$。

【注意事项】

1. 在称量邻苯二甲酸氢钾之前应先将锥形瓶编号，记录不同编号的锥形瓶中邻苯二甲酸氢钾的质量。

2. 应用尽可能短的时间完成 NaOH 固体药品的称量，减少药品吸水潮解的程度，提高称量的准确度。

3. 甲醛易挥发且有毒，本实验应在通风良好的实验室进行。

【思考题】

1. 能否用 NaOH 标准溶液直接测定铵盐中氨态氮含量？为什么？

2. 本实验中为什么要取大样进行分析？

3. 甲醛试液为什么预先用 $0.1mol\cdot L^{-1}$ NaOH 溶液中和？选用什么指示剂为好？

4. $(NH_4)_2SO_4$、NH_4NO_3、NH_4HCO_3 和 NH_4Cl 四个试样都可以用该方法进行测定吗？为什么？

实验 5　碱液中 NaOH 及 Na_2CO_3 含量的测定（双指示剂法）

【实验目的】

1. 学习盐酸溶液浓度的配制和标定方法。

2. 了解双指示剂法测定碱液中 NaOH 和 Na_2CO_3 含量的原理。

3. 掌握混合碱测定的方法。

【实验原理】

分析测试工作中常用 HCl 和 H_2SO_4 来配制酸的标准溶液。在需使用较高浓度或要与试样共同加热至沸时，应选用硫酸标准溶液；而在一般情况下通常使用 HCl 标准溶液，因为稀盐酸溶液稳定性较好，且大多数氯化物易溶于水，不影响指示剂的功能。通常酸标准液浓度为 $0.05\sim0.2mol\cdot L^{-1}$，而 $0.1\sim0.2mol\cdot L^{-1}$ 最为常用。

用无水Na_2CO_3为基准物标定盐酸溶液的浓度，由于Na_2CO_3易吸收空气中的水分，因此采用市售基准试剂级的Na_2CO_3时应预先于180℃下充分干燥，并保存于干燥器中，标定时常以甲基橙为指示剂。

以甲基橙为指示剂，用无水Na_2CO_3为基准物标定盐酸溶液的反应方程式为：

$$Na_2CO_3 + 2HCl \xlongequal{} 2NaCl + H_2O + CO_2$$

反应产物为H_2CO_3，其过饱和部分分解逸出，饱和溶液的pH值约为3.9，以甲基橙为指示剂滴定至浅橙色（pH约为4.0）为终点。

碱液中NaOH和Na_2CO_3的含量，可以在同一份试液中用两种不同的指示剂来测定，这种测定方法即“双指示剂法”。此方法方便、快速，在生产中应用普遍。

常用的两种指示剂是酚酞和甲基橙。在试液中先加酚酞，用HCl标准溶液滴定至溶液红色刚刚褪去。由于酚酞的变色范围在pH8～10，此时不仅NaOH完全被中和，Na_2CO_3也被滴定成$NaHCO_3$，记下此时HCl标准溶液的耗用量V_1。再加入甲基橙指示剂，溶液呈黄色，继续用HCl标准溶液滴定至溶液呈浅橙色，即为滴定终点，此时$NaHCO_3$被滴定成H_2CO_3，记下此时HCl标准溶液的耗用量V_2。根据V_1、V_2可以计算出试液中NaOH及Na_2CO_3的含量。

【仪器与试剂】

1. 仪器

滴定管（50mL）；烧杯（250mL）；锥形瓶（250mL）；大量筒（100mL）；小量筒（10mL）；细口试剂瓶（500mL）；容量瓶（250mL、500mL）；移液管（10mL、25mL）；分析天平（0.0001g）。

2. 试剂

HCl（6mol·L^{-1}）；无水Na_2CO_3（基准试剂或AR）；甲基橙指示剂（0.1%水溶液）；酚酞指示剂（0.2%乙醇溶液）；碱液试样。

【实验步骤】

1. 0.1mol·L^{-1} HCl标准溶液的配制

用10mL量筒量取8mL HCl（6mol·L^{-1}），用去离子水稀释到500mL，置于500mL细口试剂瓶中，摇匀备用。

2. 0.1mol·L^{-1} HCl标准溶液的标定

在分析天平上准确称取1.0～1.2g的无水Na_2CO_3于250mL烧杯中，用100mL去离子水使之溶解。定量转移到250mL容量瓶中，以去离子水定容，摇匀。

用25mL移液管移取25.00mL无水Na_2CO_3基准液于250mL锥形瓶中，加入1滴甲基橙指示剂，用待标定的0.1mol·L^{-1} HCl溶液滴定至溶液由黄色变为浅橙色，即为终点。记录所消耗HCl溶液的体积，平行滴定三份，并计算出HCl溶液的准确浓度（保留4位有效数字）。

3. 碱液试样各组分含量的测定

用10mL移液管准确吸取碱液试样10.00mL于250mL锥形瓶中，加入约20mL去离子水和1～2滴酚酞指示剂，用已标定的0.1mol·L^{-1} HCl标准溶液滴定，边滴定边充分摇动，以免局部Na_2CO_3直接被滴至H_2CO_3。滴定至酚酞恰好褪色为止，此时即为第一滴定终点，记下消耗HCl标准溶液的体积V_1。然后再加1滴甲基橙指示剂，此时溶液呈黄色，继续以HCl标准溶液滴定至溶液呈浅橙色，此时即为第二滴定终点，记下又消耗HCl标准溶液的体积V_2，此操作平行测定三次。

【数据记录及处理】

设计实验数据表格并进行数据记录和处理，计算 HCl 溶液浓度并保留 4 位有效数字，计算出碱液中 NaOH 和 Na_2CO_3 含量（$g \cdot L^{-1}$）并对实验结果进行数据处理。

HCl 浓度的计算公式：$c_{HCl}=\dfrac{m_{Na_2CO_3}}{2M_{Na_2CO_3}V_{HCl}\times 10^{-3}}$，单位为 $mol \cdot L^{-1}$

NaOH 含量的计算公式：$\rho_{NaOH}=\dfrac{(V_1-V_2)c_{HCl}M_{NaOH}}{V_{试}}$，单位为 $g \cdot L^{-1}$

Na_2CO_3 含量的计算公式：$\rho_{Na_2CO_3}=\dfrac{V_2c_{HCl}M_{Na_2CO_3}}{V_{试}}$，单位为 $g \cdot L^{-1}$

$M_{Na_2CO_3}=105.99g \cdot mol^{-1}$，$M_{NaOH}=40.00g \cdot mol^{-1}$；$V_{试}$为移取原始碱溶液的体积，单位为 mL，本实验中为 10.00mL。

【注意事项】

1. 用 Na_2CO_3 为基准物时，在滴定过程中生成的 H_2CO_3 转变为 CO_2 的速度比较慢，很容易形成 H_2CO_3 的过饱和溶液，从而使终点提前出现，因此在滴定终点附近须剧烈地摇动溶液。

2. 本实验的关键是甲基橙指示剂终点颜色的把握，指示剂用量 1 滴为宜，用量过多终点难以把握，会带来较大的滴定误差。

3. 量取和配制盐酸溶液时应在通风橱中进行，以免 HCl 气体通过呼吸进入人体，从而引起呼吸道不适。

4. 测定 NaOH 和 Na_2CO_3 混合碱时，酚酞指示剂用量可多加 1 滴，否则滴定临近终点时指示剂颜色过浅造成滴定不完全，会使 NaOH 的测定结果偏低，H_2CO_3 的测定结果偏高。

【思考题】

1. 碱液中的 $NaHCO_3$ 及 Na_2CO_3 含量是怎样测定的？

2. 如欲测定碱液的总碱度，应采用何种指示剂？试给出测定步骤及以 Na_2CO_3 的质量浓度（$g \cdot L^{-1}$）表示的总碱度的计算公式。

3. 用 HCl 标准溶液测定混合碱时，取完试液应立即滴定，若放置较长时间再滴定，会对测定结果产生什么影响？

4. Na_2CO_3 吸湿后，用它标定 HCl 溶液，对标定结果影响如何？

5. Na_2CO_3 所用去离子水的体积是否需要准确量取？为什么？

6. 用于标定的锥形瓶是否需要预先干燥？为什么？

7. 用无水 Na_2CO_3 为基准物标定 HCl 标准溶液的浓度时，为什么不用酚酞做指示剂？

8. 如何计算称取基准物 Na_2CO_3 的质量范围？

9. 用无水 Na_2CO_3 标定 $0.1mol \cdot L^{-1}$ HCl 溶液时，是否可以直接称取小样（不用分取）进行标定？为什么？

实验 6　食醋中醋酸含量的测定

【实验目的】

1. 熟练掌握 NaOH 标准溶液的配制和标定。

2. 掌握强碱滴定弱酸的滴定过程、突跃范围及指示剂的选择原理。

3. 掌握食醋中醋酸的测定方法。

【实验原理】

我国是一个食醋生产和消费的大国，酿醋历史悠久，许多人都有食醋的习惯和爱好。食醋又称为醋，是烹饪中常用的一种液体酸味调味料。醋中通常含有3%～5%的醋酸，有的还含有少量的酒石酸、柠檬酸等。按食醋生产方法，可分为酿造醋和人工合成醋。酿造醋，是以粮食为原料，通过微生物发酵酿造而成。人工合成醋是以食用醋酸、水、酸味剂、调味料、香辛料、食用色素勾兑而成。

醋酸为一元有机弱酸（$K_a=1.8\times10^{-5}$），能够满足准确滴定判别式$cK_a\geqslant10^{-8}$的要求，可以被准确滴定。其与NaOH反应式为：

$$HAc+NaOH \xlongequal{} NaAc+H_2O$$

反应产物为一元弱碱，滴定突跃范围在碱性范围内，可选用酚酞等碱性范围变色的指示剂。

【仪器与试剂】

1. 仪器

滴定管（50mL）；烧杯（250mL）；锥形瓶（250mL）；大量筒（100mL）；小量筒（10mL）；橡皮塞细口试剂瓶（500mL）；容量瓶（250mL、500mL）；移液管（25mL）；分析天平（0.0001g）；托盘天平（0.1g）。

2. 试剂

邻苯二甲酸氢钾（基准试剂或AR）：在100～125℃干燥1h，放入干燥器中备用。

NaOH（AR）；酚酞指示剂（0.2%乙醇溶液）；食醋。

【实验步骤】

1. 0.1mol·L^{-1}NaOH溶液的配制

通过计算求出配制500mL 0.1mol·L^{-1}NaOH溶液所需固体NaOH的量（2g），在托盘天平上迅速称出，置于250mL烧杯中，立即用去离子水溶解，并稀释至500mL，置于橡皮塞细口试剂瓶中，摇匀备用。

2. 0.1mol·L^{-1}NaOH溶液的标定

在分析天平上准确称取三份邻苯二甲酸氢钾，每份0.4～0.6g，置于250mL锥形瓶中，加30mL去离子水使之溶解（如未溶解完可略微加热）。冷却后加入1滴酚酞指示剂，用0.1mol·L^{-1}NaOH溶液滴定至呈微红色，30s不褪色即为终点。三次测定结果的相对标准偏差应小于0.3%。

3. 醋酸含量的测定

准确移取食醋25.00mL置于250mL容量瓶中，用去离子水稀释至刻度，摇匀。用25mL移液管准确移取25.00mL上述溶液于250mL锥形瓶中，加入酚酞指示剂1滴，用标定过的0.1mol·L^{-1}NaOH标准溶液滴定至微红色，30s内不褪色即为终点，平行测定三次。计算每100mL食醋中醋酸的含量（单位：g·L^{-1}）。

【数据记录及处理】

设计实验数据表格并进行数据记录和处理，计算NaOH溶液准确浓度并保留4位有效数字，计算出醋酸含量。

NaOH 浓度计算公式：$c_{NaOH}=\dfrac{m_{KHC_8H_4O_4}\times 10^3}{V_{NaOH}M_{KHC_8H_4O_4}}$，单位为 $mol\cdot L^{-1}$

醋酸含量的计算公式：$\rho_{HAc}=\dfrac{c_{NaOH}V_{NaOH}M_{HAc}}{V_{HAc}\times\dfrac{25}{250}}\times 100\%$，单位为 $g\cdot L^{-1}$

$M_{KHC_8H_4O_4}=204.23g\cdot mol^{-1}$，$M_{HAc}=60.05g\cdot mol^{-1}$。

【注意事项】

1. 食醋中醋酸的浓度大且颜色较深，必须稀释后再测定。

2. 稀释食醋的去离子水应经煮沸以除去 CO_2。

【思考题】

1. 测定食醋中醋酸含量时，所用的去离子水中不能含有 CO_2，为什么？

2. 测定食醋中醋酸含量时，是否可以选用甲基橙作为指示剂？

3. 配制 NaOH 标准溶液和溶解邻苯二甲酸氢钾时，为什么要求用新煮沸并冷却的去离子水？

4. 已标定好的 NaOH 标准溶液，在存放过程中若吸收了二氧化碳，用它来测定 HCl 溶液的浓度，若以酚酞为指示剂对测定结果有何影响？如换用甲基橙指示剂又如何？

2.3 配位滴定法

实验 7 铅铋混合溶液中 Pb^{2+}、Bi^{3+} 含量的连续测定

【实验目的】

1. 学习 EDTA 标准溶液的配制和标定方法。

2. 掌握配位滴定的基本原理，了解配位滴定的特点。

3. 熟悉二甲酚橙指示剂的使用。

4. 掌握利用控制溶液酸度的方法在同一试液中对多种金属离子进行连续测定的原理和方法。

【实验原理】

乙二胺四乙酸（简称 EDTA，常用 H_4Y 表示）难溶于水，常温下溶解度为 $0.2g\cdot L^{-1}$（约 $0.0007mol\cdot L^{-1}$），在分析中通常使用其二钠盐（也简称 EDTA，以 $Na_2H_2Y\cdot 2H_2O$ 表示）配制标准溶液。乙二胺四乙酸二钠的溶解度为 $11.1g\cdot L^{-1}$，可配成 $0.3mol\cdot L^{-1}$ 以下的溶液，其水溶液的 pH≈4.4，通常采用间接法配制标准溶液。

标定 EDTA 溶液常用的基准物有 Zn、ZnO、$CaCO_3$、Bi、Cu、$MgSO_4\cdot 7H_2O$、Ni、Pb 等。通常选用其中有与被测物组分相同的物质作基准物，这样，滴定条件较一致，可减小误差。

EDTA 溶液若用于测定 Pb^{2+}、Zn^{2+}，则宜以 ZnO 或金属锌为基准物，以二甲酚橙为指示剂。在 pH 为 5～6 的溶液中，二甲酚橙指示剂本身显亮黄色，与 Zn^{2+} 的配合物呈紫红色。由于 EDTA 与 Zn^{2+} 形成更稳定的配合物，因此用 EDTA 溶液滴定至近终点时，二甲

酚橙被游离了出来，溶液由紫红色变为亮黄色，反应式如下：

$$\underset{\text{亮黄色}}{Zn+XO} = \underset{\text{紫红色}}{ZnXO}$$

$$\underset{\text{紫红色}}{ZnXO}+Y = \underset{\text{亮黄色}}{ZnY+XO}\text{(计量点)}$$

配位滴定中所用的水，应不含 Fe^{3+}、Al^{3+}、Cu^{2+}、Ca^{2+}、Mg^{2+} 等杂质离子。

混合离子的滴定常用控制酸度法、掩蔽法进行，可根据副反应系数数据及判别式判断它们分别滴定的可能性。Pb^{2+}、Bi^{3+} 均能与 EDTA 形成稳定的 1∶1 配合物，$\lg K$ 值分别为 18.04 和 27.94。由于两者的 $\lg K$ 值相差很大，故可利用酸效应，控制不同的酸度分别进行滴定。通常在 pH≈1 时滴定 Bi^{3+}，在 pH≈5～6 时滴定 Pb^{2+}。

在 Pb^{2+}、Bi^{3+} 混合溶液中，首先调节溶液的 pH≈1，以二甲酚橙为指示剂，用 EDTA 标准溶液滴定 Bi^{3+}。此时，Bi^{3+} 与指示剂形成紫红色配合物（Pb^{2+} 在此条件下不形成紫红色配合物），然后用 EDTA 标准溶液滴定 Bi^{3+} 至溶液由紫红色变为亮黄色，即为滴定 Bi^{3+} 的终点。

在滴定 Bi^{3+} 后的溶液中，加入六亚甲基四胺缓冲溶液，调节溶液 pH 为 5～6，此时 Pb^{2+} 与二甲酚橙形成紫红色配合物，溶液又呈现紫红色，然后用 EDTA 标准溶液继续滴定至溶液由紫红色变为亮黄色时，即为滴定 Pb^{2+} 的终点。

【仪器与试剂】

1. 仪器

滴定管（50mL）；烧杯（100mL、250mL）；锥形瓶（250mL）；大量筒（100mL）；小量筒（10mL）；容量瓶（250mL、500mL）；移液管（25mL）；细口试剂瓶（500mL）；分析天平（0.0001g）；托盘天平（0.1g）；电热板（2000W）。

2. 试剂

HCl（$6mol \cdot L^{-1}$）；ZnO（GR 或 AR，800℃灼烧至恒重）；二甲酚橙指示剂（0.2%水溶液）；六亚甲基四胺溶液（20%）；HNO_3（$0.1mol \cdot L^{-1}$，pH≈1.0）；EDTA（固体，AR）；Pb^{2+}-Bi^{3+} 混合溶液。

【实验步骤】

1. $0.01mol \cdot L^{-1}$ EDTA 溶液的配制

在托盘天平上称取乙二胺四乙酸二钠 2g 于 250mL 烧杯中，加入 200mL 去离子水，加热溶解，冷却，用去离子水稀释至 500mL，贮存于 500mL 细口试剂瓶中，摇匀备用。

2. $0.01mol \cdot L^{-1}$ Zn^{2+} 标准溶液的配制

在分析天平上准确称取 0.20～0.25g 基准物 ZnO 于 100mL 烧杯中，以少量去离子水润湿，逐滴加入 5mL $6mol \cdot L^{-1}$ HCl 至完全溶解。加入 50mL 去离子水，然后将溶液定量转移入 250mL 容量瓶中，以去离子水稀释至刻度，摇匀。计算 Zn^{2+} 标准溶液的准确浓度。

3. $0.01mol \cdot L^{-1}$ EDTA 溶液的标定

用 25mL 移液管准确移取 25.00mLZn^{2+} 标准溶液于 250mL 锥形瓶中，加 2～3 滴二甲酚橙指示剂，滴加 20%六亚甲基四胺溶液至呈稳定的紫红色，再加 5mL 六亚甲基四胺溶液。用 EDTA 溶液滴定至溶液由紫红色变为亮黄色，即为终点。此操作平行三次。

4. Pb^{2+}-Bi^{3+} 混合溶液的测定

用 25mL 移液管移取 25.00mL 浓度为 $0.5mol \cdot L^{-1}$ 的 Pb^{2+}-Bi^{3+} 混合溶液于 250mL 锥

形瓶中，加入10mL 0.1mol·L^{-1} HNO_3，加2滴0.2%二甲酚橙指示剂，用已标定的EDTA溶液滴定至溶液由紫红色变为亮黄色，即为滴定Bi^{3+}的终点。记录消耗EDTA标准溶液的体积V_1，根据消耗的EDTA体积，计算混合液中Bi^{3+}的含量（g·L^{-1}）。

在滴定Bi^{3+}后的溶液中，滴加20%六亚甲基四胺溶液，至溶液呈现稳定的紫红色后，再过量5mL，此时溶液的pH值为5～6，再用已标定的EDTA标准溶液滴定至溶液由紫红色变为亮黄色，即为滴定Pb^{2+}的终点。记录消耗EDTA标准溶液的体积V_2，根据滴定结果，计算混合液中Pb^{2+}的含量（g·L^{-1}）。

【数据记录及处理】

设计实验数据表格并进行数据记录和处理，计算EDTA溶液准确浓度，保留4位有效数字，计算出Pb^{2+}、Bi^{3+}的含量（g·L^{-1}）。

EDTA浓度计算公式：$c_{EDTA}=\dfrac{m_{ZnO}\times\dfrac{25}{250}\times10^3}{V_{EDTA}M_{ZnO}}$，单位为mol·$L^{-1}$

混合溶液中Bi^{3+}含量的计算公式：$\rho_{Bi}=\dfrac{c_{EDTA}V_1M_{Bi}}{V_{试液}}$，单位为g·$L^{-1}$

混合溶液中Pb^{2+}含量的计算公式：$\rho_{pb}=\dfrac{c_{EDTA}V_2M_{pb}}{V_{试液}}$，单位为g·$L^{-1}$

$M_{ZnO}=81.41$g·mol^{-1}，$M_{Bi}=208.98$g·mol^{-1}，$M_{Pb}=207.2$g·mol^{-1}；$V_{试液}$为移取原始Pb^{2+}-Bi^{3+}混合溶液的体积，单位为mL。

【注意事项】

1. 配位反应速率较慢（不像酸碱反应能在瞬间完成），故滴定时加入EDTA溶液的速度不能太快，在室温低时更要注意。特别是近终点时，应逐滴加入，并充分振摇。

2. 在测定Bi^{3+}和Pb^{2+}时一定要注意控制溶液合适的pH值条件。滴加六亚甲基四胺溶液至呈稳定的紫红色后应再过量5mL。

3. 滴定时溶液颜色变化为紫红色—红色—橙黄色—亮黄色。

【思考题】

1. 控制酸度时为何用硝酸而不用盐酸或硫酸？
2. 本实验能否先在pH为5～6的溶液中测定铅和铋的含量，然后再调节溶液pH=1测定铋的含量？
3. 本实验中加入六亚甲基四胺溶液的目的是什么？不加可以吗？可以用HAc-Ac^-溶液代替六亚甲基四胺溶液吗？
4. 滴定溶液中Bi^{3+}和Pb^{2+}时，溶液酸度各控制在什么范围？怎样调节？
5. 必须满足什么条件，才能利用控制溶液酸度的方法在同一溶液中分别测定两种金属离子的含量？

实验8 铝盐中铝含量的测定

【实验目的】

1. 掌握返滴定分析的原理及方法。
2. 熟悉二甲酚橙指示剂的应用。

【实验原理】

EDTA 溶液若用于测定 Al^{3+}，则宜以 ZnO 或金属锌为基准物，二甲酚橙为指示剂。在 pH 为 5～6 的溶液中，二甲酚橙指示剂本身显亮黄色，与 Zn^{2+} 的配合物呈紫红色。由于 EDTA 与 Zn^{2+} 形成更稳定的配合物，因此用 EDTA 溶液滴定至终点时，二甲酚橙被游离了出来，溶液由紫红色变为亮黄色。

由于 Al^{3+} 容易水解，容易形成多核羟基配合物，在较低酸度时，还会形成含有羟基的 EDTA 配合物，同时 Al^{3+} 与 EDTA 配位的速度较慢，而且对二甲酚橙指示剂有封闭作用。因此，用 EDTA 配位滴定法测定 Al^{3+} 时，不能用直接滴定法，而通常采用返滴定法或置换滴定法。

当试样中不含其它干扰元素时可采用返滴定法测定 Al 含量，当试样中含有较多的杂质元素，采用返滴定法测定 Al 含量是不合适的，需采用置换滴定法。往往铝合金试样成分比较复杂而必须采用置换滴定法，而铝盐几乎无其它干扰元素存在，故可采用返滴定法。铝盐样品溶解后，先调节溶液酸度至 pH 值为 3～4，加入一定过量的 EDTA 溶液，煮沸，使 Al^{3+} 与 EDTA 完全配合。冷却后，调节溶液的 pH 值为 5～6，以二甲酚橙为指示剂，用 Zn^{2+} 标准溶液滴定过量的 EDTA。即可计算铝盐中 Al 的含量。反应方程式如下：

$$Al^{3+} + H_2Y^{2-} = AlY^- + 2H^+$$

$$H_2Y^{2-}(过量) + Zn^{2+} = ZnY^{2-} + 2H^+$$

【仪器与试剂】

1. 仪器

滴定管（50mL）；烧杯（100mL、250mL）；锥形瓶（250mL）；大量筒（100mL）；小量筒（10mL）；容量瓶（250mL、500mL）；移液管（25mL）；细口试剂瓶（500mL）；分析天平（0.0001g）；托盘天平（0.1g）；电热板（2000W）。

2. 试剂

HCl（$6mol \cdot L^{-1}$）；ZnO（GR 或 AR，800℃灼烧至恒重）；二甲酚橙指示剂（0.2%水溶液）；六亚甲基四胺溶液（20%）；$NH_3 \cdot H_2O$（1∶1）；HCl（1∶3）；EDTA（固体，AR）；铝盐试样。

【实验步骤】

1. $0.01mol \cdot L^{-1}$ EDTA 溶液的配制

在托盘天平上称取乙二胺四乙酸二钠 2g 于 250mL 烧杯中，加入 200mL 去离子水，加热溶解，冷却，用去离子水稀释至 500mL，贮存于 500mL 细口试剂瓶中，摇匀备用。

2. $0.01mol \cdot L^{-1}$ Zn^{2+} 标准溶液的配制

在分析天平上准确称取 0.20～0.25g ZnO 基准物于 100mL 烧杯中，以少量去离子水润湿，逐滴加入 5mL $6mol \cdot L^{-1}$ HCl 至完全溶解，加入 50mL 去离子水，然后将溶液定量转移入 250mL 容量瓶中，以去离子水稀释至刻度，摇匀。计算 Zn^{2+} 标准溶液的浓度。

3. $0.01mol \cdot L^{-1}$ EDTA 溶液的标定

用 25mL 移液管准确移取 25.00mL Zn^{2+} 标准溶液于 250mL 锥形瓶中，加 2～3 滴二甲酚橙指示剂，滴加 20%六亚甲基四胺溶液至呈稳定的紫红色，再加入 5mL 六亚甲基四胺溶液。用 EDTA 溶液滴定至溶液由紫红色变为亮黄色，即为终点。此操作平行三次。

4. 铝盐中 Al 含量测定

准确称取一定量铝盐试样（铝量控制在 50～60mg）于 100mL 烧杯中，加入 50mL 去离子水、5mL HCl（1∶3）溶液溶解试样，将溶液转移至250mL容量瓶中，用去离子水稀释至刻度，摇匀。

用25mL移液管准确移取25.00mL上述试液于250mL锥形瓶中，准确加入40.00mL已标定过的EDTA溶液，2滴二甲酚橙指示剂，小心滴加$NH_3 \cdot H_2O$（1∶1）调至溶液恰呈紫红色，然后滴加3滴HCl（1∶3）溶液，将溶液煮沸3min，冷却，加入20mL 20%六亚甲基四胺溶液，此时溶液应呈黄色或橙黄色，否则可用HCl（1∶3）调节。用Zn^{2+}标准溶液滴定至溶液由黄色恰好变为紫红色，即为终点。平行滴定3次，根据Zn^{2+}标准溶液所消耗的体积计算铝盐试样中Al的含量。

【数据记录及处理】

设计实验数据表格并进行数据记录和处理，计算出EDTA的准确浓度（保留4位有效数字）和铝的含量。

EDTA浓度计算公式：$c_{EDTA}=\dfrac{m_{ZnO}\times\dfrac{25}{250}\times10^{3}}{V_{EDTA}M_{ZnO}}$，单位为$mol \cdot L^{-1}$

铝含量计算公式：$w_{Al}=\dfrac{(c_{EDTA}V_{EDTA}-c_{Zn^{2+}}V_{Zn^{2+}})\ M_{Al}\times10^{-3}}{\dfrac{25.00}{250.00}\times m_s}\times100\%$

$M_{ZnO}=81.41g \cdot mol^{-1}$，$M_{Al}=26.98g \cdot mol^{-1}$。

【注意事项】

1. 当含有六亚甲基四胺介质的溶液加热时，由于其部分水解而使溶液pH值升高，使二甲酚橙呈红色。这时需补加HCl至呈黄色或橙黄色后，再进行滴定。反应方程式如下：

$$(CH_2)_6N_4+6H_2O = 6HCHO+4NH_3\uparrow$$

2. 本实验过程中，对溶液加热的时间及酸度的控制，都需要较严格的掌握，才能获得较好的分析结果。

3. 应根据铝盐中具体含量确定称样量。

【思考题】

1. 铝的测定一般采用返滴定或置换滴定法，为什么？
2. 为什么返滴定法使用的EDTA溶液需要标定，而置换滴定法使用的EDTA溶液不需要标定呢？
3. 在测定铝含量时，如果加入的EDTA标准溶液没有过量会造成什么结果？应如何处理？
4. 以HCl溶液溶解ZnO基准物时，操作中应注意些什么？
5. 配位滴定法与酸碱滴定法相比有哪些不同点？操作中应注意哪些问题？
6. 能否直接准确称取乙二胺四乙酸二钠配制EDTA标准溶液？

实验9 黄铜合金中常量镍的测定

【实验目的】

1. 掌握沉淀分离的基本操作技术。
2. 掌握配位滴定的原理和返滴定方法。

3. 了解复杂样品，提高分析问题、解决问题的能力。

【实验原理】

黄铜是由铜和锌所组成的合金，由铜、锌组成的黄铜叫作普通黄铜，如果是由两种以上的元素组成的黄铜就称为特殊黄铜。黄铜有较强的耐磨性能和抗腐蚀性能，黄铜常被用于制造阀门、水管、空调内外机连接管和散热器等。黄铜根据所含元素不同可分为铅黄铜、镍黄铜、锡黄铜、锰黄铜、铁黄铜等。

在醋酸和醋酸盐缓冲溶液中，用丁二酮肟沉淀镍与其它元素分离。大量的铜用硫代硫酸钠掩蔽，铁、铅用酒石酸钠掩蔽。用硝酸溶解丁二酮肟镍沉淀并加热破坏过量的镍试剂。在六亚甲基四胺缓冲溶液中，加入一定过量的EDTA标准溶液，使之与镍完全配位，以二甲酚橙为指示剂，过量的EDTA用醋酸铅标准溶液返滴定。进而求得黄铜合金中镍的含量。

【仪器与试剂】

1. 仪器

滴定管（50mL）；烧杯（250mL）；锥形瓶（250mL）；大量筒（100mL）；小量筒（10mL）；容量瓶（250mL、500mL）；移液管（25mL）；细口试剂瓶（500mL）；玻璃漏斗（60mm）；漏斗架（3孔以上）；中速定量滤纸；分析天平（0.0001g）；托盘天平（0.1g）；电热板（2000W）。

2. 试剂

HNO_3（1∶1）；$NH_3\cdot H_2O$（1∶1）；HAc（36%）；NH_4Ac（20%）；酒石酸钠溶液（20%）；$Na_2S_2O_3$（20%）；丁二酮肟乙醇溶液（1%）；六亚甲基四胺溶液（30%）；EDTA（固体，AR）；二甲酚橙溶液（0.2%）；$PbAc_2$（固体）；Ni标准溶液（$1mg\cdot mL^{-1}$）；黄铜试样（固体）。

【实验步骤】

1. EDTA标准溶液（$0.02mol\cdot L^{-1}$）的配制

在托盘天平上称取EDTA 3.8g于250mL烧杯中，加去离子水约200mL，加热溶解，冷却后用去离子水稀释至500mL，转移至500mL细口试剂瓶中，摇匀备用。

2. $PbAc_2$标准溶液（$0.01mol\cdot L^{-1}$）的配制与标定

（1）配制

称取$PbAc_2$ 1.9g于250mL烧杯中，用100mL加热的去离子水溶解完全，加入36%的HAc 0.5mL，用去离子水稀释至500mL，贮存于500mL细口试剂瓶中，摇匀。

（2）标定

准确移取25.00mLNi标准溶液于250mL锥形瓶中，加去离子水50mL、六亚甲基四胺溶液10mL，由滴定管准确加入EDTA标准溶液30.00mL，滴加1～2滴二甲酚橙指示剂，以$PbAc_2$标准溶液滴定至溶液由黄色变为紫红色，即为终点。记下消耗$PbAc_2$的体积V_1。平行测定三次。

然后由滴定管再向该溶液中准确加入15.00mL EDTA标准溶液，再用$PbAc_2$标准溶液滴定至终点，记下消耗$PbAc_2$的体积V_2。平行测定三次。

3. 试样中镍含量的测定

称取黄铜试样0.5000g于250mL烧杯中，加10mL HNO_3（1∶1）溶解并除去氮的氧化物。冷却后，用1∶1 $NH_3\cdot H_2O$（1∶1）中和至出现氢氧化物沉淀（或溶液呈蓝绿色），再以 HAc 中和使沉淀溶解。加入 20mL NH_4Ac 溶液、30mL $Na_2S_2O_3$ 溶液、10mL 酒石酸钠溶液（每加一种试剂后要摇匀）。加入热的去离子水使溶液体积为 150mL 左右，再加 20mL 丁二酮肟乙醇溶液，搅拌 1min，用定性滤纸过滤，沉淀用去离子水洗涤 4 次。用 15mL 热 HNO_3（1∶1）把沉淀溶解在原烧杯中，滤纸用热的去离子水洗涤 2～3 次（体积约 20mL），然后将烧杯放在电热板上加热，蒸发体积至 5mL 左右，冷却后用 1∶1$NH_3 \cdot H_2O$ 中和至出现镍氨配离子的颜色。加入六亚甲基四胺溶液 10mL，以去离子水稀释至 120mL，由滴定管准确加入 EDTA 标准溶液 30.00mL，搅拌后滴加 1～2 滴二甲酚橙指示剂，若溶液为红色，用 HAc 调制溶液刚好呈黄色，再以 $PbAc_2$ 标准溶液滴定至溶液由黄色变为紫红色，即为终点，记录消耗 $PbAc_2$ 的体积，平行测定三次。

【数据记录及处理】

设计实验数据表格并进行数据记录和处理，计算出 K 值、T 值和试样中 Ni 的含量。

K 值计算公式：$K=\dfrac{V_2}{15}$

T 值计算公式：$T=\dfrac{0.025}{30\times K-V_1}$

式中 K——1mL EDTA 标准溶液相当于 $PbAc_2$ 标准溶液的体积，mL；

V_1——第一次滴定时所消耗 $PbAc_2$ 标准溶液的体积，mL；

V_2——第二次滴定时所消耗 $PbAc_2$ 标准溶液的体积，mL；

T——1mL $PbAc_2$ 标准溶液相当于 Ni 的质量，g。

镍含量计算公式：$w_{Ni}=\dfrac{T(V_3K-V_4)}{m}\times 100\%$

式中 V_3——加入 EDTA 溶液的体积，mL；

V_4——返滴定时所消耗 $PbAc_2$ 标准溶液的体积，mL；

m——黄铜试样的质量。

【注意事项】

1. 在镍含量测定时，每加一种试剂均需摇匀，以使反应进行完全。
2. 沉淀量不宜过多，在转移和洗涤沉淀时尽量避免沉淀损失，洗涤沉淀应遵循少量多次原则。
3. 溶解沉淀时，用滴管滴加热硝酸以保证将沉淀全部溶解。
4. 加热蒸发过程中应避免蒸干。

【思考题】

1. 为什么丁二酮肟镍沉淀量不宜过多？过多会对测定结果产生什么影响？
2. 本实验采用什么滴定方式？为什么？
3. 配位滴定法与酸碱滴定法相比有哪些不同点？

实验 10 水的硬度测定

【实验目的】

1. 了解水的硬度的概念、测定水的硬度的意义及水的硬度的表示方法。

2. 理解EDTA法测定水中钙、镁含量的原理和方法。

3. 掌握铬黑T（EBT）和钙指示剂的应用，了解其特点。

【实验原理】

通常称含较多量Ca^{2+}、Mg^{2+}的水为硬水。水的总硬度是指水中Ca^{2+}、Mg^{2+}的总量，它包括暂时硬度和永久硬度，水中Ca^{2+}、Mg^{2+}以酸式碳酸盐形式存在的称为暂时硬度，若以硫酸盐、硝酸盐和氯化物形式存在的称为永久硬度。

目前我国常用的硬度表示方法有两种：一种是用$CaCO_3$的质量浓度ρ（$CaCO_3$）表示水中Ca^{2+}、Mg^{2+}的含量，单位是$mg \cdot L^{-1}$；另一种是用c（Ca^{2+}、Mg^{2+}）来表示水中Ca^{2+}、Mg^{2+}的含量，单位是$mmol \cdot L^{-1}$。本实验采取第一种方法。

水的总硬度测定就是测定水中Ca^{2+}、Mg^{2+}的总含量，可用配位滴定法测定。在pH＝10的氨性缓冲溶液中，加入少量EBT指示剂，然后用EDTA标准溶液滴定。由于EBT和EDTA都能与Ca^{2+}、Mg^{2+}生成配合物，其稳定次序为$CaY^{2-} > MgY^{2-} > MgEBT > CaEBT$，因此，加入EBT后，它首先与$Mg^{2+}$结合，生成酒红色配合物。当滴入EDTA时，EDTA则先与游离的Ca^{2+}配位，其次与游离的Mg^{2+}配位，最后夺取EBT配合物中的Mg^{2+}，使EBT游离出来，终点时溶液由酒红色变为纯蓝色。

由于EBT与Mg^{2+}显色灵敏度高，与Ca^{2+}显色灵敏度低，所以当水样中Mg^{2+}含量较低时，用EBT作指示剂往往得不到敏锐的终点。这时可在EDTA标准溶液中加入适量的Mg^{2+}（标定前加入Mg^{2+}对终点没有影响）或者在缓冲溶液中加入一定量Mg(Ⅱ)-EDTA盐，利用置换滴定法的原理来提高终点变色的敏锐性。滴定时，用三乙醇胺掩蔽Fe^{3+}、Al^{3+}等干扰离子。

测定水中Ca^{2+}硬度时，另取等量水样，加NaOH溶液调节溶液pH值为12～13，使Mg^{2+}生成氢氧化镁沉淀，加入钙指示剂，用EDTA滴定，测定水中的Ca^{2+}含量，即水中的Ca^{2+}硬度。总硬度减去Ca^{2+}硬度就是Mg^{2+}硬度。

【仪器与试剂】

1. 仪器

滴定管（50mL）；烧杯（250mL）；锥形瓶（250mL）；大量筒（100mL）；小量筒（10mL）；容量瓶（250mL）；移液管（25mL）；细口试剂瓶（500mL）；分析天平（0.0001g）；托盘天平（0.1g）。

2. 试剂

$0.01mol \cdot L^{-1}$ EDTA标准溶液；三乙醇胺溶液（1∶2）；HCl（1∶1）；NaOH（10%）；$CaCO_3$（AR，在120℃下干燥至恒重）。

氨性缓冲溶液：pH＝10，称取35g固体NH_4Cl溶解于去离子水中，加350mL浓氨水，用去离子水稀释至1L。

EBT指示剂：先称100g NaCl在105～110℃下烘干，磨细后加入1g EBT，再研磨混合均匀，保存在棕色瓶中。

钙指示剂：1g钙紫红素与100g NaCl研磨均匀，置于60mL广口瓶中，在干燥器中保存。

镁溶液：溶解1g $MgSO_4 \cdot 7H_2O$于去离子水中，用去离子水稀释至200mL。

【实验步骤】

1. 0.01mol·L^{-1}EDTA 溶液的配制

在托盘天平上称取乙二胺四乙酸二钠 2g 于 250mL 烧杯中，加入 200mL 去离子水，加热溶解，冷却，用去离子水稀释至 500mL，贮存于 500mL 细口试剂瓶中，摇匀备用。

2. 0.01mol·L^{-1}钙标准溶液的配制

在分析天平上准确称取 0.25～0.30 g $CaCO_3$ 基准物于 250mL 烧杯中，以少量去离子水润湿，盖上表面皿，从烧杯嘴逐滴加入 5mL HCl（6mol·L^{-1}）至完全溶解。加入 100mL 去离子水，然后将溶液定量转移入 250mL 容量瓶中，以去离子水稀释至刻度，摇匀，计算钙标准溶液的浓度。

3. 0.01mol·L^{-1}EDTA 溶液的标定

用 25mL 移液管准确移取 25.00mL 钙标准溶液于 250mL 锥形瓶中，加 2mL 镁溶液，再加 5mL NaOH（10%）溶液调节溶液 pH 值为 12，分次加少许钙指示剂至溶液呈酒红色（边加边摇边观察溶液颜色）。用 EDTA 溶液滴定至溶液由酒红色变为纯蓝色，即为终点。此操作平行三次。

4. 总硬度的测定

量取澄清的水样 100.0mL 于 250mL 锥形瓶中，加入 1～2 滴 HCl 溶液（1∶1）使之酸化，并煮沸数分钟除去 CO_2。冷却后加入 5mL 三乙醇胺溶液（1∶2）和 5mL pH=10 的氨性缓冲溶液，分次加入大约 10mg（绿豆大小）EBT 指示剂至溶液呈酒红色，边加边摇边观察溶液颜色。用 EDTA 标准溶液滴定，溶液由酒红色转变为纯蓝色即为终点，记下消耗的 EDTA 标准溶液的体积 V_1。

5. 钙硬度的测定

量取澄清的水样 100.0mL 于锥形瓶中，加入 5mL 10%NaOH 溶液，摇匀，再分次加入少量（绿豆大小）钙指示剂，边加边摇边观察溶液颜色，此时溶液呈酒红色。用 EDTA 标准溶液滴定至溶液呈纯蓝色即为终点。记下消耗的 EDTA 标准溶液的体积 V_2。

6. 镁硬度的确定

由总硬度减钙硬度即得镁硬度。

【数据记录及处理】

设计实验数据表格并进行数据记录和处理，计算出 EDTA 的准确浓度（保留 4 位有效数字）、水的总硬度、钙硬度和镁硬度。

EDTA 浓度计算公式：$c_{EDTA}=\dfrac{m_{CaCO_3}\times\dfrac{25}{250}\times10^3}{V_{EDTA}M_{CaCO_3}}$，单位为 mol·L^{-1}

水的总硬度计算公式：$\rho_{总}=\dfrac{c_{EDTA}V_1M_{CaCO_3}\times10^3}{V_{水样}}$，单位为 mg·L^{-1}

钙硬度计算公式：$\rho_{Ca}=\dfrac{c_{EDTA}V_2M_{CaCO_3}\times10^3}{V_{水样}}$，单位为 mg·L^{-1}

镁硬度计算公式：$\rho_{Mg}=\rho_{总}-\rho_{Ca}$，单位为 mg·L^{-1}

$M_{CaCO_3}=100.09g\cdot mol^{-1}$。

【注意事项】

1. 若水样不清澈，则必须过滤，过滤所用的器皿和滤纸必须是干燥的，最初的滤液须弃去。

2. 若水样中含有铜、锌、锰、铁、铝等离子会影响测定结果，可加入1mL Na_2S（1%）溶液使 Cu^{2+}、Zn^{2+} 等形成硫化物沉淀，过滤，锰的干扰可加入盐酸羟胺消除。

3. 在氨性缓冲溶液中，$Ca(HCO_3)_2$ 含量较高时，可能会慢慢析出 $CaCO_3$ 沉淀，使滴定终点拖长，变色不敏锐，所以滴定前最好将溶液酸化，煮沸除去 CO_2。注意 HCl 溶液不可多加，否则影响滴定时溶液的 pH 值。

【思考题】

1. 什么叫水的硬度？水的硬度有几种表示方法？

2. 用 EDTA 法怎么测定水的总硬度？用什么作为指示剂？试液的 pH 值应控制在什么范围？实验中如何控制？

3. 用 EDTA 法测定水的硬度时，哪些离子存在干扰，如何消除？

4. 用 HCl 溶解 $CaCO_3$ 基准物质时，操作应注意什么？

2.4 氧化还原滴定法

实验 11 双氧水中过氧化氢含量的测定

【实验目的】

1. 掌握高锰酸钾溶液的配制及标定方法。

2. 掌握高锰酸钾法滴定的原理。

3. 掌握用高锰酸钾法测定双氧水中过氧化氢含量的操作过程。

【实验原理】

市售 $KMnO_4$ 试剂纯度一般约为 99%～99.5%，其中含少量 MnO_2 及其它杂质。同时实验用水中的微量还原性物质也会与 $KMnO_4$ 发生缓慢反应，生成的 MnO_2 或 $Mn(OH)_2$ 沉淀又会进一步促使 $KMnO_4$ 分解。因此，只能采用间接法配制高锰酸钾标准溶液。为了得到稳定的 $KMnO_4$ 溶液，在标定前需将溶液中析出的四价锰的沉淀物用微孔玻璃漏斗过滤除去。

标定 $KMnO_4$ 的基准物有 As_2O_3、纯铁丝和 $Na_2C_2O_4$ 等，其中以 $Na_2C_2O_4$ 最为常用，反应方程式如下：

$$2MnO_4^- + 5C_2O_4^{2-} + 16H^+ = 2Mn^{2+} + 10CO_2 + 8H_2O$$

反应开始时比较慢，滴加 $KMnO_4$ 后不能立即褪色，但一经反应生成 Mn^{2+} 后，由于 Mn^{2+} 对反应的催化作用，使得反应速度加快。滴定时可将溶液加热或者加入少量 Mn^{2+} 以提高反应速度。当溶液中 MnO_4^- 的浓度约为 $2\times10^{-6}mol\cdot L^{-1}$ 时，人眼即可观察到粉红色，因此用 $KMnO_4$ 进行滴定时，通常不需另加指示剂。当反应达到化学计量点后，微过量的 $KMnO_4$ 溶液即可指示滴定终点。

双氧水中的主要成分为过氧化氢（H_2O_2），它能与水、乙醇或乙醚以任何比例混合，市售商品一般为30或3%的水溶液。过氧化氢分子中因有一个过氧键（—O—O—），在酸性溶液中是一个强氧化剂，但遇到更强氧化剂，则表现为还原剂。因此可在稀硫酸溶液中，用高锰酸钾法来测定过氧化氢的含量，反应式如下：

$$5H_2O_2+2MnO_4^-+6H^+ = 2Mn^{2+}+5O_2\uparrow+8H_2O$$

室温条件下，滴定开始时反应缓慢，待 Mn^{2+} 生成后，由于 Mn^{2+} 的催化作用，反应速率加快，因此可顺利地滴定至溶液呈现稳定的微红色为终点。

过氧化氢贮存时会发生分解，工业产品中常加入少量乙酰基苯胺等有机物作稳定剂，由于此类有机物也会消耗 $KMnO_4$，在这种情况下，用 $KMnO_4$ 测定过氧化氢含量会存在较大误差，常采用碘量法或铈量法测定。

【仪器与试剂】

1. 仪器

滴定管（50mL）；烧杯（1000mL、250mL）；锥形瓶（250mL）；大量筒（100mL）；小量筒（10mL）；容量瓶（250mL）；移液管（25mL）；吸量管（1mL）；细口棕色试剂瓶（500mL）；微孔玻璃漏斗（3号或4号）；分析天平（0.0001g）；托盘天平（0.1g）；电热板（2000W）。

2. 试剂

$Na_2C_2O_4$ 基准物（于105℃干燥2h后备用）；$KMnO_4$（AR）；H_2SO_4（6mol·L^{-1}）；H_2O_2（30%）。

【实验步骤】

1. 0.01mol·L^{-1} $KMnO_4$ 溶液的配制

在托盘天平上称取0.8 g $KMnO_4$ 置于1000mL烧杯中，用约550mL去离子水溶解，盖上表面皿，加热至沸并保持微沸状态15min，放置一周后用微孔玻璃漏斗（3号或4号）或玻璃棉过滤，滤液贮存于细口棕色试剂瓶中备用。

2. 0.01mol·L^{-1} $KMnO_4$ 溶液的标定

在分析天平上准确称取0.8～1.0g $Na_2C_2O_4$ 于250mL烧杯中，加入100mL去离子水溶解，然后将溶液定量转移至250mL容量瓶中，以去离子水稀释至刻度，摇匀。

用25mL移液管移取25.00mL $Na_2C_2O_4$ 溶液于250mL锥形瓶中，加5mL 6mol·L^{-1} 的 H_2SO_4 溶液，加热至70～80℃（刚好冒出蒸汽），用 $KMnO_4$ 溶液进行滴定，开始滴定时要慢，并摇动均匀，待红色褪去后再继续滴定。整个滴定过程保证温度不能低于60℃。当滴定至溶液呈粉红色，30s内不褪色即为终点。记录消耗 $KMnO_4$ 标准溶液的体积，平行测定三次。

3. 过氧化氢含量的测定

用1mL吸量管吸取1.00mL 30%的 H_2O_2 于250mL容量瓶中，加去离子水定容，充分摇匀后，作为测定的样品。

用25mL移液管移取25.00mL稀释过的 H_2O_2 溶液，置于250mL锥形瓶中，加20mL去离子水和10mL 6mol·L^{-1} H_2SO_4 溶液，用 $KMnO_4$ 标准溶液滴定到溶液呈微红色，30s不褪色即为终点。记录消耗 $KMnO_4$ 标准溶液的体积，平行测定三次。

【数据记录及处理】

设计实验数据表格并进行数据记录和处理，计算 $KMnO_4$ 溶液准确浓度，保留4位有效数字，计算出 H_2O_2 的含量（$g \cdot L^{-1}$）。

$KMnO_4$ 浓度的计算公式：$c_{KMnO_4}=\dfrac{2m_{Na_2C_2O_4}\times 10^3}{5M_{Na_2C_2O_4}V_{KMnO_4}}$，单位为 $mol \cdot L^{-1}$

H_2O_2 含量的计算公式：$\rho_{H_2O_2}=\dfrac{\frac{5}{2}c_{KMnO_4}V_{KMnO_4}M_{H_2O_2}}{V_{试样}\times\frac{25.00}{250.0}}$，单位为 $g \cdot L^{-1}$

$M_{Na_2C_2O_4}=134.00g \cdot mol^{-1}$，$M_{H_2O_2}=34.02g \cdot mol^{-1}$。

【注意事项】

1. 加热温度不能太高，如超过 85℃则有部分分解，反应式如下：

$$H_2C_2O_4 = CO_2\uparrow + CO\uparrow + H_2O$$

滴定结束时的温度也不能低于 60℃，否则反应速度太慢。

2. $KMnO_4$ 颜色较深，弯月面下缘不易看出，因此读数时应以液面的最高线为准（即读液面的边缘）。

【思考题】

1. 用 $KMnO_4$ 法测定 H_2O_2 的含量时，能否用 HNO_3 或 HCl 来控制酸度？
2. 若用碘量法测定 H_2O_2，其基本反应是怎么样的？
3. 用 $KMnO_4$ 法测定 H_2O_2 的含量时，为何不能通过加热来加速反应？

实验 12 铜试液中铜含量的测定

【实验目的】

1. 掌握硫代硫酸钠溶液的配制及标定。
2. 了解淀粉指示剂的作用原理。
3. 了解间接碘量法的测铜原理和方法。

【实验原理】

硫代硫酸钠标准溶液通常用 $Na_2S_2O_3 \cdot 5H_2O$ 配制，由于市售硫代硫酸钠中常含有 S、Na_2SO_3、Na_2SO_4 等微量杂质，并且在空气中不稳定，容易风化或潮解，因此不能用直接法配制标准溶液。

标定 $Na_2S_2O_3$ 溶液可用 $KBrO_3$、KIO_3、$K_2Cr_2O_7$ 等基准物，通常用 KIO_3 作基准物标定 $Na_2S_2O_3$ 溶液。标定时采用间接碘量法，先使 KIO_3 与过量的 KI 作用：

$$IO_3^- + 5I^- + 6H^+ = 3I_2 + 3H_2O$$

析出的碘再用硫代硫酸钠溶液滴定：

$$I_2 + 2S_2O_3^{2-} = S_4O_6^{2-} + 2I^-$$

可根据反应的计量关系计算出 $Na_2S_2O_3$ 标准溶液的准确浓度。这个标定方法是间接碘量法的应用。该方法以淀粉为指示剂，滴定终点前，淀粉与游离的单质碘形成蓝色配合物，当溶液中的 I_2 完全被还原成 I^- 时，过量的滴定剂就会将配合物中的 I_2 还原成 I^-，配合物被破坏，蓝色消失，指示终点到达。

在弱酸溶液中，二价铜盐与碘化物发生下列反应：

$$2Cu^{2+}+4I^{-}=\!=\!=2CuI\downarrow+I_2$$

析出的碘以淀粉为指示剂，用硫代硫酸钠标准溶液滴定：

$$I_2+2S_2O_3{}^{2-}=\!=\!=2I^{-}+S_4O_6{}^{2-}$$

Cu^{2+} 与 I^- 之间的反应是可逆的，加入过量的 KI 可使 Cu^{2+} 的还原趋于完全。但是，CuI 沉淀强烈吸附 I_2，这部分被吸附的 I_2 不与滴定剂作用，会使结果偏低。将 CuI 转化为溶解度更小的 CuSCN 沉淀，把吸附的 I_2 释放出来，使反应更趋于完全。但 KSCN 必须在临近终点时加入，否则可能直接将 Cu^{2+} 还原成 Cu^+，致使计量关系发生变化。反应式如下：

$$CuI\downarrow+SCN^{-}=\!=\!=CuSCN\downarrow+I^{-}$$

$$6Cu^{2+}+7SCN^{-}+4H_2O=\!=\!=6CuSCN\downarrow+SO_4^{2-}+CN^{-}+8H^{+}$$

为了防止铜盐水解，反应必须在酸性溶液中进行。酸度过低，Cu^{2+} 易水解，使反应不完全，结果偏低，而且反应速度慢，终点拖长；酸度过高，则 I^- 被氧气氧化为 I_2（Cu^{2+} 催化此反应）。

【仪器与试剂】

1. 仪器

滴定管（50mL）；烧杯（100mL、250mL）；锥形瓶（250mL）；大量筒（100mL）；小量筒（10mL）；容量瓶（250mL）；移液管（25mL）；棕色细口试剂瓶（500mL）；分析天平（0.0001g）；托盘天平（0.1g）。

2. 试剂

HCl（$6mol\cdot L^{-1}$）；$Na_2S_2O_3\cdot 5H_2O$（AR）；Na_2CO_3（AR）；KI 溶液（10%）；淀粉溶液（$10g\cdot L^{-1}$）；KIO_3（GR 或 AR）；KSCN 溶液（10%）；铜试液。

【实验步骤】

1. $0.1mol\cdot L^{-1}Na_2S_2O_3$ 溶液的配制

在托盘天平上称取 $Na_2S_2O_3\cdot 5H_2O$ 12.5g 于 250mL 烧杯中，加入刚煮沸并冷却的 200mL 的去离子水溶解，再加入 Na_2CO_3 约 0.2g，用去离子水稀释至 500mL 并保存在棕色细口试剂瓶中，在暗处放置几天。

2. $0.1mol\cdot L^{-1}Na_2S_2O_3$ 溶液的标定

在分析天平上准确称取基准物 KIO_3 0.4～0.5g 于 100mL 烧杯中，加少量去离子水使其溶解，转移到 250mL 容量瓶中，以去离子水稀释至刻度，摇匀备用。

用 25mL 移液管移取上述 KIO_3 溶液 25.00mL 于 250mL 锥形瓶中，加入 10mL 10%KI 溶液和 5mL $6mol\cdot L^{-1}$ HCl，用去离子水稀释至 100mL，轻轻摇匀，立即用 $Na_2S_2O_3$ 溶液滴定至浅黄色。加入 1mL 淀粉溶液，再继续滴至蓝色消失，即为终点，记录消耗 $Na_2S_2O_3$ 溶液体积。重复以上操作，平行测定 3 次。

3. 铜试液中铜含量的测定

用 25mL 移液管移取 25.00mL 铜试液于 250mL 锥形瓶中，加入 7mL 10% KI 溶液，轻轻摇匀，立即用已标定的 $Na_2S_2O_3$ 溶液滴至浅黄色。加入 1mL 淀粉指示剂，继续滴定至溶液呈浅蓝色。再加入 5mL 10% KSCN 溶液，继续滴至溶液蓝色消失，即为终点（此时溶液为米色 CuSCN 悬浮液)，记录消耗 $Na_2S_2O_3$ 标准溶液的体积。重复以上操作，平行测定3次。

【数据记录及处理】

设计实验数据表格并进行数据记录和处理，计算 $Na_2S_2O_3$ 标准溶液的准确浓度，保留4位有效数字，计算出铜的含量 (g·L^{-1})。

$Na_2S_2O_3$ 浓度的计算公式：$c_{Na_2S_2O_3}=\dfrac{6m_{KIO_3}\times10^3}{M_{KIO_3}V_{Na_2S_2O_3}}$，单位为 mol·L^{-1}

铜含量的计算公式：$\rho_{Cu}=\dfrac{c_{Na_2S_2O_3}V_{Na_2S_2O_3}M_{Cu}}{V_{试液}}$，单位为 g·L^{-1}

$M_{KIO_3}=214.00g\cdot mol^{-1}$，$M_{Cu}=63.55g\cdot mol^{-1}$。

【注意事项】

1. 淀粉溶液应在接近滴定终点时加入，若加入过早，则大量的 I_2 与淀粉结合，生成深蓝色物质，而这一部分 I_2 不容易与 $Na_2S_2O_3$ 反应，使测定产生误差，还会影响滴定终点的观察。

2. 滴定时加入淀粉指示剂前应快滴慢摇，以防止碘的挥发给滴定带来误差；加入淀粉指示剂以后应慢滴快摇，以防止反应不完全造成终点滞后。

3. 为防止反应产物 I_2 的挥发损失，平行实验时，碘化钾试剂不要同时加入，要测一份加一份。

【思考题】

1. 硫酸铜易溶于水，为什么溶解时还要加入硫酸？
2. 碘量法测铜时，为什么要在弱酸性介质中进行？
3. 标定 $Na_2S_2O_3$ 溶液的基准物质有哪些？本实验中选什么基准物质为好？为什么？
4. 当滴定完成放置一段时间后，为什么溶液又变蓝了？
5. 配制和标定 $Na_2S_2O_3$ 溶液应注意哪些问题？

实验 13 重铬酸钾法测定化学需氧量

【实验目的】

1. 了解化学需氧量的测定意义和表示方法。

2. 掌握重铬酸钾法测定化学需氧量的原理和方法。

【实验原理】

水体中有机污染物种类繁多，逐一测定每一种有机物质的含量工作量很大，也很不实际。有机污染物质的危害主要是消耗水体中的溶解氧，所以通常可以通过下列参数作为水体中耗氧有机物的指标：生化需氧量 (BOD_5)、化学需氧量 (COD)、总需氧量、总有机碳等。在这些参数中，BOD_5、COD 是天然水、生活用水、工业给水以及废水观测日常性必测的水质指标。

化学需氧量是指在一定条件下，用强氧化剂处理水样时所消耗氧化剂的量，以氧的含量 (mg·L^{-1}) 表示，反映了水体受还原性物质污染的程度，也是水体中有机物相对含量的指标之一。

在强酸性溶液中，准确加入过量的 $K_2Cr_2O_7$ 标准溶液，加热回流，氧化水样中还原性物质，过量的 $K_2Cr_2O_7$ 以试亚铁灵作指示剂，用硫酸亚铁铵 [$(NH_4)_2Fe(SO_4)_2$] 标准溶液回滴，根据所消耗的 $K_2Cr_2O_7$ 标准溶液体积计算水样的化学需氧量。

酸性 $K_2Cr_2O_7$ 溶液氧化性很强，可氧化大部分有机物。加入 Ag_2SO_4 催化时，直链脂肪族化合物可完全被氧化，而芳香族化合物却不易被氧化，吡啶不被氧化，挥发性直链脂肪族化合物、苯等有机物存在于蒸气相，不能与氧化剂液体接触，氧化不明显。Cl^- 能被 $K_2Cr_2O_7$ 氧化，并且能与 Ag_2SO_4 作用产生沉淀，影响测定结果，因此，回流前应在水样中加入 $HgSO_4$ 溶液，转化为配合物以消除干扰。

【仪器与试剂】

1. 仪器

滴定管（50mL）；烧杯（250mL）；锥形瓶（250mL）；大量筒（100mL）；小量筒（10mL）；移液管（10mL）；细口试剂瓶（100mL、1000mL）；全玻璃回流装置（500mL 蒸馏瓶）；容量瓶（250mL）；电炉；分析天平（0.0001g）；托盘天平（0.1g）。

2. 试剂

试亚铁灵指示剂：称取 1.485g 邻菲罗啉和 0.695g $FeSO_4 \cdot 7H_2O$，溶于 100mL 去离子水中，摇匀，贮存于 100mL 棕色试剂瓶中。

H_2SO_4-Ag_2SO_4 溶液：于 500mL 浓 H_2SO_4 中加入 5g Ag_2SO_4，放置 1～2h，不时摇动使其溶解。

$K_2Cr_2O_7$ 基准物质（AR）；$HgSO_4$（AR）；$(NH_4)_2Fe(SO_4)_2 \cdot 6H_2O$（固体）；浓硫酸；待测水样。

【实验步骤】

1. 0.040mol·L^{-1} $K_2Cr_2O_7$ 标准溶液的配制

在分析天平上准确称取 2.94g 在 150～180℃烘干过的 $K_2Cr_2O_7$ 基准物质，置于 250mL 烧杯中，用少量去离子水溶解后，定量转移至 250mL 容量瓶中，以去离子水稀释至刻度，摇匀，按实际称取质量计算准确浓度。

2. 0.1mol·L^{-1} $(NH_4)_2Fe(SO_4)_2$ 标准溶液的配制

称取 39.5g $(NH_4)_2Fe(SO_4)_2 \cdot 6H_2O$ 于 250mL 烧杯中，用一定量去离子水溶解后，边搅拌边缓慢加入 20mL 浓 H_2SO_4，加入去离子水配成 1000mL 溶液，贮存于 1000mL 细口试剂瓶中。

3. 0.1mol·L^{-1} $(NH_4)_2Fe(SO_4)_2$ 标准溶液的标定

准确吸取 10.00mL 0.040mol·L^{-1} $K_2Cr_2O_7$ 标准溶液于 250mL 锥形瓶中，加 30mL 去离子水，缓慢加入 20mL 浓 H_2SO_4，混匀，冷却后，加入 3 滴试亚铁灵指示剂，用 $(NH_4)_2Fe(SO_4)_2$ 标准溶液滴定，溶液由黄色经蓝绿色至红褐色，即为终点。重复以上操作，平行测定 3 次。

4. 水样测定

准确移取 25.00mL 水样于 500mL 磨口的回流蒸馏瓶中，准确加入 10.00mL $K_2Cr_2O_7$ 标准溶液及数粒沸石，连接磨口回流冷凝管，从冷凝管上口慢慢加入 30mL H_2SO_4-Ag_2SO_4 溶液，轻轻晃动蒸馏瓶使溶液混合均匀，加热回流 2h（若水样中 Cl^- 含量较高，应先往水样中加 0.5g $HgSO_4$）。试液冷却后，用 90mL 去离子水冲洗冷凝管，取下蒸馏瓶，溶液总体积不得少于 140mL，否则因酸度太大，滴定终点不明显。

试液再度冷却后，加 3 滴试亚铁灵指示剂，用 $(NH_4)_2Fe(SO_4)_2$ 标准溶液滴定，溶液由黄色经蓝绿色至红褐色，即为终点，记录 $(NH_4)_2Fe(SO_4)_2$ 标准溶液的体积（V_1）。同时以 20.00mL 去离子水按同样步骤做空白试验，记录 $(NH_4)_2Fe(SO_4)_2$ 标准溶液的体积（V_0）。

【数据记录及处理】

设计实验数据表格并进行数据记录和处理，计算 $(NH_4)_2Fe(SO_4)_2$ 溶液准确浓度，保留 4 位有效数字，计算出水样的 COD（$mg \cdot L^{-1}$）。

$K_2Cr_2O_7$ 标准浓度计算公式：$c_{K_2Cr_2O_7}=\dfrac{m_{K_2Cr_2O_7}\times 10^3}{M_{K_2Cr_2O_7}V_{K_2Cr_2O_7}}$，单位为 $mol \cdot L^{-1}$

$(NH_4)_2Fe(SO_4)_2$ 浓度的计算公式：$c_{(NH_4)_2Fe(SO_4)_2}=\dfrac{c_{K_2Cr_2O_7}\times 10.00\times 6}{V_{(NH_4)_2Fe(SO_4)_2}}$，单位为 $mol \cdot L^{-1}$

COD 计算公式：$COD=\dfrac{(V_0-V_1)\,c_{(NH_4)_2Fe(SO_4)_2}M_O\times 10^3}{V_{水样}}$，单位为 $mg \cdot L^{-1}$

$M_O=8g \cdot mol^{-1}$；$M_{K_2Cr_2O_7}=294.19g \cdot mol^{-1}$。

【注意事项】

1. 水样的 COD 值较高时，应预先稀释。

2. COD 小于 $50mg \cdot L^{-1}$ 的水样，测定时应采用 $0.0250mol \cdot L^{-1}$ 的重铬酸钾标准溶液，回滴时用 $0.01mol \cdot L^{-1}$ 的硫酸亚铁铵标准溶液。

3. 回流前必须加入沸石，防止暴沸。

4. 每次实验时应对硫酸亚铁铵溶液进行标定。

【思考题】

1. 用重铬酸钾测定时，若在加热回流后溶液变绿，是什么原因？应如何处理？

2. 测定水样的化学需氧量有什么意义？

3. 水样中氯离子的含量高时，为什么对测定有干扰？如何消除？

实验 14 含碘食盐中碘含量的测定

【实验目的】

1. 进一步掌握间接碘量法的测定原理与方法。

2. 进一步掌握硫代硫酸钠的配制和标定方法。

3. 了解实际样品中某组分含量测定的一般步骤。

【实验原理】

碘是人类生命活动不可缺少的微量元素之一，缺碘会给人带来一系列疾病，如智力下降、甲状腺肿大等。人们每天必须摄入一定量的碘以满足身体的需要，通过实验表明，食盐加碘是预防碘缺乏病的有效方法。我国规定，在缺碘地区食盐必须加入一定量的碘，其含量

(以 I^- 表示) 为 20～30$\mu g \cdot g^{-1}$。

食盐中的碘一般以 I^- 或 IO_3^- 的形式存在，两者不能共存。假设食盐中碘以 I^- 形式存在，可发生如下反应：

$$I^- + 3Br_2 + 3H_2O \xlongequal{} IO_3^- + 6H^+ + 6Br^-$$

过量的 Br_2 可用 HCOONa 溶液（或水杨酸固体）除去：

$$Br_2 + HCOO^- + H_2O \xlongequal{} CO_3^{2-} + 3H^+ + 2Br^-$$

加入过量 KI 还原 IO_3^- 生成 I_2，以淀粉为指示剂，用 $Na_2S_2O_3$ 标准溶液滴定：

$$IO_3^- + 5I^- + 6H^+ \xlongequal{} 3I_2 + 3H_2O$$

$$2S_2O_3^{2-} + I_2 \xlongequal{} S_4O_6^{2-} + 2I^-$$

【仪器与试剂】

1. 仪器

烧杯（250mL）；滴定管（25mL）；碘量瓶（250mL）；大量筒（100mL）；小量筒（10mL）；容量瓶（1000mL）；移液管（2mL、10mL）；棕色细口试剂瓶（500mL）；分析天平（0.0001g）；托盘天平（0.1g）。

2. 试剂

KIO_3 标准溶液（0.0003mol·L^{-1}）；$Na_2S_2O_3 \cdot 5H_2O$（AR）；Na_2CO_3（AR）；HCl（6mol·L^{-1}、1mol·L^{-1}）；溴水饱和溶液；HCOONa 溶液（1%）；KI 溶液（5%，新配）；淀粉溶液（1%，用时现配）；加碘食盐。

【实验步骤】

1. 0.002mol·L^{-1} $Na_2S_2O_3$ 溶液的配制

称取 $Na_2S_2O_3 \cdot 5H_2O$ 0.25g 于 250mL 烧杯中，加入刚煮沸并冷却的 100mL 去离子水溶解。加入碳酸钠约 0.2g，用去离子水稀释至 500mL，并保存在 500mL 棕色细口试剂瓶中，在暗处放置几天。

2. 0.002mol·L^{-1} $Na_2S_2O_3$ 溶液的标定

准确移取 10.00mL 0.0003mol·L^{-1} KIO_3 标准溶液于 250mL 碘量瓶中，加 15mL 去离子水、5mL 5% KI 溶液、5mL 6mol·L^{-1} HCl，用去离子水稀至 100mL，摇匀。立即用 $Na_2S_2O_3$ 溶液滴定至浅黄色。加 1mL 淀粉，再继续滴到蓝色消失，即为终点，记录消耗 $Na_2S_2O_3$ 溶液体积，重复以上操作，平行测定 3 次。

3. 食盐中含碘量的测定

准确称取 20g 加碘食盐（准确至 0.01g），置于 250mL 碘量瓶中，加 100mL 去离子水溶解。加 2mL 1mol·L^{-1} HCl 和 2mL 溴水饱和溶液，混匀，放置 5min。摇动下加入 5mL 1% HCOONa 溶液，放置 5min 后加 5mL 5%KI 溶液，放置 10min，用 $Na_2S_2O_3$ 标准溶液滴定至溶液呈浅黄色。加 1mL 1% 淀粉溶液，继续滴定至蓝色恰好消失为止，记录所消耗 $Na_2S_2O_3$ 的体积，重复以上操作，平行滴定 3 次。

【数据记录及处理】

设计实验数据表格并进行数据记录和处理，计算 $Na_2S_2O_3$ 溶液准确浓度，保留 4 位有效数字，计算出食盐中碘的含量。

$Na_2S_2O_3$ 浓度的计算公式：$c_{Na_2S_2O_3} = \dfrac{6c_{KIO_3}V_{KIO_3}}{V_{Na_2S_2O_3}}$，单位为 mol·$L^{-1}$

碘含量的计算公式：$w_I=\dfrac{\frac{1}{6}c_{Na_2S_2O_3}V_{Na_2S_2O_3}M_I\times10^{-3}}{m_s}\times100\%$

$M_I=126.90g\cdot mol^{-1}$；$m_s$ 为加碘食盐的质量，g。

【注意事项】

1. 滴定时加入淀粉指示剂前应快滴慢摇，以防止碘的挥发给滴定带来误差；加入淀粉指示剂以后应慢滴快摇，以防止反应不完全造成终点滞后。

2. 为防止反应产物 I_2 的挥发损失，平试试验时，碘化钾试剂不要同时加入，要测一份加一份。

【思考题】

1. 本实验滴定为何要用碘量瓶？使用碘量瓶时应注意些什么？

2. 淀粉指示剂能否在滴定前加入？为什么？

实验 15　铁矿中铁含量的测定

【实验目的】

1. 学习用酸分解矿石试样的方法。

2. 掌握不用汞盐的重铬酸钾法测定铁的原理和方法。

3. 了解预还原的目的和方法。

【实验原理】

铁矿的主要成分是 $Fe_2O_3\cdot xH_2O$。对铁矿来说，盐酸是很好的溶剂，溶解后生成 Fe^{3+}。经典的 $K_2Cr_2O_7$ 法测定铁时，用 $SnCl_2$ 作预还原剂，多余的 $SnCl_2$ 用 $HgCl_2$ 除去，然后用 $K_2Cr_2O_7$ 溶液滴定生成的 Fe^{2+}。这种方法操作简便，结果准确。但是 $HgCl_2$ 有剧毒，会造成严重的环境污染，近年来推广采用各种不用汞盐的测定铁的方法。本实验采用的是 $SnCl_2$-$TiCl_3$ 联合还原铁的无汞测铁方法，即先用 $SnCl_2$ 将大部分 Fe^{3+} 还原，以 Na_2WO_4 为指示剂，再用 $TiCl_3$ 溶液还原剩余的 Fe^{3+}，其反应式如下：

$$2Fe^{3+}+[SnCl_4]^{2-}+2Cl^-=\!=\!=2Fe^{2+}+[SnCl_6]^{2-}$$

$$Fe^{3+}+Ti^{3+}+H_2O=\!=\!=Fe^{2+}+TiO^{2+}+2H^+$$

过量的 $TiCl_3$ 使钨酸钠还原为钨蓝，然后用 $K_2Cr_2O_7$ 溶液使钨蓝褪色，以消除过量还原剂 $TiCl_3$ 的影响。最后以二苯胺磺酸钠为指示剂，用 $K_2Cr_2O_7$ 标准溶液滴定 Fe^{2+}。

$$6Fe^{2+}+Cr_2O_7^{2-}+14H^+=\!=\!=6Fe^{3+}+2Cr^{3+}+7H_2O$$

由于滴定过程中生成黄色的 Fe^{3+}，影响终点的正确判断，故加入 H_3PO_4，使之与 Fe^{3+} 结合成无色的 $[Fe(PO_4)_2]^{3-}$，消除了 Fe^{3+} 的黄色影响。由于 H_3PO_4 的加入降低了溶液中 Fe^{3+} 的浓度，从而降低了 Fe^{3+}/Fe^{2+} 电对的电极电位，增大了滴定的突跃范围，使二苯胺磺酸钠指示剂能更清楚、更准确地指示滴定终点。

$K_2Cr_2O_7$ 标准溶液可用干燥后的固体 $K_2Cr_2O_7$ 直接配制。

【仪器与试剂】

1. 仪器

烧杯（250mL）；滴定管（25mL）；锥形瓶（250mL）；大量筒（100mL）；小量筒（10mL）；容量瓶（250mL、1000mL）；试剂瓶（500mL）；分析天平（0.0001g）；托盘天平（0.1g）；电热板。

2. 试剂

$60g \cdot L^{-1} SnCl_2$ 溶液：称取 6g $SnCl_2 \cdot 2H_2O$ 溶于 20mL 热浓 HCl 中，用去离子水稀释至 100mL，摇匀。

H_2SO_4-H_3PO_4 混酸：将 200mL 浓 H_2SO_4 在搅拌下缓慢注入 500mL 水中，冷却后加入 300mL 浓 H_3PO_4，混匀。

$250g \cdot L^{-1} Na_2WO_4$ 溶液：称取 25g Na_2WO_4 溶于适量水中（若浑浊应过滤），加 5mL H_3PO_4，用去离子水稀释至 100mL，混匀。

$TiCl_3$（1∶19）溶液：取一定体积 $TiCl_3$ 溶液，用 HCl（1∶9）稀释 20 倍，摇匀，加一层液体石蜡保护。

$0.008mol \cdot L^{-1} K_2Cr_2O_7$ 标准溶液：按计算量准确称取在 150℃干燥了 1h 的 $K_2Cr_2O_7$（AR 或基准试剂），用去离子水溶解，转移至 1000mL 容量瓶中，用去离子水稀释至刻度，摇匀。计算出 $K_2Cr_2O_7$ 标准溶液的准确浓度（$mol \cdot L^{-1}$）。

二苯胺磺酸钠指示剂（$2g \cdot L^{-1}$）；浓 HCl（AR）；NaF（固体）；铁矿石试样。

【实验步骤】

准确称取 0.15～0.2g 铁矿石试样，置于 250mL 锥形瓶中，加几滴去离子水润湿样品，加入 10mL H_2SO_4-H_3PO_4 混酸及 0.5g NaF，摇匀。在电热板上加热溶解完全，取下冷却，加 15mL 浓 HCl，低温加热至沸并保持 3～5min，溶液变澄清，趁热滴加 $60g \cdot L^{-1} SnCl_2$ 溶液至浅黄色（表明 Fe^{3+} 的量很少了）。加去离子水调整溶液体积至 120mL，加 15 滴 $250g \cdot L^{-1} Na_2WO_4$ 溶液，用 $TiCl_3$（1∶19）溶液滴至溶液呈蓝色，再滴加 $K_2Cr_2O_7$ 标准溶液至无色，不计读数。加 5 滴 $2g \cdot L^{-1}$ 二苯胺磺酸钠指示剂，立即用 $K_2Cr_2O_7$ 标准溶液滴定至呈稳定的紫色。重复以上操作，平行滴定 3 次。根据滴定结果，计算铁矿中铁的含量，试样分析的同时进行空白试验。

【数据记录及处理】

设计实验数据表格并进行数据记录和处理，计算出 $K_2Cr_2O_7$ 标准溶液的准确浓度（保留 4 位有效数字），计算出铁矿石试样中铁的含量。

$K_2Cr_2O_7$ 标准溶液浓度的计算公式：$c_{K_2Cr_2O_7} = \dfrac{m_{K_2Cr_2O_7} \times 1000}{M_{K_2Cr_2O_7} V}$

铁含量的计算公式：$w_{Fe} = \dfrac{6c_{K_2Cr_2O_7}(V_{K_2Cr_2O_7} - V_0) M_{Fe}}{m_s \times 1000} \times 100\%$

$M_{Fe} = 55.85g \cdot mol^{-1}$，$M_{K_2Cr_2O_7} = 294.18g \cdot mol^{-1}$；$V_0$ 为空白试验所消耗的 $K_2Cr_2O_7$ 体积，mL；m_s 为铁矿石试样的质量，g。

【注意事项】

1. 滴定前的预处理很重要，其目的是要将试液中的 Fe^{3+} 全部还原为 Fe^{2+}，再用

$K_2Cr_2O_7$ 标准溶液测定总铁量。

2. 本实验预处理操作中，要使试液中的 Fe^{3+} 全部还原为 Fe^{2+}，还原剂必须过量，而过量的 $SnCl_2$ 又不能还原 W(Ⅵ) 为 W(Ⅴ) 出现蓝色指示预还原的定量完成，因此，不能单独使用 $SnCl_2$。但也不能单独用 $TiCl_3$ 还原 Fe^{3+}，因为加入较多量的 $TiCl_3$，在滴定前加水稀释试样时，Ti^{3+} 将水解生成沉淀，影响滴定。因此，采用无汞重铬酸钾法测铁时，应采用 $SnCl_2$-$TiCl_3$ 的联合预还原法进行测定前的预处理。

3. 溶样时要用电热板，并不断摇动锥形瓶以加速试样分解，否则在瓶底会析出焦磷酸盐或偏磷酸盐，使结果不稳定。

【思考题】

1. 用重铬酸钾法测定铁矿中铁的质量分数的反应过程如何？指出测定过程中各步骤应注意的事项。
2. 本实验采用 $SnCl_2$-$TiCl_3$ 联合预还原法有什么好处？
3. 加入 H_2SO_4-H_3PO_4 混酸的目的何在？

2.5 重量分析法

实验 16 铁合金中的镍含量的测定

【实验目的】

1. 了解有机沉淀剂在重量分析中的应用。
2. 学习烘干重量法的实验操作。

【实验原理】

铁合金中含有百分之几至百分之几十的镍，可以用丁二酮肟重量法或配位滴定法进行测定。EDTA 滴定法比较简便，但必须事先分离大量的铁，因此，在测定铁合金中高含量的镍时，经常使用丁二酮肟重量法。

丁二酮肟是最早使用的有机试剂之一。该试剂对镍的反应选择性较高，在氨性溶液中与镍生成红色配合物沉淀，溶解度很小（$K_{sp}=2.3\times10^{-25}$）。该沉淀分子量大且组成恒定、对热稳定，易于沉淀过滤、洗涤，可直接烘干称重，操作简单。

丁二酮肟是二元弱酸（以 H_2D 表示），它以 HD^- 形式与 Ni^{2+} 络合，通常在 pH 为 7.0～9.0 的氨性溶液中进行沉淀，若 pH 过高，生成 D^{2-} 较多，而且 Ni^{2+} 会与氨形成配合物，这都会造成丁二酮肟镍沉淀不完全。若溶液 pH 过低，由于生成 H_2D，沉淀的溶解度加大。同样，氨的浓度不能过高，否则 Ni^{2+} 与 NH_3 生成镍氨配离子，也会使沉淀的溶解度加大。

在氨性溶液中丁二酮肟与镍、亚铁离子生成红色沉淀，故当亚铁离子存在时，必须预先氧化以消除干扰。铁(Ⅲ)、铝、铬(Ⅲ)、钛(Ⅳ) 等虽不与丁二酮肟反应，但在氨性溶液中生成氢氧化物沉淀，干扰测定，故在溶液调至氨性前，需加入柠檬酸或酒石酸等配合剂，使其生成水溶性的配合物。Co^{2+}、Cu^{2+} 与丁二酮肟生成水溶性配合物，消耗试剂，而且严重污染沉淀。加大试剂用量，增大溶液体积，在一定程度上可减少其干扰，但 Co^{2+}、Cu^{2+} 含量高时，最好进行二次沉淀。

【仪器与试剂】

1. 仪器

烧杯（500mL）；大量筒（100mL）；小量筒（10mL）；玻璃坩埚（G_4 或 P_{16}）；电动循环水泵；恒温干燥箱；干燥器；电热恒温水浴；分析天平（0.0001g）。

2. 试剂

混合酸（$HCl:HNO_3:H_2O=3:1:2$）；酒石酸溶液（50%）；丁二酮肟（1%乙醇溶液）；$NH_3\cdot H_2O$（1∶1）；HCl（1∶1）；酒石酸洗涤液（2%，pH 为 8～9）；HNO_3（1∶1）；$AgNO_3$ 溶液（$0.01mol\cdot L^{-1}$）；铁合金试样。

NH_3-NH_4Cl 洗涤液：100mL 去离子水中加 1mL $NH_3\cdot H_2O$ 和 1g NH_4Cl。

【实验步骤】

准确称取适量铁合金试样（含镍约 50mg）于 500mL 烧杯中，加入 30mL 混合酸，低温加热溶解后，煮沸溶液以除去低价氮的氧化物。在试液中加入 10mL 50%酒石酸溶液，在不断搅动下，滴加 1∶1 $NH_3\cdot H_2O$ 至溶液呈弱碱性，此时溶液转变为蓝绿色。如有不溶物，应将沉淀过滤，并用热的 NH_3-NH_4Cl 洗涤液洗涤沉淀数次。

滤液用 1∶1 HCl 酸化，用热的去离子水稀释至约 300mL，加热至 70～80℃，在不断搅动下，加入 7mL1%丁二酮肟乙醇溶液，然后在不断搅动下，滴加 1∶1 $NH_3\cdot H_2O$，使溶液的 pH 控制在 8～9。在 60～70 ℃保温 30～40min，稍冷后，用已恒量的 G_4 或 P_{16} 微孔玻璃坩埚过滤，用微氨性的 2%的酒石酸溶液洗涤烧杯和沉淀 8～10 次，再用热的去离子水洗涤沉淀至无 Cl^- 为止（滤液以稀 HNO_3 酸化后用 $AgNO_3$ 检验）。

将微孔玻璃坩埚连同沉淀放入恒温干燥箱中，控制温度为（145±5)℃。第一次加热 1h，取出，在干燥器中冷却 15min 后进行称量；第二次加热 30min，在干燥器中冷却 15min 再称量。两次称得质量之差若不超过 0.4mg，即已恒重。根据丁二酮肟镍沉淀的质量，计算试样中镍的含量。

【数据记录及处理】

设计实验数据表格并进行数据记录和处理，计算出试样中镍的含量。

镍含量计算公式：$$w_{Ni}=\frac{m_{C_8H_{14}N_4NiO_4}\times\dfrac{M_{Ni}}{M_{C_8H_{14}N_4NiO_4}}}{m_s}\times 100\%$$

$M_{C_8H_{14}N_4NiO_4}=288.91g\cdot mol^{-1}$，$M_{Ni}=58.69g\cdot mol^{-1}$；$m_s$ 为铁合金试样的质量，g。

【注意事项】

1. 称样量以含镍 50～80mg 为宜，丁二酮肟的用量以过量 40%～80%为宜，太少沉淀不完全，太多则会在沉淀冷却过程中析出而造成结果严重偏高。

2. 调节试液的 pH 时，可用 pH 试纸检验，但要尽量减少试液的损失。

3. 不要将进行第一次干燥的坩埚（湿的）与第二次干燥的坩埚放入同一个电热干燥箱中。

【思考题】

1. 溶解试样时，加入 HNO_3 的作用是什么？沉淀前加入酒石酸的作用是什么？

2. 可不可以将丁二酮肟镍沉淀高温灼烧后再进行称重？哪种方法好？为什么？

3. 如何检查 Cl^- 是否洗尽？

实验 17　水合氯化钡中钡含量的测定

【实验目的】

1. 了解测定 $BaCl_2 \cdot 2H_2O$ 中钡含量的原理和方法。

2. 掌握晶形沉淀的制备、过滤、洗涤、灼烧及恒重等基本操作技术。

【实验原理】

$BaSO_4$ 重量法，既可用于测定 Ba^{2+}，也可用于测定 SO_4^{2-} 的含量。称取一定量 $BaCl_2 \cdot 2H_2O$，用水溶解，加稀 HCl 溶液酸化，加热至微沸，在不断搅动下，慢慢地加入稀、热的 H_2SO_4，Ba^{2+} 与 SO_4^{2-} 反应，形成晶形沉淀。沉淀经陈化、过滤、洗涤、烘干、炭化、灰化、灼烧后，以 $BaSO_4$ 形式称量，可求出 $BaCl_2 \cdot 2H_2O$ 中钡的含量。

$BaSO_4$ 重量法一般在 0.05mol·L^{-1} 左右的 HCl 介质中进行沉淀，这是为了防止产生 $BaCO_3$、$BaHPO_4$、$BaHAsO_4$ 沉淀以及防止生成 $Ba(OH)_2$ 共沉淀。同时，适当提高酸度，增加 $BaSO_4$ 在沉淀过程中的溶解度，以降低其相对过饱和度，有利于获得较好的晶形沉淀。

用 $BaSO_4$ 重量法测定 Ba^{2+} 时，一般用稀 H_2SO_4 作沉淀剂。为了使 $BaSO_4$ 沉淀完全，H_2SO_4 必须过量，由于 H_2SO_4 在高温下可挥发除去，故沉淀带下的 H_2SO_4 不致引起误差，因此沉淀剂可过量 50%～100%。如果用 $BaSO_4$ 重量法测定 SO_4^{2-}，沉淀剂 $BaCl_2$ 允许过量 20%～30%，因为 $BaCl_2$ 灼烧时不易挥发除去。

$PbSO_4$、$SrSO_4$ 的溶解度均较小，Pb^{2+}、Sr^{2+} 对钡的测定有干扰。NO_3^-、ClO_3^-、Cl^- 等阴离子和 K^+、Na^+、Ca^{2+}、Fe^{3+} 等阳离子均可引起共沉淀现象，故应严格掌握沉淀条件，减少共沉淀现象，以获得纯净的 $BaSO_4$ 晶形沉淀。

【仪器与试剂】

1. 仪器

烧杯（100mL、250mL）；大量筒（100mL）；小量筒（10mL）；马弗炉；干燥器；电热板；瓷坩埚（25mL）；慢速或中速定量滤纸；沉淀帚；玻璃棒；玻璃漏斗；分析天平（0.0001g）。

2. 试剂

H_2SO_4（1mol·L^{-1}、0.1mol·L^{-1}）；HCl（2mol·L^{-1}）；HNO_3（2mol·L^{-1}）；$AgNO_3$（0.1mol·L^{-1}）；$BaCl_2 \cdot 2H_2O$（AR）。

【实验步骤】

1. $BaSO_4$ 沉淀的制备

准确称取两份 0.4～0.6g 水合氯化钡试样，分别置于 250mL 烧杯中，加入约 100mL 去离子水、3mL 2mol·L^{-1} HCl 溶液，搅拌溶解，加热至近沸。

另取 4mL 1mol·L^{-1} H_2SO_4 两份于两个 100mL 烧杯中，分别加去离子水 30mL，加热

至近沸，趁热将两份 H_2SO_4 溶液分别用小滴管逐滴加入到两份热的钡盐溶液中，并用玻璃棒不断搅拌，直至两份 H_2SO_4 溶液加完为止，待 $BaSO_4$ 沉淀下沉后，于上层清液中加入 1～2 滴 0.1mol·L^{-1} H_2SO_4 溶液，仔细观察沉淀是否完全。沉淀完全后，盖上表面皿（切勿将玻璃棒拿出杯外），放置过夜陈化。也可将沉淀放在水浴或沙浴上，保温 40min，陈化。

2. 沉淀的过滤和洗涤

按上述操作，用中速定量滤纸倾泻法过滤。用稀 H_2SO_4（1mL 1mol·L^{-1} H_2SO_4 加 100mL 去离子水配成）洗涤沉淀 3～4 次，每次约 10mL。然后，将沉淀定量转移到滤纸上，用沉淀帚由上到下擦拭烧杯内壁，并用折叠滤纸时撕下的小片滤纸擦拭杯壁，并将此小片滤纸放于漏斗中，再用稀 H_2SO_4 洗涤 4～6 次，直至洗涤液中不含 Cl^- 为止（检查方法：用试管收集 2mL 滤液，加 1 滴 2mol·L^{-1} HNO_3 酸化，加入 2 滴 $AgNO_3$，若无白色浑浊产生，表明 Cl^- 已洗净）。

3. 空坩埚的恒重

将两个洁净的瓷坩埚放在（800±20)℃的马弗炉中灼烧至恒重。第一次灼烧 30min，第二次及以后每次只灼烧 15min。灼烧也可在煤气灯上进行。

4. 沉淀的灼烧和恒重

将折叠好的沉淀滤纸包置于已恒重的瓷坩埚中，经烘干、炭化、灰化后，在（800±20)℃马弗炉中灼烧 30min，取出置于干燥器中冷却，称量；再灼烧 15min，冷却，称量，直至恒重。计算 $BaCl_2\cdot 2H_2O$ 中 Ba 的含量。

【数据记录及处理】

设计实验数据表格并进行数据记录和处理，计算出试样中钡的含量。

钡含量计算公式：$w_{Ba^{2+}}=\frac{m_{BaSO_4}}{m_s}\times\frac{M_{Ba^{2+}}}{M_{BaSO_4}}\times 100\%$

$M_{BaSO_4}=233.39g\cdot mol^{-1}$，$M_{Ba}=137.33g\cdot mol^{-1}$。

【注意事项】

1. 灼烧温度不能太高，如超过 950℃，可能有部分 $BaSO_4$ 分解。

2. 实验在热溶液中进行沉淀，并不断搅拌，以降低过饱和度，避免局部过浓现象，同时减少杂质吸附，可以得到纯净的晶体沉淀。

3. 加入稀盐酸酸化，使部分 SO_4^{2-} 成为 HSO_4^-，略微增大了沉淀的溶解度，降低了溶液的过饱和度，同时可防止胶溶作用，有利于得到更大的晶形沉淀。

【思考题】

1. 为什么要在稀、热的 HCl 溶液中，不断搅拌下逐滴加入沉淀剂？HCl 加入太多有何影响？
2. 为什么要在热溶液中沉淀 $BaSO_4$，但要在冷却后过滤？晶形沉淀为何要陈化？
3. 什么叫倾泻法过滤？洗涤沉淀时，为什么用洗涤液或水都要少量、多次？
4. 灼烧至恒重的标准是什么？

第3章

电化学分析法

3.1 电位分析法

实验18 醋酸的电位滴定

【实验目的】

1. 掌握酸碱电位滴定的原理和方法，观察 pH 滴定突跃与指示剂变色的关系。

2. 学会绘制电位滴定曲线和利用二阶微商法确定滴定终点。

3. 掌握计算醋酸电离常数的原理和方法。

【实验原理】

在酸碱电位滴定过程中，随着滴定剂的不断加入，溶液的 pH 值不断发生变化。由加入滴定剂的体积和测得的相应 pH 值，可以绘制 pH-V 或 $\Delta pH/\Delta V$-V 滴定曲线，由曲线确定滴定终点，并由测得的数据计算出被测酸的含量和解离常数。

例如用 NaOH 标准溶液滴定 HAc 溶液，曲线斜率最大处（即 pH-V 的拐点）为滴定终点。根据消耗滴定剂 NaOH 的体积，可以计算被滴定物 HAc 的含量或浓度。亦可以用 $\Delta pH/\Delta V$-V 曲线，所得曲线的最高点即为滴定终点。亦可以用 $\Delta^2 pH/\Delta V^2$-V 曲线，$\Delta^2 pH/\Delta V^2=0$ 即为滴定终点。或利用二阶微分计算出 V_{ep} 值。

【仪器与试剂】

1. 仪器

滴定管（50mL）；烧杯（150mL）；大量筒（100mL）；移液管（10mL）；pHS-2 型酸度计；玻璃电极及饱和甘汞电极（或复合电极）。

2. 试剂

NaOH 标准溶液（$0.1mol\cdot L^{-1}$）；HAc 溶液（$0.1mol\cdot L^{-1}$）；pH 标准缓冲溶液（pH=4.0，pH=6.86）；酚酞指示剂（0.2%）。

【实验步骤】

1. 仪器校正

① 将“选择”旋钮调至“pH”挡，将“斜率”旋钮顺时针旋到底（即 100%的位置）。

② 把复合电极插入 pH=6.86 的标准缓冲溶液中，轻轻晃动几下，调节“定位”旋钮，

使显示的读数与该标准溶液的 pH 一致。

③ 取出电极并用去离子水清洗复合电极，再插入 pH=4.0 的标准缓冲溶液中，轻轻晃动几下，调节"斜率"旋钮，使显示的读数与该标准溶液的 pH 一致。仪器校正完毕后，"定位"和"斜率"旋钮不应再动。

2. HAc 溶液的 pH 测量

准确吸取 $0.1mol \cdot L^{-1}$ HAc 溶液 10.00mL 于 150mL 烧杯中，用去离子水稀释至约 100mL，加入酚酞指示剂 2 滴，放入电极及磁力搅拌子，开动搅拌器，调至一定转速，用 $0.1mol \cdot L^{-1}$ NaOH 标准溶液滴定并记录相应的 pH 值。开始和结束阶段 NaOH 标准溶液体积间隔大些，每间隔 2mL 测量一次 pH，越接近滴定终点间隔体积越小，可间隔 1mL、0.5mL、0.2mL 测量 pH，具体间隔体积自行掌握，在滴定突跃附近应多测一些点，最好每间隔 0.1mL 测量一次 pH，直到消耗 NaOH 溶液的体积达到 15mL 为止。同时观察并记录指示剂的颜色变化时对应的 pH 值及 NaOH 溶液的体积。

【数据记录及处理】

V_{NaOH}/mL	pH	$\Delta pH/\Delta V$	$\Delta^2 pH/\Delta V^2$

填全实验数据并进行数据处理，根据所得数据绘制出 pH-V、$\Delta pH/\Delta V$-V 以及 $\Delta^2 pH/\Delta V^2$-V 曲线。在曲线上标出滴定终点，即 V_{ep}。利用二阶微分计算出 V_{ep} 值，计算醋酸的含量，当滴定体积为 $\frac{V_{ep}}{2}$ 时，根据缓冲溶液计算公式可得 pH=pK_a，由 $\frac{V_{ep}}{2}$ 所对应 pH 值求出醋酸的 pK_a。

醋酸浓度计算公式：$c_{HAc}=\frac{c_{NaOH}V_{ep}}{10.00}$，单位为 $mol \cdot L^{-1}$

【注意事项】

1. 接近滴定终点时要放慢滴定速度，待仪器读数稳定后再滴入下一滴，不要滴加过快。

2. 计算醋酸的 pK_a 时，先利用内插法求出二阶微商等于 0 时的 pH 值，再根据计算公式计算出醋酸的 pK_a。

【思考题】

1. 在滴定过程中溶液颜色的变化和变色点的 pH 值是否一致？

2. 在处理实验数据时，比较三种作图方法所确定的 V_{NaOH} 是否一致，并比较指示剂变色时消耗的 V_{NaOH} 是否与作图法所得结果一致。哪种方法更准确？

3. 在 $\frac{1}{2}V_{NaOH}$ 对应的 pH 即为 pK_a，为什么？

实验 19　磷酸的电位滴定

【实验目的】

1. 掌握电位滴定法测定磷酸的原理与方法。

2. 学会用三切线法、一阶微商法和二阶微商法来确定滴定终点。

【实验原理】

电位滴定法是根据滴定过程中，指示电极的电位或 pH 值产生“突跃”，从而确定滴定终点的一种分析方法。

磷酸的电位滴定，是以 NaOH 标准溶液为滴定剂，饱和甘汞电极为参比电极，玻璃电极为指示电极，将两电极浸入 H_3PO_4 试液中，使之组成电池。指示电极的电位或 pH 值随溶液中 H^+ 的活度不同而变化。电池示意图如下：

Ag|AgCl,HCl(0.1mol·L^{-1})　|玻璃膜|被测试液|KCl（>3.5mol·L^{-1}），Hg_2Cl_2|Hg

玻璃电极　　　　被测试液　　　　甘汞电极

电池电位的变化是通过玻璃膜上的离子交换与扩散作用而产生的。由于不断地将 NaOH 滴入 H_3PO_4 试液中，H^+ 的活度就随之改变，故电池的电位也不断变化，一般简单地用下式表示：

$$E_{电池}=常数-0.059\lg a_{H^+}$$

$$或\ E_{电池}=常数+0.059\text{pH}$$

如以滴定剂的体积为横坐标，以相应溶液 pH 值为纵坐标，绘制 NaOH 滴定 H_3PO_4 的滴定曲线。在曲线上第一滴定终点的 pH 为 4.0～5.0，第二滴定终点的 pH 为 9.0～10.0，可分别观察“滴定突跃”。

从滴定曲线上准确求出 pH_{ep1}、pH_{ep2}、K_{a1} 和 K_{a2}。

【仪器与试剂】

1. 仪器

滴定管（50mL）；烧杯（150mL）；大量筒（100mL）；移液管（10mL）；pHS-2 型酸度计；玻璃电极及饱和甘汞电极（或复合电极）。

2. 试剂

NaOH 标准溶液（0.1mol·L^{-1}）；H_3PO_4 溶液（0.1mol·L^{-1}）；pH 标准缓冲溶液（pH=4.0，pH=6.86）；酚酞指示剂（0.2%）；甲基橙指示剂（0.2%）。

【实验步骤】

1. 仪器校正

① 将“选择”旋钮调至“pH”挡，将“斜率”旋钮顺时针旋到底（即 100%的位置）。

② 把复合电极插入 pH=6.86 的标准缓冲溶液中，轻轻晃动几下，调节“定位”旋钮，使显示的读数与该标准溶液的 pH 一致。

③ 取出电极并用去离子水清洗复合电极，再插入 pH=4.0 的标准缓冲溶液中，轻轻晃动几下，调节“斜率”旋钮，使显示的读数与该标准溶液的 pH 一致；仪器校正完毕后，“定位”和“斜率”旋钮不应再动。

2. H_3PO_4 溶液 pH 测量

准确移取 0.1mol·L^{-1} H_3PO_4 溶液 10.00mL 于 150mL 烧杯中，用去离子水稀释至约

50mL，放入电极和搅拌子，开动搅拌器，调至一定转速，加入酚酞指示剂和甲基橙指示剂各1滴，用0.1mol·L^{-1}NaOH标准溶液滴定，测量并记录相应的pH值。开始滴入时可以间隔2mL测定一次pH值。越接近滴定终点间隔体积越小，可间隔1mL、0.5mL、0.2mL测量pH，具体间隔体积自行掌握，在滴定突跃附近应多测一些点，临近第一化学计量点和第二化学计量点前后，每间隔0.1mL测定相应的pH值。滴定突跃可借助于指示剂的颜色变化确定。

实验完毕，取下电极，将仪器整理好，放回原处。

【数据记录及处理】

V_{NaOH}/mL	pH	$\Delta pH/\Delta V$	$\Delta^2 pH/\Delta V^2$

填全实验数据并进行数据处理，根据所得数据绘制出pH-V、$\Delta pH/\Delta V$-V以及$\Delta^2 pH/\Delta V^2$-V曲线。在曲线上标出第一、第二滴定终点，即V_{ep1}、V_{ep2}；利用二阶微分计算出V_{ep1}、V_{ep2}、pH_{ep1}、pH_{ep2}值，计算磷酸的含量，计算出K_{a1}和K_{a2}。

磷酸浓度计算公式：$c_{H_3PO_4}=\dfrac{c_{NaOH}V_{ep1}}{10.00}$，单位为mol·L^{-1}

磷酸一级解离常数计算公式：$K_{a1}=\dfrac{[H^+]_{ep1}^2}{K_{a2}}$

磷酸二级解离常数计算公式：$K_{a2}=\dfrac{[H^+]_{ep2}^2}{10^{-12.36}}$

【注意事项】

1. 接近滴定终点时要放慢滴定速度，待仪器读数稳定后再滴入下一滴，不要着急。

2. 磷酸的滴定突跃有2个，但没有醋酸的明显，实验时应合理安排滴定剂的间隔体积，否则第二个突跃不明显。

3. 计算磷酸的pK_{a1}、pK_{a2}时，先利用内插法求出二阶微商等于0时pH_{ep1}、pH_{ep2}值，再根据计算公式计算出磷酸的pK_{a1}、pK_{a2}。

【思考题】

1. H_3PO_4是三元酸，为何在pH-V滴定曲线上仅出现两个突跃？

2. 用NaOH滴定H_3PO_4时，第一等当点和第二等当点所消耗的NaOH体积理应相等，但实际上并不相等，为什么？

3. 电位滴定时，不小心将自来水代替去离子水，对实验测定结果有何影响？

4. 磷酸电位滴定的基本原理是什么？

5. 电位滴定中确定滴定终点的方法有几种？

实验20　电位分析法测定水溶液的pH值

【实验目的】

1. 掌握玻璃电极测量溶液pH值的基本原理。

2. 学会用单、双pH标准缓冲溶液法测定溶液pH值。

【实验原理】

以玻璃电极作指示电极，饱和甘汞电极作参比电极，用电位法测定溶液的pH值，常采用相对方法，即选用pH值已经确定的标准缓冲溶液进行比较，从而得到待测溶液的pH值。为此，pH值通常被定义为其溶液所测电动势与标准溶液的电动势之差的函数，其关系式为：

$$pH_x = pH_s + \frac{(E_x - E_s)F}{RT\ln 10}$$

式中，pH_x 和 pH_s 分别为待测溶液和标准溶液的pH值；E_x 和 E_s 分别为其对应的电动势，该式常称为pH值的实用定义。

测定pH值用的仪器为pH电位计，是按上述原理制作的。由于pH值由测量电池的电动势而得，该电池通常由饱和甘汞电极为参比电极、玻璃电极为指示电极所组成，一般在25℃溶液中，设计为每变化一个pH单位，电位差改变为59.16mV（或58.0mV），这时仍用一个pH标准缓冲溶液校准pH计，就会因电极响应斜率与仪器的不一致而导致测量误差。为了提高测量的准确度，需用双pH标准缓冲溶液法。采用双pH标准缓冲溶液测定溶液的pH值，可消除电极响应斜率与仪器设计值不一致所引起的测量误差。

另外，标准缓冲溶液的pH值是否准确可靠是准确测量pH值的关键。

【仪器与试剂】

1. 仪器

pH电位计（精确到0.01pH单位）；玻璃电极；饱和甘汞电极；烧杯（100mL）；分析天平（0.0001g）。

2. 试剂

邻苯二甲酸氢钾（$KHC_8H_4O_4$）pH标准缓冲溶液（pH＝4.00，25℃）：称取预先在110～130℃干燥2～3h的邻苯二甲酸氢钾10.12g于250mL烧杯中，加去离子水溶解，转移至1000mL容量瓶中，以去离子水定容至刻度，摇匀。

磷酸氢二钠（Na_2HPO_4）与磷酸二氢钾（KH_2PO_4）pH标准缓冲溶液（pH＝6.86，25℃）：分别称取预先在110～130℃干燥2～3h的磷酸二氢钾3.388g和磷酸氢二钠3.533g于250mL烧杯中，加去离子水溶解，转移至1000mL容量瓶中，以去离子水定容至刻度，摇匀。

硼砂（$Na_2B_4O_7\cdot 10H_2O$）pH标准缓冲溶液（pH＝9.18，25℃）：为了使晶体具有一定的组成，应称取与饱和NaBr（或NaCl加蔗糖）溶液（室温）共同放置在干燥器中平衡两昼夜的硼砂3.80g，置于250mL烧杯中，用新煮沸并冷却的去离子水（不含CO_2）溶解，转移至1000mL容量瓶中，以去离子水定容至刻度，摇匀。

未知pH试样溶液（至少3个，选pH值分别在3、6、9左右为好）。

【实验步骤】

1. 单一 pH 标准缓冲溶液法测量溶液的 pH 值

这种方法适合于一般要求，即待测溶液的 pH 值与标准缓冲溶液的 pH 值之差小于 3 个 pH 单位。

① 小心在 pH 电位计上装好玻璃电极和甘汞电极，注意切勿与杯底、杯壁相碰。

② 选用仪器“pH”挡，将清洗干净、用滤纸吸干的电极浸入欲测 pH 标准缓冲溶液中，按下测量按钮，转动定位调节旋钮，使仪器显示的 pH 值稳定在该标准缓冲溶液 pH 值。

③ 松开测量按钮，取出电极，用去离子水冲洗几次，小心用滤纸吸去电极上的水分。

④ 将电极置于待测试液中，按下测量按钮，读取稳定 pH 值并记录。松开测量按钮，取出电极，按步骤③清洗，继续下一个样品溶液的测量。测量完毕，清洗电极，并将玻璃电极浸泡在去离子水中。测定样品时，先用去离子水认真冲洗电极，再用试样冲洗，然后将电极浸入试样溶液中，按下测量按钮，小心摇动或进行搅拌使其均匀，待读数稳定时记下 pH 值。

⑤ 样品测定完成后，松开测量按钮，取出电极，冲洗干净后，将玻璃电极浸泡在去离子水中。

2. 双 pH 标准缓冲溶液法测定溶液的 pH 值

为了获得高精度 pH 值，通常用两个 pH 标准缓冲溶液进行定位校正仪器，并且要求未知溶液的 pH 值尽可能落在这两个 pH 标准缓冲溶液的 pH 值之间。

① 按单 pH 标准缓冲溶液法步骤①～③，选择两个 pH 标准缓冲溶液，用其中一个对仪器定位。

② 将电极置于另一个 pH 标准缓冲溶液中，调节斜率旋钮（如果没设斜率旋钮，可使用温度补偿旋钮调节），使仪器显示的 pH 读数为该标准缓冲溶液的 pH 值。

③ 松开测量按钮，取出电极，用去离子水冲洗几次，小心用滤纸吸去电极上的水分，再放入第一次测量的 pH 标准缓冲溶液中，按下测量按钮，其读数与该试液的 pH 值相差至多不超过 0.05pH 单位，表明仪器和玻璃电极的响应特性均良好。往往要反复测量、反复调节几次，才能使测量系统达到最佳状态。

④ 试液的测量，同单一 pH 标准缓冲溶液法测量溶液的 pH 值。

【数据记录及处理】

设计实验数据表格并进行数据记录和处理，比较两种方法测量的试液 pH 值结果。

未知溶液 pH 值计算公式：$pH_x = pH_s + \dfrac{(E_x - E_s)F}{RT\ln 10}$

【注意事项】

1. 玻璃电极在使用前先在去离子水中浸泡 24h 以上。

2. 测定时玻璃电极的球泡应全部浸入溶液中，并使其稍高于甘汞电极的陶瓷芯端，以免搅拌时碰坏。

3. 必须注意玻璃电极的内电极与球泡之间、甘汞电极的内电极和陶瓷芯之间不得有气泡，以防断路。

4. 甘汞电极中的饱和氯化钾溶液的液面必须高出汞体，在室温下应有少许氯化钾晶体存在，以保证氯化钾溶液的饱和。但须注意氯化钾晶体不可过多，以防止堵塞与被测溶液的通路。

5. 测定某水样的 pH 值时，为减少空气和水样中二氧化碳的溶入或挥发，在测水样之前，不应提前打开水样瓶。

6. 玻璃电极表面受到污染时，需进行处理。如果附着无机盐结垢，可用温稀盐酸溶解；对钙、镁等难溶性结垢，可用 EDTA 溶液溶解；粘有油污时，可用丙酮清洗电极。按上述方法处理后，应在去离子水中浸泡一昼夜再使用。注意忌用无水乙醇、脱水性洗涤剂处理电极。

7. pH 标准缓冲溶液要在聚乙烯瓶或硬质玻璃瓶中密闭保存。当发现有浑浊、发霉或沉淀现象时不能继续使用。

【思考题】

1. 在测量溶液的 pH 值时，为什么 pH 电位计要用 pH 标准缓冲溶液进行定位？

2. 为什么用单一 pH 标准缓冲溶液法测量溶液的 pH 值时，应尽量选用 pH 值与它相近的标准缓冲溶液来校正 pH 电位计？

实验 21 牙膏中微量氟的测定

【实验目的】

1. 了解氟离子选择电极的基本结构和工作原理。
2. 掌握离子选择电极的电位测定法。
3. 学习电位分析中标准曲线法和标准加入法两种定量方法。

【实验原理】

以氟离子选择电极为指示电极，饱和甘汞电极为参比电极，与被测试液构成工作电池：Ag，AgCl | NaF（0.1mol·L^{-1}），NaCl（0.1mol·L^{-1}）| LaF 单晶膜 | 试液 ‖ KCl（饱和）| Hg_2Cl_2，Hg。当溶液总离子强度等条件一定时，电池电动势（或氟电极的电极电位）与 pF（或 $-\lg[F^-]$）呈线性关系，可用标准曲线法和标准加入法定量测定。

氟电极的适用酸度范围为 pH＝5～6，pH 过低，易形成 HF 或 HF^{2-}，降低 F^- 的浓度，从而影响氟离子选择性电极的电势；pH 过高，易引起单晶膜中 La^{3+} 的水解，形成 $La(OH)_3$ 影响电极的响应，故本实验用 HAc-NaAc 缓冲溶液控制溶液的 pH。

【仪器与试剂】

1. 仪器

容量瓶（50mL）；移液管（5mL、10mL）；塑料杯（50mL）；烧杯（50mL）；小量筒（10mL）；玻璃漏斗（60mm）；漏斗架（3 孔以上）；中速定量滤纸；分析天平（0.0001g）；电位滴定计（ZD-2 型）；氟离子选择性电极；饱和甘汞电极。

2. 试剂

氟标准溶液（10μg·mL^{-1}）；HNO_3（1∶99）；$NH_3 \cdot H_2O$（1∶1）。

总离子强度调节缓冲溶液（TISAB）：NaCl 1mol·L^{-1}、HAc 0.25mol·L^{-1}、NaAc 0.75mol·L^{-1}、柠檬酸钠 0.001mol·L^{-1}。

【实验步骤】

1. 标准溶液的配制

准确移取 10μg·mL^{-1} 氟标准溶液 0.00mL、1.00mL、2.00mL、3.00mL、4.00mL、5.00mL 于 6 个 50mL 容量瓶中，加入 TISAB 溶液 10mL，用去离子水稀释至刻度，摇匀，

即得浓度分别为 0.00$\mu g \cdot mL^{-1}$、0.20$\mu g \cdot mL^{-1}$、0.40$\mu g \cdot mL^{-1}$、0.60$\mu g \cdot mL^{-1}$、0.80$\mu g \cdot mL^{-1}$、1.00$\mu g \cdot mL^{-1}$的标准溶液。

2. 标准曲线的绘制

从最低浓度开始，将系列标准溶液分别转入 50mL 塑料杯中，浸入指示电极和参比电极，在电磁搅拌下，记录稳定电动势 E 值。绘制 E-lgc_F 标准曲线。

3. 样品溶液制备

准确称取样品 1.0～1.5g 于 50mL 烧杯中，加 10mL 去离子水、2mL HNO_3（1∶99），充分搅拌 2～3min，过滤，用 50mL 容量瓶收集滤液，用少量去离子水洗涤烧杯及滤纸 3～4 次，洗液并入滤液，用去离子水稀释至刻度，摇匀。

4. 样品溶液测定

准确移取样品溶液 10.00mL 于 50mL 容量瓶中，加入 TISAB 溶液 10mL，用去离子水稀释至刻度，摇匀，转入干燥的 50mL 塑料烧杯中，按步骤 2 的方法测定 E_x 值。再准确加入 0.5mL 氟标准溶液（100$\mu g \cdot mL^{-1}$），再测定 E_x'值。

【数据记录及处理】

设计实验数据表格并进行数据记录和处理。

1. 标准曲线法

根据测得的 E_x 值，结合取样量及试液总体积推算样品中氟含量。

从 E-lgc_F 标准曲线查得 lgc_x。

牙膏中氟含量计算公式：$w_F = \dfrac{c_x \times 50}{m_s \times \dfrac{10}{50}}$，单位为 $\mu g \cdot g^{-1}$

2. 标准加入法

根据测得的 E_x 值和 E_x'值，代入公式计算样品溶液中氟的质量浓度：

$$c_x = c_\Delta (10^{\frac{\Delta E}{S}} - 1)^{-1}$$

式中，$c_\Delta = \dfrac{c_s V_s}{V_0}$；$s = \dfrac{0.059}{n}$。

再根据样品的取样量计算出样品中的氟含量（$\mu g \cdot g^{-1}$）。

牙膏中氟含量计算公式：$w_F = \dfrac{c_x \times 50}{m_s \times \dfrac{10}{50}}$，单位为 $\mu g \cdot g^{-1}$

比较两种方法的结果，分析误差原因。

【注意事项】

1. 氟离子选择性电极在测定标准溶液与试样溶液时，电磁搅拌器的搅拌速度应保持一致。

2. 测量时浓度应由稀到浓，测完后应立即用去离子水彻底冲洗电极。

【思考题】

1. 使用氟离子选择性电极应该注意哪些问题？
2. 试比较标准加入法与标准曲线法的优缺点。
3. TISAB 的作用是什么？

实验 22 电位分析法测定自来水中氯离子含量

【实验目的】

1. 掌握氯离子选择性电极测定氯离子浓度的原理和方法。

2. 熟悉标准曲线法测定水中氯离子的浓度。

3. 掌握氯离子选择性电极性能检测方法。

【实验原理】

本实验以氯离子选择性电极为指示电极（正极），饱和甘汞电极为参比电极（负极），组成原电池：

$$(-)\mathrm{Hg,Hg_2Cl_2}(\text{固})|\mathrm{KNO_3}(\text{饱和})\|\mathrm{Cl^-}(x\,\mathrm{mol\cdot L^{-1}}),\ \mathrm{AgCl\text{-}Ag_2S}(\text{固})|\mathrm{Ag}(+)$$

|← 无液接氯离子选择电极→|

$$(-)\mathrm{Hg,Hg_2Cl_2}(\text{固})|\mathrm{KNO_3}(\text{饱和})\|\mathrm{Cl^-}(x\,\mathrm{mol\cdot L^{-1}}),\ \mathrm{AgCl\text{-}Ag_2S}(\text{固})|\mathrm{AgCl,Ag}(+)$$

|← 有液接氯离子选择电极 →|

电池的电动势为：

$$E=\varphi_{膜}-\varphi_{甘}=\left(K-\frac{RT}{nF}\ln[\mathrm{Cl^-}]\right)-\varphi_{甘}=K'+\frac{2.303RT}{F}\mathrm{pCl}$$

E 与 pCl 呈直线关系，K'为截距，($2.303RT/F$) 为斜率。

离子选择性电极的性能，可以从以下几个指标加以衡量：①与能斯特方程式的符合性；②线性范围和检测下限；③选择性；④准确性；⑤响应时间。

本实验将进行①、③、⑤三项测定。

【仪器与试剂】

1. 仪器

pH-25 型酸度计；氯离子选择性电极；217 型甘汞电极（用 0.1$\mathrm{mol\cdot L^{-1}}$ KNO_3 作为盐桥）或用普通饱和甘汞电极（另附 U 形 KNO_3 盐桥）；电磁搅拌器；铁芯搅拌棒；烧杯(25mL)；容量瓶（50mL、100mL、500mL）；移液管（25mL、10mL、5mL）；吸量管(1mL)。

2. 试剂

NaCl 标准溶液（0.100$\mathrm{mol\cdot L^{-1}}$）；Na_2SO_4 溶液（1$\mathrm{mol\cdot L^{-1}}$）；NaBr 溶液（0.1$\mathrm{mol\cdot L^{-1}}$）；自来水试样。

【实验步骤】

1. 转换系数及响应时间的测定

(1) 用 NaCl 标准溶液（0.100$\mathrm{mol\cdot L^{-1}}$）配制 $5\times10^{-2}\mathrm{mol\cdot L^{-1}}$、$10^{-2}\mathrm{mol\cdot L^{-1}}$、$10^{-3}\mathrm{mol\cdot L^{-1}}$、$10^{-4}\mathrm{mol\cdot L^{-1}}$、$10^{-5}\mathrm{mol\cdot L^{-1}}$的 NaCl 溶液。

(2) 以氯离子选择性电极为正极，饱和甘汞电极为负极，在搅拌下，由稀至浓依次对上述 NaCl 系列溶液进行电池电动势的测定。以测得的 E 对相应的 pCl 作图，求出转换系数。同时注意观察各个测点的响应时间，即电极浸入溶液至读数稳定所需的时间。

2. 直接电位法测定氯离子浓度

样品溶液（如自来水或其它未知溶液）与上述电极组成电池，测定电池电动势。可从

E-pCl 标准曲线上查出样品溶液的 pCl 值，从而可得氯离子的浓度。

3. 氯离子选择性电极的选择性测定

(1) 取 Cl^- 浓度为 $10^{-4}mol \cdot L^{-1}$ 的溶液 10.00mL 与上述电极电对组成电池，测量其电动势。然后向上述溶液中加入 Na_2SO_4 溶液（$1mol \cdot L^{-1}$）0.01mL、0.10mL、1.00mL，分别测定电池电动势的变化。

(2) 另取 Cl^- 浓度为 $10^{-4}mol \cdot L^{-1}$ 的溶液 10.00mL，重复上述实验，但加入的溶液改为 $0.1mol \cdot L^{-1}$ NaBr 溶液，加入量为 0.01mL、0.10mL、1.00mL，测定电池电动势的变化。

(3) 根据实验数据，说明 SO_4^{2-}、Br^- 两种离子的存在对氯离子选择性电极测定 Cl^- 浓度的影响。

【数据记录及处理】

设计实验数据表格并进行数据记录和处理。

1. 用半对数纸作 E-c_{Cl^-} 标准曲线或用坐标纸作 E-pCl 标准曲线，求该温度下的转换系数。

转换系数：$s=\Delta E/\Delta pCl$。

2. 用上述已绘制的标准曲线，由样品测得电池的电动势，求得样品中 Cl^- 的浓度。

【注意事项】

1. 氯离子选择性电极在使用前必须在 $10^{-3}mol \cdot L^{-1}$ NaCl 溶液中浸泡活化 1h，再用去离子水反复清洗至空白电势值至 250mV 左右才可以使用，这样可以缩短电极响应时间并改善线性关系。

2. 实验完成后，应立即用去离子水对电极反复清洗，以延长电极使用寿命。

3. 测定次序应按由稀到浓进行，以免引入较大误差。每测完一个溶液后，应用干净滤纸吸干电极表面溶液。

【思考题】

1. 如何确定氯离子选择性电极的测量范围？被测溶液 Cl^- 浓度过稀或过浓时如何测定？

2. 好的离子选择电极应具备那些条件和性能？

3. 为什么测定标准曲线溶液时，必须按从稀到浓的顺序进行测定？

3.2 伏安分析法

实验 23 循环伏安法研究电极反应过程

【实验目的】

1. 学习电化学工作站的使用。

2. 掌握固体电极表面的处理方法。

3. 掌握用循环伏安法判断电极过程的可逆性。

【实验原理】

用电极电解被测物质的溶液，根据所得到的电流-电压曲线来进行物质分析的方法称为伏安法。循环伏安法是将循环变化的等腰三角形脉冲电压加在工作电极和参比电极之间，当施加于工作电极上的电压到达设定的终止电压后，再反向回扫至某设定的起始电压，得到工作电极上的电流-电压曲线。该曲线包括两个分支：如果前半部分电位向阴极（负电位）方向扫描，电活性物质在工作电极上还原，产生还原波；那么后半部分电位向阳极（正电位）方向扫描，还原产物又会重新在工作电极上氧化，产生氧化波。因此一次三角波扫描完成一个还原和氧化过程的循环，所以称为循环伏安法，也称为三角波线性电位扫描法。其电流-电压曲线称为循环伏安图或循环伏安曲线。

循环伏安法是最常用的电化学分析方法之一，常在三电极电解池里进行。三电极电解池由一个面积小且易极化的工作电极（金属或玻碳电极）、一个面积大且不易极化的参比电极、一个指示电极及被测物质溶液组成。

向阴极方向扫描时，电活性物质将在工作电极上发生还原反应：

$$O_x + ne^- = Red$$

反向回扫时（即向阳极方向扫描时），工作电极上生成的还原态 Red 将发生氧化反应：

$$Red = O_x + ne^-$$

峰电流可表示为：

$$I_p = 2.69\times10^2 n^{3/2} D^{1/2} v^{1/2} c$$

式中，I_p 为峰电流，A；n 为电子转移数；D 为扩散系数 $cm^2\cdot s^{-1}$；v 为扫描速度，$V\cdot s^{-1}$；c 为浓度，$mol\cdot L^{-1}$。峰电流与被测物质浓度 c、扫描速度 v 等因素有关。上式是扩散控制的可逆体系电极过程峰电流方程式。如果电极过程受吸附控制，则峰电流 I_p 的大小与扫描速度 v 成正比。

由循环伏安图可以得到电活性物质的氧化峰峰电流（I_{pa}）和还原峰峰电流（I_{pc}），以及氧化峰峰电位（E_{pa}）和还原峰峰电位（E_{pc}）。

对于可逆体系，循环伏安曲线上下对称，氧化峰峰电流与还原峰峰电流之比 $I_{pa}/I_{pc}=1$，氧化峰峰电位与还原峰峰电位之差 $\Delta E=E_{pa}-E_{pc}\approx0.059V/n$，条件电位 $E^{\ominus'}=(E_{pa}+E_{pc})/2$。如果电活性物质可逆性差，则氧化峰与还原峰的高度就不同，对称性也较差，$\Delta E>0.059V/n$，$I_{pa}/I_{pc}<1$，甚至只有一个氧化峰或还原峰，电极过程即为不可逆。由此可判断电极反应过程的可逆性。

【仪器与试剂】

1. 仪器

CHI660E 电化学工作站；电脑；超声波清洗仪；氮气瓶。

工作电极（绿色夹头）：玻碳电极。

参比电极（白色夹头）：饱和甘汞电极。

辅助电极（红色夹头）：铂丝电极。

电解池：50mL 烧杯。

2. 试剂

$K_3[Fe(CN)_6]$（$1.0\times10^{-2}mol\cdot L^{-1}$）；$KNO_3$（$1.0mol\cdot L^{-1}$）。

【实验步骤】

1. 玻碳电极的处理

依次将玻碳电极在 1.0μm、0.3μm 和 0.05μm 的 Al_2O_3 抛光粉上进行抛光至镜面，用去离子水冲洗电极，然后依次在 1∶1 的硝酸、乙醇、去离子水中超声清洗，每次 2～3min，直至清洗干净。最后用氮气吹干，得到一个光滑清洁的电极表面。

2. 不同扫描速率下 $K_3[Fe(CN)_6]$ 溶液的循环伏安图

在电解池中放入 2.0mL $K_3[Fe(CN)_6]$ 和 10.0mL KNO_3 溶液，以去离子水稀释到 20mL，插入玻碳电极、铂丝电极和饱和甘汞电极，向溶液中通氮气大约 20min，以除去氧气。20min 后，将通气导管从溶液中拉出，置于液面上，继续通气，以维持液面上方氮气环境。

以不同扫描速率（$10mV\cdot s^{-1}$、$20mV\cdot s^{-1}$、$40mV\cdot s^{-1}$、$60mV\cdot s^{-1}$、$80mV\cdot s^{-1}$、$100mV\cdot s^{-1}$、$200mV\cdot s^{-1}$）进行扫描，分别记录－0.20～＋0.80V 扫描的循环伏安图。

3. 不同浓度的 $K_3Fe(CN)_6$ 溶液的循环伏安图

扫描速率为 $20mV\cdot s^{-1}$，－0.20～＋0.80V 扫描，分别记录 $1.0\times10^{-5}mol\cdot L^{-1}$ $K_3[Fe(CN)_6]$、$1.0\times10^{-4}mol\cdot L^{-1}$ $K_3[Fe(CN)_6]$、$1.0\times10^{-3}mol\cdot L^{-1}$ $K_3[Fe(CN)_6]$、$1.0\times10^{-2}mol\cdot L^{-1}$ $K_3Fe(CN)_6$＋$0.50mol\cdot L^{-1}$ KNO_3 溶液的循环伏安图。

【数据记录及处理】

1. 由循环伏安图，记录峰电流（I_{pa}、I_{pc}）和峰电位（E_{pa}、E_{pc}）值。并计算 I_{pa}/I_{pc}、ΔE 和 $E^{\ominus\prime}$。

扫描速率 $v/mV\cdot s^{-1}$	氧化峰 峰电流 I_{pa}/A	还原峰 峰电流 I_{pc}/A	氧化峰 峰电位 E_{pa}/V	还原峰 峰电位 E_{pc}/V	I_{pa}/I_{pc}	ΔE /V	$E^{\ominus\prime}$ /V
10							
20							
40							
60							
80							
100							
200							

2. 以峰电流（I_{pa} 和 I_{pc}）对 $v^{1/2}$ 作图，说明扫描速率 v 对 I_p 的影响。

3. 从实验结果说明 $K_3[Fe(CN)_6]$ 在 KNO_3 溶液中电极过程的可逆性。

【注意事项】

1. 工作电极表面必须打磨光滑并清洗干净，否则将严重影响循环伏安图的形状。

2. 为了使液相传质过程只受扩散控制，应在加入电解质和溶液处于静止下进行电解。

3. 每完成一次扫描，为使工作电极表面恢复初始条件，应将电极提起后再放入溶液中或用搅拌子搅拌溶液，等溶液静止 1～2min 再扫描。

4. 不能在三根电极插入电解池的情况下开关电化学工作站，以免损坏电极。

5. 三根电极相互间不允许接触，插入电解池后，不能触及电解池底部和杯壁。

6. 甘汞电极的饱和氯化钾溶液的液面必须与电极芯接触，不许有气泡存在。如果溶液不饱和，或者太少，可加入适量的分析纯氯化钾晶体或饱和氯化钾溶液。

【思考题】

1. 如何用循环伏安法判断极谱电极反应过程的可逆性？

2. 如果条件电位 $E^{\ominus\prime}$ 和 ΔE 的实验结果与文献值有差异，试说明原因。

3. 如果每完成一次扫描，不将电极提起后再放入溶液中或不用搅拌子搅拌溶液，将会对下一次扫描得到的循环伏安图图形产生什么影响？

实验 24　循环伏安法测定配合物的稳定性

【实验目的】

1. 了解电化学工作站的基本构造和使用方法。

2. 掌握循环伏安法测定的基本原理。

3. 理解并掌握塔费尔（Tafel）斜率的测定原理和方法。

【实验原理】

循环伏安法是一种十分有用的电化学测量技术，能够迅速地观察到所研究体系在广泛电势范围内的氧化还原行为。通过对循环伏安图的分析，可以判断电极反应产物的稳定性。它不仅可以发现中间状态产物并加以鉴定，而且可以知道中间状态是在什么电势范围及其稳定性如何。此外，还可以研究电极反应的可逆性。因此，循环伏安法已广泛应用在电化学、无机化学、有机化学和生物化学的研究中。

一般在测定时，由于溶液中被测样品浓度一般都非常低，为维持一定的电流，常在溶液中加入一定浓度的惰性电解质如 KNO_3、$NaClO_4$ 等。

本实验利用循环伏安法研究配合物 $K_3[Fe(CN)_6]$ 的稳定性，$K_3[Fe(CN)_6]$ 溶液在循环伏安激励信号的作用下将发生氧化-还原反应。根据阳极峰电位和阴极峰电位之差，可判断 $K_3[Fe(CN)_6]$ 溶液在电极上的可逆性。以 E-$\lg I$ 形式记录响应曲线，可求出交换电流密度 i。

【仪器与试剂】

1. 仪器

CHI660E 型电化学工作站；工作电极（玻碳电极）；参比电极（甘汞电极）；辅助电极（铂丝电极）。

2. 试剂

丙酮（AR）；乙醇（AR）；KNO_3（$0.2mol\cdot L^{-1}$）；$K_3[Fe(CN)_6]$（$5.00\times10^{-3}mol\cdot L^{-1}$）。

【实验步骤】

1. 洗净电解池，加入试液。

2. 用金相砂纸从粗到细逐渐磨光电极表面，用丙酮、乙醇擦洗，用去离子水冲洗干净，用滤纸吸干电极表面的水分，将它插入电解池，接好各电极接线。

3. 选择循环伏安（CV）方法，在电解池内加入 10mL $5.00\times10^{-3}mol\cdot L^{-1}$ 的 $K_3[Fe(CN)_6]$ 和 $0.2mol\cdot L^{-1}$ 的 KNO_3 溶液，通氮气除氧。调节扫描速度 $50mV\cdot s^{-1}$ 进行扫描；从 $-0.20\sim+0.80V$ 扫描，记录循环伏安图，测定 I_{pa}、I_{pc} 和 E_{pa}、E_{pc} 值并记录；以不同扫描速率（$10mV\cdot s^{-1}$、$20mV\cdot s^{-1}$、$30mV\cdot s^{-1}$、$40mV\cdot s^{-1}$、$50mV\cdot s^{-1}$、$60mV\cdot s^{-1}$、$70mV\cdot s^{-1}$、$80mV\cdot s^{-1}$、$90mV\cdot s^{-1}$、$100mV\cdot s^{-1}$、$120mV\cdot s^{-1}$、$140mV\cdot s^{-1}$、$160mV\cdot s^{-1}$、$180mV\cdot s^{-1}$、$200mV\cdot s^{-1}$）分别记录从 $-0.20\sim+0.80V$ 扫描的循环伏安图，测定 I_{pa}、I_{pc} 和 E_{pa}、E_{pc}

值并记录。

4. 不同浓度的 $K_3[Fe(CN)_6]$ 溶液的循环伏安图，扫描速率为 $50mV\cdot s^{-1}$，从 $-0.20\sim+0.80V$ 扫描，分别记录 $5.00\times10^{-2}mol\cdot L^{-1}$、$1.00\times10^{-2}mol\cdot L^{-1}$、$5.00\times10^{-3}mol\cdot L^{-1}$、$1.00\times10^{-3}mol\cdot L^{-1}$、$5.00\times10^{-4}mol\cdot L^{-1}$、$1.00\times10^{-4}mol\cdot L^{-1}$ 的 $K_3[Fe(CN)_6]+0.2mol\cdot L^{-1}$ 的 KNO_3 溶液的循环伏安图，测定 I_{pa}、I_{pc} 和 E_{pa}、E_{pc} 值并记录。

5. 选择 LSV（线性扫描伏安法），改变扫描速率（$10\sim500mV\cdot s^{-1}$）进行扫描。

【数据记录及处理】

设计实验数据表格并进行数据记录和处理。

1. 计算阳极峰与阴极峰的电位差，判断其电极的行为。

2. 分别以 I_{pa} 和 I_{pc} 对 $v^{\frac{1}{2}}$ 作图，说明峰电流与扫描速率间的关系。

3. 从实验结果说明 $K_3[Fe(CN)_6]$ 在 $0.2mol\cdot L^{-1}$ KNO_3 溶液中电极过程的可逆性。

【注意事项】

1. 实验要避免对流电流和电迁移电流的产生，所以要加入支持电解质并避免溶液的搅拌和扰动。

2. 每一次循环伏安实验前，都要按实验步骤 2 的方法处理电极。

【思考题】

1. 解释 $K_3[Fe(CN)_6]$ 的循环伏安图形状。

2. LSV 数据能说明哪些问题？

3. 如何用循环伏安法判断电极过程的可逆性？

实验 25　循环伏安法测定饮料中的葡萄糖含量

【实验目的】

1. 掌握电化学工作站的使用。

2. 熟练掌握固体电极表面的处理方法，并加深对循环伏安法的理解。

3. 学会用循环伏安法进行样品定量分析的实验技术。

【实验原理】

葡萄糖是动植物体内碳水化合物的重要组成部分，因此，葡萄糖的定量检测在食品制造、生物技术、医学诊断等领域具有不可替代的作用。

葡糖糖传感器可分为酶型和非酶型。酶型就是利用葡萄糖氧化酶来氧化葡萄糖，再通过传感器装置以电讯号显示出数据，进而获得含量。非酶型就是利用电化学反应来模拟酶的作用，进而通过电子移动来达到氧化葡萄糖的效果，再通过传感器系统显示出来。本实验就是研究葡萄糖的非酶传感器，在一定的操作条件下，利用循环伏安法，根据电活性物质的氧化还原峰高度与氧化还原组分的浓度成正比进行物质的定量分析。

【仪器与试剂】

1. 仪器

CHI660E 电化学工作站；超声波清洗仪；氮气瓶。

工作电极（绿色夹头）：铜电极。

参比电极（白色夹头）：饱和甘汞电极。

辅助电极（红色夹头）：铂丝电极。

电解池：50mL烧杯。

2. 试剂

葡萄糖标准溶液（$0.10mol \cdot L^{-1}$）；NaOH（$0.10mol \cdot L^{-1}$）；饮料。

【实验步骤】

1. 铜电极的处理

依次用1.0μm、0.3μm和0.05μm的Al_2O_3抛光粉打磨电极表面，用去离子水冲洗，然后依次用乙醇和去离子水超声清洗，每次2～3min，直至清洗干净。用氮气吹干电极，得到一个光滑清洁的电极表面。

2. 标准曲线的绘制

吸取适量的葡萄糖标准溶液，按照一定比例，用$0.10mol \cdot L^{-1}$的NaOH溶液将其稀释成$0.01mmol \cdot L^{-1}$、$0.1mmol \cdot L^{-1}$、$0.5mmol \cdot L^{-1}$、$1.0mmol \cdot L^{-1}$、$5.0mmol \cdot L^{-1}$、$8.0mmol \cdot L^{-1}$、$10.0mmol \cdot L^{-1}$、$15.0mmol \cdot L^{-1}$、$20.0mmol \cdot L^{-1}$、$30.0mmol \cdot L^{-1}$的葡萄糖待测溶液。

按照浓度从低到高的顺序，以扫描速率$20mV \cdot s^{-1}$，分别记录−0.20～+0.80V扫描的循环伏安图。测量并记录峰电流。

3. 试样的测定

市售含糖饮料，如可口可乐、雪碧、百事可乐、橙汁饮品、有机绿茶等，其含糖量一般都比较高，实验前要用$0.10mol \cdot L^{-1}$ NaOH溶液按1∶100的比例稀释。将稀释后的适量试液置于电解池中，在上述条件下进行循环伏安法扫描，测量并记录峰电流。

【数据记录及处理】

根据实验步骤2所记录的峰电流值，以葡萄糖浓度为横坐标，峰电流为纵坐标，绘制葡萄糖的标准曲线。

葡萄糖标准溶液浓度/$mmol \cdot L^{-1}$	氧化峰峰电流 I_{pa}/A
0.01	
0.1	
0.5	
1.0	
5.0	
8.0	
10.0	
15.0	
20.0	
30.0	

根据实验步骤3记录的峰电流，由标准曲线可确定稀释后的各饮料中葡萄糖的浓度，乘以100，即为该饮料的葡萄糖浓度。试比较各种饮料含糖量的高低，并与包装上的标识进行比较。

【注意事项】

1. 工作电极表面必须打磨光滑并清洗干净，否则将严重影响循环伏安图的形状。

2. 不能在三根电极插入电解池的情况下开关电化学工作站，以免损坏电极。

3. 三根电极相互间不允许接触，插入电解池后，不能触及电解池底部和杯壁。

4. 甘汞电极的饱和氯化钾溶液的液面必须与电极芯接触，不允许有气泡存在。如果溶液不饱和，或者太少，可加入适量的分析纯氯化钾晶体或饱和氯化钾溶液。

【思考题】

1. 循环伏安法定量分析的理论依据是什么？
2. 如果使用玻碳电极作为工作电极，葡萄糖电化学氧化的循环伏安图形状会有什么变化？

实验 26 阳极溶出伏安法测定水样中铜的含量

【实验目的】

1. 熟悉阳极溶出伏安法的基本原理。
2. 掌握电化学工作站的使用方法。

【实验原理】

溶出伏安法是一种将富集与测定相结合的方法，包括阳极溶出伏安法和阴极溶出伏安法。在阳极溶出伏安法中，首先将待测金属离子在恒定电压下电解，并以金属的形式沉积在工作电极上，从而得到富集。然后将电极电位由负电位向正电位方向快速扫描，当达到一定电位时，已富集的金属经氧化又以离子状态进入溶液，在这一过程中，形成一定强度的氧化电流峰。在一定的实验条件下，此峰电流与待测组分的浓度成正比，由此可对该组分进行定量分析。

对于溶出伏安法来说，通常以汞膜电极为工作电极，采用非化学计量的富集法，即无需使溶液中全部待测离子都富集在工作电极上，这样可以缩短富集时间，提高分析速度。为使富集部分的量与溶液中的总量之间维持恒定的比例关系，实验中富集电位、富集时间、静止时间、扫描速率、电极的位置和搅拌状况等条件都应保持一致。

本实验在 HAc-NaAc 溶液中以汞膜电极为工作电极，采用阳极溶出伏安法，对水样中的 Cu^{2+} 进行测定。在富集阶段，汞膜电极为阴极，铂丝辅助电极为阳极，Cu^{2+} 被还原富集在汞膜电极上。在溶出阶段，汞膜电极为阳极，铂电极为阴极，施加线性扫描电压对负极的铜氧化溶出。根据其氧化峰的大小进行定量分析，并采用标准曲线法对水样中 Cu^{2+} 进行测定。

【仪器与试剂】

1. 仪器

CHI660D 型电化学工作站；工作电极（玻碳电极）；参比电极（甘汞电极）；辅助电极（铂丝电极）；容量瓶（25mL）；吸量管（1mL）；移液管（25mL）；氮气瓶。

2. 试剂

Cu^{2+} 标准溶液（$10\mu g \cdot mL^{-1}$）；HAc-NaAc 溶液（pH≈5.6）；$HgSO_4$ 溶液（$0.02mol \cdot L^{-1}$）；水样（约 $0.025\mu g \cdot mL^{-1}$）；二次去离子水。

【实验步骤】

1. 玻碳汞膜电极的制备

于电解杯中加入25mL二次去离子水和数滴$HgSO_4$溶液，将玻碳电极抛光洗净后浸入溶液中，设置阴极电位为−1.0V。通入氮气并搅拌。电镀5～10min，得到玻碳汞膜电极。

2. Cu^{2+}标准溶液配制

于5个25mL容量瓶中，用吸量管分别移取0.20mL、0.40mL、0.60mL、0.80mL、1.00mL Cu^{2+}标准溶液，分别加入1mLHAc-NaAc缓冲溶液，用去离子水稀释至刻度，摇匀。

3. 实验条件

富集电位为−1.2V，富集时间为30s，静止电位为−1.2V，扫描速率为$0.1V \cdot s^{-1}$，扫描范围为−1.2～+0.1V，静止时间为30s。

4. Cu^{2+}标准溶液测定

将1～5号Cu^{2+}标准溶液分别置于电解杯中，插入电极，通N_2 10min除氧。按实验条件设置和运行仪器，记录溶出伏安曲线。

5. 试样测定

将25.00mL水样和1mL HAc-NaAc缓冲溶液置于电解杯中。插入电极。通N_2除氧10min。按实验条件设置和运行仪器，记录溶出伏安曲线。

【数据记录及处理】

1. 自行设计表格，分别记录试样溶液和每次加入标准溶液后测定的Cu^{2+}伏安曲线E_p和I_p。

2. 绘制I_p-m_{Cu}标准曲线，计算水样中铜的含量，以$mg \cdot L^{-1}$表示。

【注意事项】

1. 在整个实验过程中，溶液搅拌状态尽可能保持一致。

2. 为了得到精密度好的测定数据，电极在使用前应进行预处理，确保电极表面状态光滑、新鲜。

3. 若实验过程中发现电流溢出，应停止实验，调整实验参数。

【思考题】

1. 结合本实验说明阳极溶出伏安法的原理。
2. 溶出伏安法为什么具有较高的灵敏度？
3. 实验中为什么必须使每个实验条件保持一致？

第4章

光谱分析法

4.1 紫外-可见分光光度法

实验 27 邻二氮菲分光光度法测定铁

【实验目的】

1. 掌握邻二氮菲分光光度法测定铁的原理和方法。

2. 了解 V-5000 型分光光度计的构造和使用方法。

【实验原理】

分光光度法测定铁所用的显色剂很多，有邻二氮菲及其衍生物、磺基水杨酸、硫氰酸盐、5-Br-PADAP 等。其中邻二氮菲分光光度法的灵敏度高、稳定性好、干扰容易消除，因而是目前普遍采用的一种方法。

在 pH＝2～9 的条件下，Fe^{2+} 与邻二氮菲作用生成橘红色配合物，反应式如下：

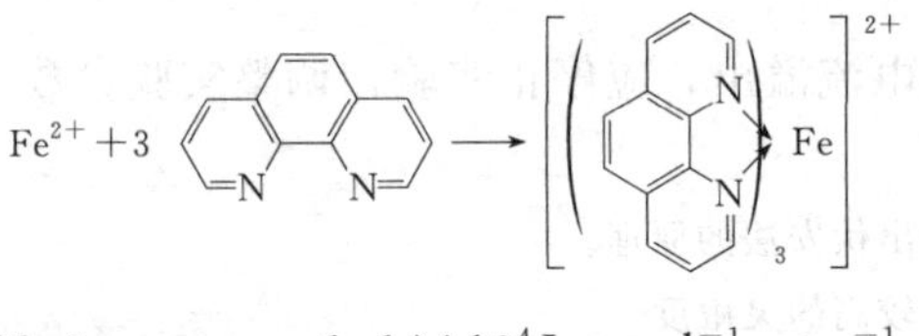

此配合物的 $\lg K_{稳}=21.3$，$\varepsilon_{510nm}=1.1\times10^4 L\cdot mol^{-1}\cdot cm^{-1}$。显色前，用盐酸羟胺将 Fe^{3+} 还原为 Fe^{2+}。其反应式如下：

$$2Fe^{3+}+2NH_2OH\cdot HCl = 2Fe^{2+}+N_2+2H_2O+4H^++2Cl^-$$

测定时，控制溶液酸度在 pH＝5 左右为宜，酸度高时，反应进行得较慢；酸度太低，则 Fe^{2+} 易水解。

【仪器与试剂】

1. 仪器

比色管（50mL）；比色管架；移液管（1mL、5mL、10mL）；小量筒（10mL）；V-5000 型分光光度计；比色皿（1cm）。

2. 试剂

铁标准溶液（$10\mu g\cdot mL^{-1}$）；盐酸羟胺溶液（10%）；邻二氮菲溶液（0.1%）；NaAc 溶

液（$1mol \cdot L^{-1}$）；未知液。

【实验步骤】

1. 标准曲线的绘制

于6只50mL的比色管中，分别加入$10\mu g \cdot mL^{-1}$铁标准溶液0.00mL、2.00mL、4.00mL、6.00mL、8.00mL、10.00mL，然后各加入1mL 10%的盐酸羟胺溶液，摇匀，放置2min后，再分别加入5mL $1mol \cdot L^{-1}$ NaAc溶液及3mL 0.1%邻二氮菲溶液，以去离子水稀释至刻度，摇匀。以试剂空白为参比，用1cm比色皿于510nm波长处测定各溶液的吸光度。以铁标准溶液体积为横坐标，吸光度为纵坐标，绘制工作曲线。

2. 未知液中铁含量的测定

移取5.00mL未知液代替铁标准溶液，其它步骤同上，测定吸光度，由未知液的吸光度值在工作曲线上查出未知液中的铁含量。

【数据记录及处理】

名称	编号	加入体积/mL	吸光度 A
铁标准溶液	1	0.0	
	2	2.0	
	3	4.0	
	4	6.0	
	5	8.0	
	6	10.0	
未知液	7	5.0	

填全实验数据并进行数据处理，以加入的铁标准溶液体积为横坐标，吸光度为纵坐标绘制标准曲线，在标准曲线上求得未知液中的铁含量。

未知液中的铁含量计算公式：$\rho_{Fe}=\frac{10\times V}{5.0}$，单位为$\mu g \cdot mL^{-1}$。

【注意事项】

1. 在测定之前，要将仪器预热30min。

2. 每次测完一个试液后，都要用试剂空白重新对仪器进行校正。

3. 每加入一种试剂均需水平晃动摇匀后再加入另一种试剂，定容后应盖上塞子，垂直晃动摇匀。

【思考题】

1. 铁标准溶液的加入体积要准确，而其它试剂的加入量则不必准确，为什么？
2. 在本次实验中选择试剂空白或溶剂空白均可，为什么？
3. 加入盐酸羟胺及NaAc的目的分别是什么？
4. 本实验中，试剂的加入顺序可以改变吗？为什么？

实验 28　Al^{3+}-铬天青 S 二元配合物与 Al^{3+}-铬天青 S-CPC 三元配合物的光吸收性质的比较及未知液测定

【实验目的】

1. 掌握二元配合物与三元配合物光吸收性质的测定方法。

2. 了解三元配合物在分光光度法中的优点。

【实验原理】

三元配合物与二元配合物相比，其分析特性更为优越，如灵敏度高、选择性好、对光的吸收强、水溶性好等，因此三元配合物在分析化学中占有重要的地位。

铬天青 S 分光光度法测定铝，灵敏度高、重现性好，是测定微量铝的常用方法。它的主要缺点是选择性较差。

铬天青 S（简写 CAS）是一种酸性染料，它在水溶液中的存在形式有多种，与 pH 值有关，并呈现不同的颜色：

$$H_5CAS^+ \xrightleftharpoons{pK_{a1}} H_4CAS \xrightleftharpoons{pK_{a2}} H_3CAS^- \xrightleftharpoons{pK_{a3}} H_2CAS^{2-} \xrightleftharpoons{pK_{a4}}$$

$$HCAS^{3-} \xrightleftharpoons{pK_{a5}} CAS^{4-}$$

Al^{3+} 与 CAS 形成红色的二元配合物，其组成随着显色剂浓度、溶液酸度的不同而有所不同，在 pH=5 时，配合比为 2。Fe^{3+}、Ti^{4+}、Cu^{2+}、Cr^{3+} 等干扰测定。干扰离子量较多时，可用铜铁试剂等进行沉淀分离。一般情况，铁可以加入抗坏血酸或盐酸羟胺掩蔽，钛可用甘露醇掩蔽，铜可用硫脲掩蔽。

三元配合物分光光度法具有灵敏度高、对比度大、选择性好、可溶性强、pH 范围宽等特点，已广泛应用于微量元素的测定。向 Al^{3+} 与 CAS 形成的二元配合物溶液中加入表面活性剂氯化十六烷基吡啶（CPC）以后，可形成三元配合物，此时配合物的最大吸收峰一般向长波方向移动，这种移动俗称“红移”，因此溶液的颜色亦随之变深，测定的灵敏度提高。三元配合物的摩尔吸光系数与溶液的酸度、缓冲溶液的性质、表面活性剂的种类等因素有关，摩尔吸光系数一般可达 $10^5 L \cdot mol^{-1} \cdot cm^{-1}$。

本实验通过测定 Al^{3+} 与 CAS 形成二元配合物及它与表面活性剂组成的三元配合物的吸收曲线和标准曲线，求出二元配合物和三元配合物的摩尔吸光系数以及“红移”的波长数值。

【仪器与试剂】

1. 仪器

比色管（50mL）；比色管架；移液管（2mL、5mL、10mL）；小量筒（10mL）；V-5000 型分光光度计；比色皿（2cm）。

2. 试剂

Al^{3+} 标准贮备液（$100\mu g \cdot mL^{-1}$）：称取硫酸铝钾 1.760g 于 250mL 烧杯中，加入 $6mol \cdot L^{-1}$ HCl 溶液 20mL，溶解后用 100mL 去离子水稀释，定量转移至 1000mL 容量瓶中，用去离子水稀至刻度，摇匀备用。

Al^{3+} 标准溶液（$2\mu g \cdot mL^{-1}$）：准确移取上述 Al^{3+} 标准贮备液 10.00mL 于 500mL 容量

瓶中，用去离子水稀至刻度，摇匀。

铬天青S溶液（0.5g·L^{-1}）：溶剂为25%乙醇溶液。

氯化十六烷基吡啶溶液（0.01mol·L^{-1}，即CPC溶液）：溶剂为25%乙醇溶液。

六亚甲基四胺缓冲溶液（250 g·L^{-1}）：配制后在pH计上用6mol·L^{-1} HCl溶液调至pH=5.5为止。

HCl（0.1mol·L^{-1}）；$NH_3 \cdot H_2O$（0.1mol·L^{-1}）；2,4-二硝基苯酚指示剂（0.1g·L^{-1}）；未知液。

【实验步骤】

1. 二元配合物吸收曲线的测绘

取50mL比色管2个，分别加入2μg·mL^{-1} Al^{3+}标准溶液0.00mL、2.00mL，加去离子水至约10mL，再加2滴2,4-二硝基酚指示剂，用0.1mol·L^{-1} $NH_3 \cdot H_2O$滴至黄色，然后用0.1mol·L^{-1} HCl溶液滴至黄色恰好消失。依次加入2mL 0.5g·L^{-1}CAS溶液和5mL六亚甲基四胺缓冲溶液，以去离子水稀释至刻度，摇匀，放置20min。用2cm比色皿，以试剂空白为参比，从500nm开始至600nm的波长范围内，每隔10nm测一次吸光度（在吸收峰附近每隔5nm测一次吸光度）。以波长为横坐标，吸光度为纵坐标，绘制吸收曲线，并找出最大吸收波长λ_{max}。

2. 三元配合物吸收曲线的测绘

取50mL比色管2只，分别加入2μg·mL^{-1} Al^{3+}标准溶液0.00mL、2.00mL，加去离子水至约10mL，再加2滴2,4-二硝基酚指示剂，用0.1mol·L^{-1} $NH_3 \cdot H_2O$滴至黄色，然后用0.1mol·L^{-1} HCl溶液滴至黄色恰好消失。依次加入2mL 0.5g·L^{-1}CAS溶液、4mL CPC溶液和5mL六亚甲基四胺缓冲溶液，以去离子水稀释至刻度，摇匀，放置20min。用2cm比色皿，以试剂空白为参比，从550nm开始至670nm的波长范围内，每隔10nm测一次吸光度（在吸收峰附近每隔5nm测一次吸光度）。以波长为横坐标，吸光度为纵坐标，绘制吸收曲线，并找出最大吸收波长λ_{max}。

3. 三元配合物吸收标准曲线的测绘

取50mL比色管5只，分别加入2μg·mL^{-1} Al^{3+}标准溶液0.00mL、1.00mL、2.00mL、3.00mL、4.00mL，加去离子水至约10mL，其余同实验步骤2。以最大吸收波长λ_{max}为测定波长测各溶液吸光度，以Al^{3+}浓度为横坐标，吸光度为纵坐标绘制标准曲线。

4. 未知液测定

取2.00mL未知液，与实验步骤3操作完全相同。

【数据记录及处理】

设计实验数据表格并进行数据记录和处理。将二元配合物和三元配合物的吸收曲线绘在同一坐标纸上，确定波长红移值（两个λ_{max}之差）。根据二元配合物的吸光度和三元配合物的标准曲线，分别算出它们的摩尔吸光系数。

摩尔吸光系数计算公式：$\varepsilon=\frac{A}{bc}$，单位为：L·mol^{-1}·cm^{-1}。

【注意事项】

1. 在测定之前，要将仪器预热30min。

2. 每次测完一个试液后，都要用试剂空白重新对仪器进行校正。

3. 在配制三元配合物显色溶液时，加入氯化十六烷基吡啶后要轻轻摇动，避免产生过多泡沫，导致定容不准。

【思考题】

1. 三元配合物与二元配合物比较有哪些优点？

2. Al^{3+}与CAS形成二元配合物在pH为5～6的水溶液呈现什么颜色？三元配合物水溶液又呈现什么颜色？

3. 在Al^{3+}-CAS配合物中加入CPC溶液时，形成三元配合物，配合物的最大吸收峰的位置有什么变化？

实验29 水样中阴离子表面活性剂含量的测定

【实验目的】

1. 掌握萃取的原理及基本操作。

2. 掌握分光光度法测阴离子表面活性剂的原理和方法。

3. 进一步掌握V-5000型分光光度计的使用。

【实验原理】

表面活性剂（surfactant）被誉为“工业味精”，是指具有固定的亲水、亲油基团，在溶液的表面能定向排列，并能使表面张力显著下降的物质。表面活性剂可起洗涤、乳化、发泡、湿润、浸透和分散等多种作用，且表面活性剂用量少，操作方便、无毒、无腐蚀，是较理想的化学用品，因此，在生产上和科学研究中都有重要的应用。

表面活性剂的分类方法很多，若以表面活性剂的离子性划分，可分为阴离子表面活性剂、阳离子表面活性剂、两性离子表面活性剂和非离子表面活性剂。其中阴离子表面活性剂是发展历史最悠久、产量最大、品种最多的一类表面活性剂。阴离子表面活性剂按其亲水基团的结构分为磺酸盐和硫酸酯盐，它们是目前阴离子表面活性剂的主要类别。

阳离子染料亚甲基蓝与阴离子表面活性剂（包括直链烷基苯磺酸、烷基磺酸和脂肪醇硫酸）作用，生成蓝色的离子对化合物（MBAS），它可被三氯甲烷萃取，其吸光度与浓度成正比，在波长652nm处，可利用分光光度法测量三氯甲烷有机相的吸光度，进而测得阴离子表面活性剂的含量。

【仪器与试剂】

1. 仪器

容量瓶（50mL、1000mL）；吸量管（25mL）；大量筒（100mL）；小量筒（10mL）；V-5000型分光光度计；分液漏斗（250mL）。

2. 试剂

NaOH溶液（4%）；H_2SO_4（3%）；三氯甲烷（AR）；水样。

十二烷基苯磺酸钠（LAS）标准贮备溶液（1.0mg·mL^{-1}）：准确称取0.1g十二烷基苯磺酸钠于150mL烧杯中，加50mL去离子水中溶解，转移至100mL容量瓶中，用去离子水稀释至刻度，摇匀。如经常使用，需要每周配一次。

十二烷基苯磺酸钠标准溶液（10μg·mL^{-1}）：准确吸取阴离子表面活性剂标准贮备溶液 10.00mL，转移至 1000mL 容量瓶中，用去离子水稀释至刻度，摇匀，每天配一次。

亚甲基蓝溶液（30μg·mL^{-1}）：称取 56.52g 二水合磷酸二氢钠置于 250mL 烧杯中，加 200mL 去离子水中溶解，缓慢加入 6.8mL 浓 H_2SO_4，边加边搅拌，转移入 1000mL 容量瓶中。另取 30mg 亚甲基蓝（指示剂级），用 50mL 去离子水溶解后也移入该 1000mL 容量瓶中，用去离子水稀释至标线，摇匀。将此溶液避光保存。

洗涤液：称取 56.52g 二水合磷酸二氢钠置于 250mL 烧杯内，溶于去离子水，缓慢加入 6.8mL 浓硫酸，边加边搅拌，用去离子水稀释至 1000mL。

酚酞指示剂（10mg·mL^{-1}）：将 1.0g 酚酞溶于 50mL 乙醇，然后边搅拌边加入 50mL 去离子水，滤去沉淀物。

【实验步骤】

1. 标准曲线的绘制

取一组 250mL 分液漏斗 5 个，分别加入 100mL、95mL、90mL、85mL、80mL 去离子水，然后分别加入 0.00mL、5.00mL、10.00mL、15.00mL、20.00mL 十二烷基苯磺酸钠标准溶液，摇匀。加入 1 滴酚酞指示剂，逐滴加入 4% NaOH 溶液至呈紫红色，再滴加 H_2SO_4（3%）至紫红色刚好消失。加入 25mL 亚甲基蓝溶液，摇匀后再加入 10mL 三氯甲烷，剧烈摇动 30s，注意放气。再慢慢旋转分液漏斗，使滞留在内壁上的三氯甲烷液珠降落，静置分层。将三氯甲烷层放入预先盛有 50mL 洗涤液的第二组相应分液漏斗内，重复萃取三次，每次用 10mL 三氯甲烷，合并所有三氯甲烷萃取液至第二组相应分液漏斗中，剧烈摇动 30s，静置分层。将三氯甲烷层放入 50mL 容量瓶中，再用三氯甲烷萃取洗涤液两次（每次用量 5mL），将三氯甲烷全部转移入容量瓶中，以三氯甲烷定容，摇匀。

选择 652nm 为测定波长，用 3cm 比色皿，以三氯甲烷为参比，分别测定各标准溶液的吸光度。以吸光度 A 为纵坐标，十二烷基苯磺酸钠的浓度 c 为横坐标，绘制标准曲线。

2. 水样中十二烷基苯磺酸钠含量的测定

将待测水样置于 250mL 分液漏斗中，按标准溶液相同步骤进行实验，测定其吸光度。从工作曲线上查出相应的十二烷基苯磺酸钠的含量，并计算其在水样中的质量浓度。

【数据记录及处理】

设计实验数据表格并进行数据记录和处理，本方法以十二烷基苯磺酸钠的量作为阴离子表面活性剂的含量。

阴离子表面活性剂含量计算公式：

$$c=\frac{m}{V}$$

式中　c——水样中亚甲基蓝活性物质的浓度，mg·L^{-1}；

m——从标准曲线上查得的十二烷基苯磺酸钠的量，mg；

V——水样体积，L。

【注意事项】

1. 实验用的玻璃器皿不能用各类洗涤剂清洗。使用前先用自来水彻底清洗，然后用 1∶9 盐酸乙醇溶液洗涤，最后用去离子水清洗干净。

2. 绘制标准曲线和水样的测定，应使用同一批三氯甲烷、亚甲基蓝溶液和洗涤液。

3. 分液漏斗的活塞不得用油脂润滑，可在使用前用三氯甲烷润湿。

4. 需要快速分析时，可采用一次萃取的简化法，一次萃取的效率约为本萃取法效率的90%。

【思考题】

1. 在萃取过程中，如何放掉分液漏斗内的气体？不放掉可以吗？为什么？
2. 萃取分离的原理是什么？萃取和洗涤的作用分别是什么？
3. 本实验为什么要连续萃取3次？

实验30 紫外光谱法测定饮料中的防腐剂

【实验目的】

1. 了解和熟悉紫外分光光度计的基本操作。
2. 掌握用紫外分光光度法测定苯甲酸的方法和原理。
3. 掌握用一元线性回归法作标准曲线的方法。

【实验原理】

为了防止食品在贮存、运输过程中发生腐败、变质，常在食品中添加少量防腐剂。防腐剂使用的品种和用量在食品卫生标准中都有严格的规定。苯甲酸及其钠盐、钾盐是食品卫生标准允许使用的主要防腐剂之一，其使用量一般在0.1%左右。

苯甲酸具有芳香结构，在波长225nm和272nm处有K吸收带和B吸收带。由于食品中苯甲酸用量很少，同时食品中其它成分也可能产生干扰，因此一般需要预先将苯甲酸与其它成分分离。本实验采用蒸馏法，将样品中的苯甲酸在酸性溶液中随水蒸气蒸馏出来，与样品中非挥发性成分分离，然后用$K_2Cr_2O_7$溶液和H_2SO_4溶液进行氧化，使得除苯甲酸以外的其它有机物氧化分解，将此氧化后的溶液再次蒸馏，用碱液（NaOH）吸收苯甲酸，第二次所得蒸馏液中除苯甲酸以外，基本不含其它杂质。根据苯甲酸（钠）在225nm处有最大吸收，测得其吸光度即可用标准曲线法求出样品中苯甲酸的含量。

【仪器与试剂】

1. 仪器

蒸馏瓶（250mL）；大量筒（100mL）；小量筒（10mL）；容量瓶（50mL、500mL、1000mL）；移液管（50mL）；吸量管（10mL）；分析天平（0.0001g）；托盘天平（0.1g）；UV-2100型紫外-可见分光光度计；蒸馏装置；玻璃珠。

2. 试剂

无水Na_2SO_4（AR）；H_3PO_4（85%）；NaOH（0.1mol·L^{-1}、0.01mol·L^{-1}）；饮料样品。

$K_2Cr_2O_7$（0.033mol·L^{-1}）：称取$K_2Cr_2O_7$ 4.9g，用去离子水溶解后移入500mL容量瓶中，以去离子水稀释至刻度，摇匀。

H_2SO_4（2mol·L^{-1}）：移取浓H_2SO_4 27.5mL，缓缓加入到约400mL去离子水中，边加边搅拌，冷却后用去离子水稀释至500mL。注意：绝不容许将去离子水倒入浓H_2SO_4中。

苯甲酸标准溶液（0.10mg•mL^{-1}）：准确称取0.10g苯甲酸（预先经105℃烘干），加入0.1mol•L^{-1}NaOH溶液100mL，溶解后移入1000mL容量瓶中，以去离子水稀释至刻度，摇匀。

【实验步骤】

1. 标准曲线绘制

准确移取50.00mL苯甲酸标准溶液于250mL蒸馏瓶中，加入1mL 85% H_3PO_4、20g无水Na_2SO_4、20mL去离子水、3粒玻璃珠，加热进行蒸馏。用盛有5mL 0.1mol•L^{-1} NaOH溶液的50mL容量瓶接收蒸馏液。当蒸馏液收集到45mL时，停止蒸馏，冷却，用去离子水稀释至刻度，摇匀。

取上述全部蒸馏液50mL，置于另一250mL蒸馏瓶中，加入25mL 0.033mol•L^{-1} $K_2Cr_2O_7$溶液、6.5mL 2mol•L^{-1} H_2SO_4、3粒玻璃珠，连接冷凝装置，在沸水浴上蒸馏10min，冷却，取下蒸馏瓶，再次加入1mL 85%H_3PO_4、20g无水Na_2SO_4、40mL去离子水，加热进行蒸馏。用盛有5mL 0.1mol•L^{-1} NaOH溶液的50mL容量瓶接收蒸馏液。当蒸馏液收集到45mL时，停止蒸馏，冷却，用去离子水稀释至刻度，摇匀。

准确移取最后一次蒸馏液2.00mL、4.00mL、6.00mL、8.00mL、10.00mL，分别置于50mL容量瓶中，用0.01mol•L^{-1} NaOH溶液稀释至刻度。以0.01mol•L^{-1} NaOH为对照液，测定其中一个标准溶液的紫外可见吸收光谱（测定波长范围为200～350nm），找出λ_{max}，然后在λ_{max}处测定五个标准溶液的吸光度A_i，用一元线性回归法绘制标准曲线。

2. 饮料样品中防腐剂的测定

准确移取10.00mL样品溶液于250mL蒸馏瓶中，加入1mL 85%H_3PO_4、20g无水Na_2SO_4、70mL去离子水、3粒玻璃珠，进行蒸馏。用盛有5mL 0.1mol•L^{-1} NaOH溶液的50mL容量瓶接收蒸馏液。当蒸馏液收集到45mL时，停止蒸馏，冷却，用去离子水稀释至刻度，摇匀。

准确吸取上述蒸馏液25.00mL，置于另一250mL蒸馏瓶中，加入25mL 0.033mol•L^{-1} $K_2Cr_2O_7$溶液、6.5mL 2mol•L^{-1} H_2SO_4、3粒玻璃珠，连接冷凝装置，在沸水浴上蒸馏10分钟，冷却，取下蒸馏瓶，再次加入1mL 85%H_3PO_4、20g无水Na_2SO_4、40mL去离子水，进行蒸馏。用盛有5mL 0.1mol•L^{-1} NaOH溶液的50mL容量瓶接收蒸馏液。当蒸馏液收集到45mL时，停止蒸馏，冷却，用去离子水稀释至刻度，摇匀，得到样品试液。

吸取样品试液5.00～20.00mL于50mL容量瓶中，用0.01mol•L^{-1}NaOH溶液稀释至刻度，以0.01mol•L^{-1} NaOH作为对照液，于紫外光谱仪上λ_{max}处测定吸光度。

3. 空白试验

随同样品做空白试验。根据苯甲酸在碱性溶液中不能被蒸发出来的特点，同样准确移取样品溶液10.00mL，置于250mL蒸馏瓶中，加入5mL 1mol•L^{-1} NaOH溶液代替1mL H_3PO_4，再加20g无水Na_2SO_4、70mL去离子水、3粒玻璃珠，进行蒸馏。用盛有5mL 0.1mol•L^{-1} NaOH溶液的50mL容量瓶接收蒸馏液。当蒸馏液收集到45mL时，停止蒸馏，冷却，用去离子水稀释至刻度，摇匀。

【数据记录及处理】

设计实验数据表格并进行数据记录和处理，由样品溶液测得的吸光度减去空白试验的吸光度，从标准曲线查得相应的苯甲酸的量，再计算样品中苯甲酸的含量。

苯甲酸含量计算公式：$\rho=\dfrac{m_1-m_0}{\dfrac{V}{50}\times\dfrac{25}{50}\times 10.00}$，单位为 $mg\cdot mL^{-1}$

式中 m_1——最初样品溶液中苯甲酸的含量，mg；

m_0——试剂空白中苯甲酸的含量，mg；

V——吸取样品最后一次蒸馏液体积，mL。

【注意事项】

1. 实验前检查装置气密性，加热时需要垫石棉网。
2. 加入沸石、玻璃珠或碎瓷片，以防溶液暴沸。
3. 蒸馏瓶中所盛液体不能超过其容量的 2/3，也不能少于 1/3。
4. 实验配制稀硫酸时，应将浓硫酸缓缓加入去离子水中，边加入边搅拌，绝不容许将水倒入浓硫酸中。

【思考题】

1. 本实验中各试剂的加入，哪些必须很准确（用吸量管），哪些不必很准确（用量筒），为什么？
2. 为什么要进行空白试验？分析可能产生的干扰情况？
3. 紫外光谱仪在操作过程中应注意哪些问题？

实验 31 紫外-可见分光光度法测定阿司匹林中水杨酸和乙酰水杨酸的含量

【实验目的】

1. 熟悉用双波长分光光度法定量测定混合物中的二元组分含量的方法。
2. 熟悉紫外-可见分光光度计的基础操作。
3. 了解药片样品分析的处理方法。

【实验原理】

阿司匹林是解热镇痛药，主要成分为乙酰水杨酸，摩尔质量为 $180.16g\cdot mol^{-1}$。阿司匹林少量水解成水杨酸，因而在阿司匹林样品中混有少量水杨酸。

测定阿司匹林中乙酰水杨酸和水杨酸的含量时分别采用双波长法和标准比对法。测定乙酰水杨酸时水杨酸干扰乙酰水杨酸的吸光度测定，在选定的双波长下测定吸光度差值。配制一系列浓度不同的标准阿司匹林溶液，在测定条件相同的情况下，分别测定其在两个波长下的吸光度，以标准浓度为横坐标，相应吸光度差值为纵坐标，绘制 ΔA-c 标准曲线。在相同条件下测出试样在两波长处的吸光度，可从标准曲线上查出试样溶液的浓度。该方法方便快捷、准确度高、重现性好。

采用单波长分光光度法测定水杨酸，水杨酸最大吸收波长为 305nm，在此波长下乙酰水杨酸没有吸收，不干扰测定。可采用标准比对法计算水杨酸的含量。

【仪器与试剂】

1. 仪器

紫外-可见分光光度计；石英比色皿（1cm）；容量瓶（10mL、50mL）；移液管（1mL、2mL）；分析天平（0.0001g）。

2. 试剂

乙酰水杨酸标准贮备溶液（$1mg \cdot mL^{-1}$）；水杨酸标准贮备溶液（$50\mu g \cdot mL^{-1}$）；无水乙醇（AR）；阿司匹林药片。

【实验步骤】

1. 溶液的配制

（1）乙酰水杨酸标准溶液的配制

取 5 个 10mL 容量瓶，准确移取乙酰水杨酸标准贮备溶液 0.20mL、0.40mL、0.60mL、0.80mL、1.00mL 于各个容量瓶中，以无水乙醇定容，摇匀。配制成 $20\mu g \cdot mL^{-1}$、$40\mu g \cdot mL^{-1}$、$60\mu g \cdot mL^{-1}$、$80\mu g \cdot mL^{-1}$、$100\mu g \cdot mL^{-1}$的标准溶液，备用。

（2）水杨酸标准溶液的配制

准确移取水杨酸标准贮备溶液 0.50mL 于 10mL 容量瓶，以无水乙醇定容，摇匀。配制成 $5.0\mu g \cdot mL^{-1}$的标准溶液，备用。

（3）样品溶液的配制

准确称取研细的阿司匹林药片 0.0500g，加入无水乙醇 10mL 使之溶解。转移至 50mL 容量瓶中，充分振摇，用无水乙醇定容。配成 $0.5mg \cdot mL^{-1}$的样品溶液。

准确移取样品溶液 1.00mL 于 10mL 容量瓶中，用无水乙醇定容。配成 $50\mu L \cdot mL^{-1}$的样品溶液。

2. 测定

（1）波长选择

使用紫外-可见分光光度计，用 1cm 比色皿，先用无水乙醇进行基线校正，再用阿司匹林标准溶液和水杨酸标准溶液进行光谱测量。因在 277nm 处，乙酰水杨酸、水杨酸均有吸收，故采用双波长法。以 277nm 为 λ_1，仔细从水杨酸的光谱中找到与 277nm 处 A 值相等的点所对应的波长值（等吸收点 λ_2），大约在 320nm 左右，假定 $\lambda_2 = 320nm$。

（2）标准曲线绘制

基线校正后，利用双波长测量。以无水乙醇为空白，用 1cm 比色皿分别在 277nm 与 320nm 测定乙酰水杨酸标准溶液的吸光度，求算 ΔA。以浓度 c 对 ΔA 作图，绘制标准曲线。

（3）样品中乙酰水杨酸测定

以无水乙醇为空白，在 277nm、320nm 处，用 1cm 比色皿测阿司匹林样品溶液的吸光度之差 ΔA，在标准曲线上找出对应的浓度。根据公式，即可求出乙酰水杨酸的含量。

（4）样品中水杨酸测定

以无水乙醇为空白，在 305nm 处，用 1cm 比色皿分别测定 $5.0\mu g \cdot mL^{-1}$的水杨酸标准溶液和阿司匹林样品溶液的吸光度，采用标准比对法计算出水杨酸的含量。

【数据记录及处理】

设计实验数据表格并进行数据记录和处理，以加入的乙酰水杨酸标准溶液浓度为横坐标，ΔA 为纵坐标绘制标准曲线，在标准曲线上求得阿司匹林中乙酰水杨酸的含量；采用标准比对法计算出水杨酸的含量。

【注意事项】

1. 在测定之前，要将仪器预热 30min。

2. 每次测完一个试液后，都要用试剂空白重新对仪器进行校正。

【思考题】

1. 双波长分光光度法测定的原理是什么？

2. 可以用玻璃比色皿代替石英比色皿进行测定吗？为什么？

4.2 荧光光谱法

实验 32 荧光光度法测定维生素片中维生素 B_2 的含量

【实验目的】

1. 掌握荧光光度法的基本原理。

2. 学会使用荧光分光光度计。

【实验原理】

分子荧光光谱分析是利用某些物质分子受光照射时所产生的荧光特性和强度，来进行物质的定性或定量分析的一种方法。产生荧光必须具备两个必要条件：第一是该物质的分子必须具有能吸收激发光的结构，通常是共轭双键结构；第二是该分子必须具有一定的荧光效率。荧光分析法的特点是灵敏度高、选择性好、样品用量少和操作简便，它的灵敏度通常比紫外-可见分光光度法高 2～3 个数量级。

维生素 B_2 又称核黄素，是人体必需的 13 种维生素之一，微溶于水。维生素 B_2 在生长代谢中具有非常重要的作用，缺乏时可导致维生素 B_2 缺乏症，如唇炎、舌炎、口腔黏膜溃疡等。作为 B 族维生素中的荧光物质之一，可以利用荧光光度法对其进行测定。

维生素 B_2 在 430～440nm 波长范围的蓝光照射下会产生绿色荧光，最大荧光发射波长为 525nm 左右。在 pH 为 6～7 的溶液中荧光最强。在 pH＝11 时荧光消失。在稀溶液中，维生素 B_2 的荧光强度与其浓度成正比，因此可利用荧光光度法对维生素 B_2 进行定量分析。

【仪器与试剂】

1. 仪器

荧光分光光度计；石英比色皿（1cm）；比色管（25mL）；吸量管（5mL）；容量瓶（100mL、1000mL）；分析天平（0.0001g）。

2. 试剂

HAc（1%）；维生素片。

维生素 B_2 标准溶液（$10.0\mu g\cdot mL^{-1}$）：准确称取维生素 B_2 0.1000g，用 1%HAc 溶液溶解，稀释并定容于 100mL 容量瓶中，此时浓度为 $1000.0\mu g\cdot mL^{-1}$。用 1%HAc 溶液逐级稀

释至 10.0μg·mL^{-1}。

【实验步骤】

1. 标准溶液的配制

取 6 只 25mL 比色管，分别加入 0.00mL、0.50mL、1.00mL、1.50mL、2.00mL、2.50mL 维生素 B_2 标准溶液，用 1%HAc 溶液稀释至刻度，摇匀。

2. 试样溶液制备

将若干片维生素 B_2 片置于研钵中研磨成粉末，并混合均匀。准确称取适量粉末样品（相当于含维生素 B_2 12mg），用 1%HAc 溶液溶解，并定容于 1000mL 容量瓶中，摇匀。静止使药片不溶物沉降于容量瓶底部（或者过滤）。

3. 最大激发波长和最大发射波长的确定

取上述第 3 号标准溶液装入 1cm 石英比色皿中，测定激发光谱和发射光谱。固定发射波长为 525nm，在 400～500nm 进行激发波长扫描，确定最大激发波长 λ_{ex}；再固定最大激发波长 λ_{ex}，在 480～600nm 进行发射波长扫描，确定最大发射波长 λ_{em}。

4. 标准曲线的绘制

按荧光分光光度计的操作规程，开启仪器并预热 20min 左右。将激发波长和发射波长分别设定为实验已经确定的 λ_{ex} 和 λ_{em}，用 1cm 石英比色皿，以试剂空白为参比，分别测定各标准溶液的荧光强度。以荧光强度为纵坐标，维生素 B_2 标准溶液的浓度 c 为横坐标，绘制标准曲线。

5. 样品的测定

准确移取 1.00mL 上清试液于 25mL 比色管中，用 1%HAc 溶液稀释至刻度，摇匀。其它步骤同上，测定荧光强度，由试液的荧光强度值在工作曲线上查出试液中的维生素 B_2 含量，平行测定三次。

【数据记录及处理】

设计实验数据表格并进行数据记录和处理。

1. 确定维生素 B_2 的最大激发波长。

2. 绘制标准曲线，计算维生素片中维生素 B_2 的含量。

【注意事项】

1. 测定顺序要从稀到浓，以减少测量误差。

2. 维生素片一定要磨细、磨匀，否则测量不准。

【思考题】

1. 简述荧光光谱法的基本原理，与吸收光谱法相比，荧光光谱法有哪些特点？

2. 维生素 B_2 在 pH 值 6～7 时荧光最强，本实验为什么选择在酸性条件下测定？

实验 33　奎宁分子荧光特性的研究

【实验目的】

1. 了解分子荧光产生的基本原理。

2. 考察溶液酸度和卤素离子对奎宁荧光强度的影响。

3. 进一步熟悉荧光分光光度计的操作。

【实验原理】

奎宁俗称金鸡纳霜，分子量为 324.417，分子式为 $C_{20}H_{24}N_2O_2$，是由茜草科植物金鸡纳树及其同属植物的树皮中提取的一种重要的抗疟药品。奎宁对恶性疟原虫有抑制其繁殖或将其杀灭的作用，是一种重要的抗疟药。奎宁还有抑制心肌收缩力及增加子宫节律性收缩的作用。

奎宁在稀硫酸溶液中是强的荧光物质，它有两个激发波长，分别为 250nm 和 350nm，荧光发射峰在 450nm。影响奎宁的荧光强度的外部因素有：温度、溶剂、溶液的酸度、猝灭剂和散射光等。荧光猝灭剂包括卤素离子，重金属离子，氧分子，含硝基、重氮、羰基和羧基的化合物等。本实验将考察溶液酸度和卤素原子对奎宁荧光强度的影响。

【仪器与试剂】

1. 仪器

荧光分光光度计；石英比色皿（1cm）；比色管（25mL）；吸量管（2mL、10mL）；容量瓶（1000mL）；分析天平（0.0001g）。

2. 试剂

奎宁标准溶液（10.00$\mu g \cdot mL^{-1}$）：准确称取 0.1207g 硫酸奎宁二水合物于 150mL 烧杯中，加入 50mL 1$mol \cdot L^{-1}$ H_2SO_4 溶解，转移至 1000mL 容量瓶中，用去离子水定容并摇匀，得到 100.00$\mu g \cdot mL^{-1}$ 奎宁标准贮备溶液。将此溶液稀释 10 倍，得到 10.00$\mu g \cdot mL^{-1}$ 奎宁标准溶液。

NaBr（0.05$mol \cdot L^{-1}$）；B-R 缓冲溶液（pH 为 2.0、3.0、4.0、5.0）；H_2SO_4（0.05$mol \cdot L^{-1}$）。

【实验步骤】

1. 绘制荧光发射光谱和荧光激发光谱

向 25mL 比色管中加入 3.00mL 10.00$\mu g \cdot mL^{-1}$ 奎宁标准溶液，用 0.05$mol \cdot L^{-1}$ H_2SO_4 溶液稀释至刻度，摇匀。将该溶液装入石英比色皿中，测定激发光谱和发射光谱。固定发射波长为 250nm，在 350～550nm 进行激发波长扫描，从谱图中找出最大激发波长 λ_{ex}；将最大激发波长 λ_{ex} 固定在 450nm，在 200～400nm 进行发射波长扫描，从谱图中找出最大发射波长 λ_{em}。

2. NaBr 猝灭剂对奎宁荧光强度的影响

取 6 只 25mL 比色管，向后 5 只 25mL 比色管中分别准确加入 2.00mL 10.00$\mu g \cdot mL^{-1}$ 奎宁标准溶液，向 6 只 25mL 比色管中分别加入 0.05$mol \cdot L^{-1}$ NaBr 溶液 0.00mL、0.50mL、1.00mL、2.00mL、4.00mL、8.00mL，用 0.05$mol \cdot L^{-1}$ H_2SO_4 溶液稀释至刻度，摇匀，在选定的激发和发射波长处测定溶液的荧光强度。

3. pH 对奎宁荧光强度的影响

向 6 只 25mL 比色管中分别加入 2.00mL 10.00$\mu g \cdot mL^{-1}$ 奎宁标准溶液，第一只比色管以去离子水定容至刻度，第二只比色管以 0.05$mol \cdot L^{-1}$ H_2SO_4 溶液稀释至刻度（pH 为 1.0），后四只比色管分别用 pH 值为 2.0、3.0、4.0、5.0 的缓冲溶液稀释至刻度，摇匀。绘制六个溶液的荧光激发光谱和发射光谱，在选定的激发和发射波长处测定溶液的荧光强度。

【数据记录及处理】

1. 不同用量 NaBr 溶液下的奎宁荧光强度。

NaBr/mL	0.00	0.50	1.00	2.00	4.00	8.00
荧光强度						

以 NaBr 溶液用量为横坐标，荧光强度为纵坐标绘制影响曲线图，考察不同 NaBr 用量对荧光强度的影响。

2. 不同 pH 下的奎宁荧光波长及强度。

pH	纯水溶液	1	2	3	4	5
激发波长						
发射波长						
荧光强度						

以 pH 为横坐标，荧光强度为纵坐标绘制影响曲线图，考察不同 pH 对荧光强度的影响。

【注意事项】

1. pH 不仅对奎宁荧光强度产生影响，而且还会影响其最大激发波长和最大发射波长，因此，在考察 pH 对奎宁荧光强度的影响时，必须绘制六个不同 pH 溶液荧光激发光谱和发射光谱。

2. 不同 pH B-R 缓冲溶液的配制：在 100mL 三酸混合液（磷酸、乙酸、硼酸，浓度均为 $0.04mol \cdot L^{-1}$）中，加入一定体积的 $0.2mol \cdot L^{-1}$ NaOH，即得相应 pH 值的缓冲溶液。

3. 奎宁标准溶液的配制必须在酸性溶液中进行。

【思考题】

1. 影响奎宁荧光强度的外部因素有哪些？

2. 如何绘制荧光激发光谱和发射光谱？

3. 能用 HCl 替代 H_2SO_4 控制溶液酸度吗？

4.3 红外光谱法

实验 34 红外光谱鉴定环己酮的结构（液膜法）

【实验目的】

1. 掌握红外光谱分析时液膜法样品制备技术。

2. 了解傅里叶红外光谱仪的基本原理。

3. 初步掌握红外定性分析方法。

【实验原理】

红外吸收光谱又称分子振动转动光谱，是有机化合物结构分析的重要工具之一。物质分子中的各种不同基团，在有选择地吸收不同频率的红外辐射后，发生振动能级之间的跃迁，形成各自独特的红外吸收光谱。据此可以对物质进行定性、定量分析。特别对化合物结构进行鉴定，使得红外光谱的应用更加广泛。

环己酮分子式 $C_6H_{10}O$，相对密度为 0.95，沸点为 155.6℃。它是重要化工原料，是制造尼龙、己内酰胺和己二酸的主要中间体，也是重要的工业溶剂，如用于油漆（特别是用于含有硝化纤维、氯乙烯聚合物及其共聚物或甲基丙烯酸酯聚合物等的油漆）。

用液膜法得到的红外光谱中显示：在 $2950cm^{-1}$ 和 $2890cm^{-1}$ 处是 C—H 伸缩振动峰；C═O 伸缩振动吸收在 $1700 \sim 1720cm^{-1}$ 区，有一较大吸收峰；C═O 伸缩振动频率随着环碳的减少而增加，带有 C═O 的六元环张力小，振动频率约为 $1715cm^{-1}$。酮的吸收频率低于醛，这是由于酮比醛多连接一个烷基，烷基为给电子基团，向 C═O 提供电子。

【仪器与试剂】

1. 仪器

傅里叶红外光谱仪；红外灯或红外干燥箱；鹿皮革；砂纸；脱脂棉。

2. 试剂

环己酮（光谱纯）；KBr 单晶片（2cm×3cm×0.8cm）。

【实验步骤】

1. KBr 单晶片预处理

用砂纸轻轻擦拭 KBr 单晶片，然后在鹿皮革上进行抛光，用脱脂棉擦拭干净后保存于红外干燥箱中备用。

2. 样品的制备

取两块已处理的 KBr 单晶片，中间放置带孔隔板，并向隔板方孔内滴加一滴环己酮，将两块已处理的 KBr 单晶片合在一起固定在支架上，此时液膜厚度为 0.001～0.05mm。

3. 将固定好的样品装入傅里叶红外光谱仪，设置样品测试的各项参数后进行测试，得到环己酮的红外谱图。

4. 对样品谱图进行简单的编辑和修饰，并标注出吸收峰值，保存试样的红外谱图。

5. 在傅里叶红外光谱仪自带的谱图库中进行检索，检索出相关度较大的已知物的标准谱图，对样品的谱图进行解读，参考标准谱图得出鉴定结果。

【数据记录及处理】

1. 指出环己酮红外谱图中的各官能团的特征吸收峰，并做标记。

2. 对环己酮的红外光谱图进行解析。

【注意事项】

1. 通过调整液膜厚度和环己酮浓度的方法调整谱线强度。

2. KBr 单晶片抛光时，要带上指套，不要用力，避免晶片破碎。

【思考题】

1. 在含氧的有机化合物中，如果在 $1900 \sim 1600cm^{-1}$ 区域有强吸收谱带出现，能否判断分子中有 C═O 存在？

2. 如何着手进行红外吸收光谱的定性分析？

3. 影响样品红外光谱图质量的因素是什么？

实验 35　苯甲酸的红外光谱测定

【实验目的】

1. 掌握红外光谱分析时固体样品的压片法制备技术。

2. 了解傅里叶红外光谱仪的工作原理、构造和使用方法。

3. 根据红外光谱图识别官能团，解析苯甲酸的红外光谱图。

【实验原理】

苯甲酸又称安息香酸，为无色、无味片状晶体，分子式为 C_6H_5COOH，熔点为 122.13℃，沸点为 249℃，相对密度为 1.2659。由于氢键的作用，苯甲酸通常以二分子缔合体的形式存在。只有在测定气态样品或非极性溶剂的稀溶液时，才能看到游离态苯甲酸的特征吸收。用固体压片法得到的红外光谱中显示的是苯甲酸二分子缔合体的特征，在 2400～3000cm^{-1} 处是 O—H 伸缩振动峰，为多重峰；由于受氢键和芳环共轭方面的影响，苯甲酸缔合体的 C═O 伸缩振动吸收移到 1700～1800cm^{-1} 区，而游离 C═O 伸缩振动吸收是在 1710～1730cm^{-1} 区，苯环上的 C═O 伸缩振动吸收出现在 1480～1500cm^{-1} 和 1590～1610cm^{-1} 区。因此，O—H 伸缩振动、苯环上的 C═O 伸缩振动这两个峰是鉴别有无芳环存在的标志之一，一般后者峰较弱，前者峰较强。

将固体样品与溴化钾混合研细，并压成透明片状，然后放到红外光谱仪上进行分析，这种方法就是压片法。压片法所用碱金属的卤化物应尽可能的纯净和干燥，试剂纯度一般应达到分析纯，可以用的卤化物有：氯化钠、氯化钾、溴化钾、碘化钾等。由于氯化钠的晶格能较大不易压成透明薄片，而碘化钾又不易精制，因此大多采用溴化钾或氯化钾做样品载体。

【仪器与试剂】

1. 仪器

傅里叶红外光谱仪；压片机；模具和干燥器；玛瑙研钵；红外灯或红外干燥箱。

2. 试剂

苯甲酸（光谱纯）；KBr（光谱纯）。

【实验步骤】

1. 将所有的模具擦拭干净，在红外灯下烘烤。

2. 在红外灯下的玛瑙研钵中加入 KBr 进行研磨，至少 10min。

3. 将 KBr 装入模具，在压片机下压片，压力上升至 35MPa 左右，稳定 5min。

4. 打开傅里叶红外光谱仪，将压好的薄片装机，设置背景的各项参数之后进行测试，得到背景的扫描谱图。

5. 取一定量的样品（样品：KBr＝100：1）放入玛瑙研钵中研细，按步骤 3 的方法得到试样的薄片。

6. 将样品的薄片固定好，装入红外光谱仪，设置样品测试的各项参数后进行测试，得到苯甲酸的红外谱图。

7. 删掉背景谱图，对样品谱图进行简单的编辑和修饰，并标注出吸收峰值，保存试样的红外谱图。

8. 在红外光谱仪自带的谱图库中进行检索，检索出相关度较大的已知物的标准谱图，对样品的谱图进行解读，参考标准谱图得出鉴定结果。

【数据记录及处理】

1. 指出苯甲酸红外谱图中的各官能团的特征吸收峰，并做出标记。

2. 对苯甲酸的红外光谱图进行解析。

【注意事项】

1. 样品必须预先纯化，以保证有足够的纯度。

2. 样品必须预先干燥除水，避免损坏仪器，同时避免水峰对样品谱图的干扰。

3. 样品的研磨要在红外灯下进行，防止样品吸水。

【思考题】

1. 化合物的红外光谱是怎样产生的？

2. 与经典色散型红外光谱仪相比，傅里叶变换红外光谱仪有何特点？

4.4 原子吸收光谱法

实验 36 原子吸收光谱分析中实验条件的选择

【实验目的】

1. 了解原子吸收光谱仪的结构及各组件的作用。

2. 初步掌握原子吸收光谱分析的基本操作技术。

3. 掌握原子吸收光谱分析中影响测量结果的因素及最佳条件的选择方法。

【实验原理】

在原子吸收光谱分析测定时，仪器工作条件不仅直接影响测定的灵敏度和精密度，而且影响干扰的消除，尤其是对谱线重叠干扰的消除。原子吸收光谱分析中的主要实验条件包括吸收线波长、灯电流、燃烧器高度、燃气和助燃气流量比、单色器的光谱通带、火焰类型和载气流速。

本实验通过原子吸收光谱法测定水溶液中铜来介绍最佳实验条件的选择，如灯电流、燃烧器高度、燃气和助燃气流量比、单色器的光谱通带。

1. 灯电流

空心阴极灯的工作电流直接影响光源发射的光强度。工作电流低时，所发射的谱线轮廓宽度小，且无自吸收，光强稳定，利于气态原子的吸收，但光强较弱，测量灵敏度偏低。工作电流过高，谱线轮廓变宽，工作曲线发生弯曲，分析结果误差较大，而且还会减少空心阴极灯的寿命。因此，必须选择适合的工作电流。

2. 燃烧器高度

燃烧器高度影响测定的灵敏度、稳定性和原子化器中产生干扰的程度。火焰中基态原子的浓度是不均匀的，因此，通过调节燃烧器的位置，选择合适的高度，使光源光束通过火焰中的基态原子浓度最大的区域。

3. 燃气和助燃气流量比

火焰的燃烧状态主要取决于燃气和助燃气的种类及其流量比。如果燃气和助燃气的种类相同，则流量比决定了火焰是属于富燃、贫燃还是化学计量性火焰状态，即决定了火焰的氧化还原性能，进而决定了火焰的温度。因此，直接影响试液的原子化效率。

通常固定助燃气流量，改变燃气流量，测定 Cu 的吸光度；也可以固定燃气流量，改变助燃气流量。通过观察火焰的颜色，也可确定火焰的性质。

4. 单色器的光谱通带

在原子吸收光谱仪中，单色器的光谱通带是指通过单色仪出射狭缝的光谱宽度，等于单色仪的倒线色散率与出射狭缝宽度的乘积。因此，对于一定的单色仪，出射狭缝宽度决定了它的光谱通带。在原子吸收光谱测量中，狭缝宽度直接影响分析的灵敏度、信噪比和校正曲线的线性。所以单色器的光谱通带是光谱分析中的一个重要参数。

过小的光谱通带会使光强度减弱，从而降低信噪比和测定的稳定性；狭缝较宽时，能增加进入检测器的光量，使检测系统不需要太高的增益而有效地提高信噪比。但狭缝宽度大时通带增大，这时如果在共振线附近有其它非吸收线的发射或背景发射，则由于这些辐射不被火焰中的气态原子吸收，使得吸收值相对减小，校正曲线向浓度轴弯曲，就会使灵敏度下降。所以，必须选择合适的狭缝宽度。对于一般元素，光谱通带常为 0.2～0.4nm，这时可将共振线和非共振线相互分开。对谱线复杂的元素，如 Fe、Co、Ni 等，就需要采用小于 0.2nm 的光谱通带。实际工作中，必须通过实验选择待测元素的最佳光谱通带。

【仪器与试剂】

1. 仪器

原子吸收分光光度计；铜空心阴极灯；比色管（25mL）；吸量管（5mL、10mL）；容量瓶（100mL）。

2. 试剂

$50\mu g \cdot mL^{-1}$铜标准溶液。

【实验步骤】

1. 仪器工作条件的设置

① 灯电流：5mA、7.5mA、10mA、13mA。

② 燃烧器高度：0.8cm、1.0cm、1.2cm、1.5cm。

③ 燃/助流量比：0.20/1.6、0.25/1.6、0.3/1.6。

④ 狭缝宽度：0.2nm、0.4nm、0.8nm、1.2nm。

⑤ 火焰：空气-乙炔火焰。

2. 系列标准溶液的配制

分别配制浓度为 $0\mu g \cdot mL^{-1}$、$0.250\mu g \cdot mL^{-1}$、$0.500\mu g \cdot mL^{-1}$、$0.750\mu g \cdot mL^{-1}$ 和 $1.000\mu g \cdot mL^{-1}$的铜标准溶液。

3. 初选工作条件

铜的吸收线波长为 324.7nm；灯电流为 7.5mA；燃烧器高度为 1.0cm；狭缝宽度为 0.4nm；燃/助流量比为 0.25/1.6；火焰为空气-乙炔火焰。

开启仪器，按上述条件参数设置调节。

4. 测量

在初选的工作条件下，按由 0 至 $1.000\mu g\cdot mL^{-1}$ 的顺序依次测量铜的标准系列，记录吸光度。按“1”中设置的灯电流大小，依次改变灯电流，在其它四种工作条件不变的情况下，再依次进行测量，记录吸光度。分别绘制不同灯电流时测得的吸光度工作曲线并选用线性好的，最大吸光度值所对应的灯电流为灯电流的最佳工作条件。燃烧器高度、燃/助流量比和狭缝宽度同上述办法选择最佳工作条件。

【数据记录及处理】

根据实验数据列出原子吸收光谱法测定铜的最佳实验条件。

灯电流：______；燃烧器高度：______；燃/助流量比：______；狭缝宽度：______。

【注意事项】

1. 仪器点火前必须进行燃气气路密闭性安全检查，可采用简易的肥皂水检漏法或检漏仪检漏。

2. 仪器使用完毕后，应先关闭乙炔钢瓶总开关，待火焰自动熄灭后再关闭空压机。

【思考题】

1. 在原子吸收光谱分析中，影响分析结果的因素有哪些？哪个因素影响最大？

2. 怎样选择最佳实验条件？

3. 在原子吸收光谱分析中，为什么使用空心阴极灯作为入射光源？

实验 37　原子吸收光谱法测定自来水中镁的含量

【实验目的】

1. 掌握原子吸收光谱法的基本原理。

2. 了解原子吸收分光光度计的主要结构，并学会其基本操作。

3. 学会如何选择最佳实验条件。

4. 了解以回收率来评价分析方案和测定结果的方法。

【实验原理】

溶液中的镁离子在火焰温度下变成镁原子蒸气，由光源空心阴极灯辐射出镁的锐线光源，在波长为 285.2nm 处的镁特征共振线被镁原子蒸气强烈吸收，其吸收的强度与镁原子蒸气浓度的关系符合朗伯-比尔（Lambert-Beer）定律，即：

$$A=\lg\frac{1}{T}=KNL$$

式中，A 为吸光度；T 为透光度；K 为吸光系数；N 为单位体积镁原子蒸气中吸收辐射共振的镁原子数；L 为镁原子蒸气的厚度。

当测定条件固定时 $A=Kc$，即镁原子蒸气厚度 L 与溶液中镁离子浓度 c 呈正比，利用 A 与 c 的关系，分别测出已知不同浓度的镁离子标准溶液的吸光度，绘制标准曲线，再测定试液的吸光度，从标准曲线可求出试液中镁的含量。

自来水中除镁离子外还含有其它阴离子和阳离子，这些离子对镁的测定可能产生干扰，使测得的结果不准确。如果加入锶离子作干扰抑制剂，可获得准确的结果。

【仪器与试剂】

1. 仪器

容量瓶（50mL、250mL、500mL）；量液管（1mL、5mL）；原子吸收分光光度计；镁空心阴极灯；乙炔供气设备；无油空气压缩机。

2. 试剂

镁标准贮备溶液（$1mg \cdot mL^{-1}$）：溶解 0.500g 纯金属镁于少量 1∶1HCl 中，待完全溶解后，将溶液转移至 500mL 容量瓶中，并用去离子水稀释至刻度，摇匀。

镁标准溶液（$10\mu g \cdot mL^{-1}$）：准确移取 2.50mL $1mg \cdot mL^{-1}$ 镁标准贮备液于 250mL 容量瓶中，以去离子水稀释至刻度，摇匀备用。

$SrCl_2$ 溶液（2%）：称取 2g $SrCl_2$ 溶于去离子水中，再用去离子水稀至 100mL。

自来水试样。

【实验步骤】

1. 实验条件选择

共振吸收波长为 2852Å；燃烧器高度为 2～4mm；灯电流为 4mA；乙炔流量为 $60L \cdot h^{-1}$；空气量为 $300L \cdot h^{-1}$；光谱通带为 0.2nm。

2. 干扰抑制剂锶溶液加入量的选择

准确移取自来水样 1.00mL 六份，分别加入到六个 50mL 容量瓶中，分别加入 2% $SrCl_2$ 溶液 0.00mL、0.50mL、1.00mL、2.00mL、3.00mL、4.00mL，全部用去离子水稀至刻度，摇匀。在实验条件下，每次用去离子水调吸光度为零，依次测定各试样的吸光度，由测得的最大吸光度选择出抑制干扰最佳的锶溶液的加入量。

3. 标准曲线的绘制

于五个 50mL 容量瓶中，分别加入 0.00mL、1.00mL、2.00mL、3.00mL、4.00mL $10\mu g \cdot mL^{-1}$ 的镁标准溶液，再分别加入最佳量的锶溶液，以去离子水稀至刻度，摇匀。再按实验条件，以试剂空白为参比，依次测定各溶液的吸光度，并以吸光度为纵坐标，以镁的含量为横坐标绘制标准曲线。

4. 自来水试样的测定

准确移取 5.00mL 自来水试样，于 50mL 容量瓶中，加入最佳量的锶溶液，以去离子水稀至刻度，摇匀。在实验条件下，用试剂空白为参比，测其吸光度，再由标准曲线查出自来水试样中镁的质量。

5. 回收率的测定

准确移取已测得镁量的自来水试样 5.00mL 于 50mL 容量瓶中，加入 1.00mL 镁标准溶液 $10\mu g \cdot mL^{-1}$，再加入最佳量锶溶液，以去离子水稀释至刻度，摇匀。以试剂空白为参比测其吸光度，并由标准曲线查出镁的含量并计算回收率。

【数据记录及处理】

设计实验数据表格并进行数据记录和处理，计算出自来水中镁的含量和回收率。

镁含量计算公式：$\rho=\dfrac{m}{V_{试样}}\times 10^3$，单位：$\mu g \cdot L^{-1}$

回收率计算公式：$\rho=\frac{m_{总}-m_{试样}}{m_{加入}}\times 100\%$

【注意事项】

1. 乙炔为易燃易爆气体，在使用时要格外小心，要远离明火。
2. 实验完成后一定关闭乙炔阀门。
3. 点火时，先开空气后开乙炔气；熄火时，先关乙炔气后关空气。

【思考题】

1. 原子吸收分光光度法与紫外-可见分光光度法有哪些相同的地方？哪些不同的地方？
2. 能否用钨灯或者氢灯来代替待测金属元素空心阴极灯？为什么？
3. 简述原子吸收光谱法的基本原理。
4. 通过本实验，你认为原子吸收光谱分析的优点是什么？
5. 本实验如何做到安全操作？

实验 38　电镀排放水中铜、铬、锌及镍的测定

【实验目的】

1. 掌握原子吸收光谱法的基本原理。
2. 掌握原子吸收光谱法的基本操作和定量分析方法。
3. 学习连续测定电镀排放水中铜、铬、锌及镍的方法。

【实验原理】

电镀过程中需要使用大量含铜、铬、锌、镍等重金属的化合物，产生的重金属污染物在自然环境中难以降解，可在环境中长期积累，甚至转化为毒性更大的化合物，通过食物链在生物和人体体内蓄积，严重危害到人体健康和生态安全。近年来，电镀工业所带来的重金属污染已成为重要的环境问题，为此，必须严格执行国家电镀排放水排放标准，并建立可靠的排放水检测方法。原子吸收光谱法是测定电镀排放水中铜、铬、锌、镍等重金属行之有效的检测方法。

不同的元素都有其一定波长的特征谱线，如铜为 324.8nm、铬为 357.9nm、锌为 213.9nm 及镍为 232.0nm，而每种元素的原子蒸气对辐射光源的特征谱线有强烈的吸收，吸收的程度与试液中待测元素的浓度成正比。

不同元素的空心阴极灯用作锐线光源时，能辐射出不同的特征谱线。因此用不同元素的空心阴极灯，可在同一试液中分别测定几种不同元素，彼此干扰较少。这体现了原子吸收光谱法的优越性。

在空气-乙炔火焰中，铬的共存元素干扰较大，铁、钴、镍、钒、铅、铝、镁等都会干扰铬的测定，因此，要在试液中加入氯化铵作为共存元素的抑制剂予以抑制。同时氯化铵还能作为助溶剂消除铬在火焰中形成的难熔高温氧化物。

【仪器与试剂】

1. 仪器

大量筒（100mL）；小量筒（10mL）；移液管（25mL）；托盘天平（0.1g）；分析天平

(0.0001g)；比色管（50mL）；容量瓶（50mL、100mL、1000mL）；吸量管（1mL、5mL）；烧杯（500mL）；原子吸收分光光度计；空心阴极灯（铜、铬、锌及镍的各 1 个）；无油空气压缩机；乙炔供气设备；硬质玻璃瓶（50mL）；玻璃漏斗（60mm）；快速定量滤纸。

2. 试剂

铜标准溶液（$1mg \cdot mL^{-1}$）：溶解 1.000g 纯金属铜于 15mL 硝酸（1∶1）中，转移至 1000mL 容量瓶中，用去离子水稀释至刻度，摇匀备用。

铬标准溶液（$1mg \cdot mL^{-1}$）：溶解重铬酸钾 2.828g 于 200mL 去离子水中，转移至 1000mL 容量瓶中，加 3mL 硝酸（1∶1），用去离子水稀释至刻度，摇匀备用。

锌标准溶液（$1mg \cdot mL^{-1}$）：溶解 1.000g 纯金属锌于 20mL 硝酸（1∶1）中，转移至 1000mL 容量瓶中，用去离子水稀释至刻度，摇匀备用。

镍标准溶液（$1mg \cdot mL^{-1}$）：溶解 4.953g $Ni(NO_3)_2 \cdot 6H_2O$ 于 200mL 去离子水中，转移至 1000mL 容量瓶中，加 3mL 硝酸（1∶1），用去离子水稀释至刻度，摇匀备用。

混合标准溶液：准确移取上述铜标准溶液 10.00mL、铬标准溶液 10.00mL、锌标准溶液 5.00mL、镍标准溶液 20.00mL 于 100mL 容量瓶中，用去离子水稀释至刻度，摇匀。此混合溶液 1mL 中含铜 100μg、铬 100μg、锌 50μg 及镍 200μg。

氯化铵（固体、AR）；HCl（1∶1，1∶10，1%）；HNO_3（1∶1）；HNO_3（1∶10）。

【实验步骤】

1. 仪器操作条件的选择

由于各种仪器型号不同，性能不同，操作条件不尽相同，需要通过操作条件的选择（参考自来水中镁的测定实验）找出最佳操作条件。下表推荐的仪器工作条件，仅供参考。

	铜	锌	铬	镍
波长/nm	324.8	213.9	232.0	357.9
灯电流/mA	3	4	6	6
光谱通带/nm	0.2	0.2	0.2	0.2
火焰	空气-乙炔	空气-乙炔	空气-乙炔	空气-乙炔
空气流量/($L \cdot min^{-1}$)	10.2	10.2	10.2	10.2
乙炔流量/($L \cdot min^{-1}$)	1.2	1.2	1.2	1.4

2. 标准曲线的绘制

准确移取混合标准溶液 0.00mL、1.00mL、2.00mL、3.00mL、4.00mL、5.00mL 于 6 个 50mL 容量瓶中，分别加入 1mL 1∶1 盐酸溶液，用去离子水稀释至刻度。按仪器操作条件，测定某一元素时应换用该种元素的空心阴极灯作光源。用 1% 盐酸溶液调节吸光度为零，测定各容量瓶溶液中铜、锌、镍的吸光度。记录每种金属浓度和相应的吸光度。

测定铬时，先取 6 只 50mL 干燥比色管（或烧杯），分别加入 0.2g 氯化铵，再分别加入 0.00mL、1.00mL、2.00mL、3.00mL、4.00mL、5.00mL 混合标准溶液，分别加入 1mL 1∶1 盐酸溶液，用去离子水稀释至刻度。待氯化铵溶解后，用 1% 盐酸溶液调节吸光度为零。依次测定每个溶液中铬的吸光度，记录其浓度和相应的吸光度。

用坐标纸或在电脑上将铜、锌、镍、铬的含量（单位：μg）与相对应的吸光度绘制出每种元素的标准曲线。

3. 电镀排放水中铜、铬、锌及镍的测定

(1) 取样

用硬质玻璃瓶或聚乙烯瓶取样。取样瓶先用1∶10硝酸浸泡一昼夜，再用去离子水洗净，取样时先用水样将瓶润洗2至3次。然后立即加入一定量的浓硝酸（按每升水样加入2mL计算加入量），使溶液的pH约为1。

(2) 试液的制备

取水样200mL于500mL烧杯中，加5mL盐酸（1∶1），加热将溶液浓缩至20mL左右，转入50mL容量瓶中，用去离子水稀释至刻度，摇匀，用作测试试液。如有浑浊，应用干的快速定量滤纸（滤纸事先用1∶10盐酸洗过，并用去离子水洗净、晾干）滤入干烧杯中备用。

(3) 测定

测定某一元素时应用该元素的空心阴极灯。

① 铬的测定　于干燥的50mL比色管中，加0.2g氯化铵，加上述制成的试液20mL，待其完全溶解后，按仪器操作条件，用1%盐酸调零，测定铬的吸光度。

② 铜、锌、镍的测定　使用（2）中制备的试液，按仪器操作条件，用1%盐酸调零，分别测定铜、锌、镍的吸光度。

由标准曲线查出每种元素的质量m。再根据水样体积V计算出每种元素在原水样中的浓度。

【数据记录及处理】

设计实验数据表格并进行数据记录和处理，绘制工作曲线，计算出铜、铬、锌及镍的准确浓度。

待测元素浓度的计算公式：$\rho=\frac{m}{V}$，单位为$\mu g \cdot L^{-1}$。

【注意事项】

1. 若水样中被测微量元素的浓度太低，则必须用萃取法才能加以测定。萃取时可用吡咯烷酮二硫代氨基甲酸铵作为萃取络合剂，用甲基异丁酮做萃取剂，在萃取液中进行测定。

2. 若水样中含有大量的有机物，则需先硝化除去大量有机物后才能进行测定。试液的制备方法如下：取200mL水样于500mL烧杯中，在电热板上蒸发至约10mL，冷却，加10mL浓硝酸及5mL浓高氯酸，于通风橱内硝化至冒浓白烟。若溶液仍不清澈，再加少量硝酸硝化，直至溶液清澈为止（注意：硝化过程要防止蒸干）。硝化完成后，冷却，加去离子水约20mL，转入50mL容量瓶中，用去离子水稀释至刻度，此溶液即可用作试液。

3. 实验时要打开通风设备，使金属蒸气及时排出室外。

【思考题】

1. 用原子吸收光谱法分析测定不同的元素时，对光源有什么要求？

2. 为什么要用混合标准溶液来绘制标准曲线？

3. 测定铬时，为什么要加入氯化铵？它的作用是什么？

4. 从这个实验了解到原子吸收光谱法的优点在哪里？如果用比色法来测定水样中这四种元素，它和本方法比较，有何优缺点？

实验39　原子吸收光谱法测定毛发中的锌

【实验目的】

1. 熟悉和掌握用原子吸收光谱进行定量分析的方法。

2. 学习和掌握样品的湿消化或干灰化技术。

3. 熟悉和掌握原子吸收分光光度计的使用方法。

【实验原理】

Zn广泛分布于有机体的所有组织中，是多种与生命活动密切相关的酶的重要成分。对于人和动物，缺Zn会阻碍蛋白质的氧化以及影响生长素的形成，表现的症状为食欲不振，生长受阻，严重时甚至会影响繁殖机能。正常人的毛发中Zn的含量为100～400mg·kg^{-1}。

当条件一定时，原子吸收光谱法的定量依据是：

$$A=Kc$$

人和动物的毛发，用湿消化法处理后，其溶液对213.9nm波长光（Zn元素的特征谱线）的吸光度与毛发中Zn的含量呈线性关系，故可直接用标准曲线法测定毛发中Zn的含量。

【仪器与试剂】

1. 仪器

原子吸收分光光度计；乙炔钢瓶；无油空气压缩机；小量筒（10mL）；烘箱；托盘天平（0.1g）；分析天平（0.0001g）；聚乙烯试剂瓶（500mL）；可调温电加热板；烧杯（250mL）；容量瓶（50mL、500mL）；锥形瓶（100mL）；吸量管（5mL）；曲颈小漏斗。

2. 试剂

Zn标准贮备溶液（1g·L^{-1}）：称取0.6250g ZnO，溶于约50mL水及5mL浓H_2SO_4中，转移至500mL容量瓶中，用去离子水稀释至刻度，摇匀，转入聚乙烯试剂瓶中贮存。

Zn标准溶液（10mg·L^{-1}）：准确移取5.00mL Zn标准贮备溶液于50mL容量瓶中，用去离子水定容，得浓度为100mg·L^{-1} Zn中间液。准确移取5.00mL Zn中间液于50mL容量瓶，用去离子水定容，得浓度为10mg·L^{-1} Zn标准溶液。上述这种方法叫“逐级稀释法”。

HNO_3-$HClO_4$混合溶液：HNO_3（相对密度$d=1.42$）、$HClO_4$（70%）以4∶1的比例混合。

洗发剂。

【实验步骤】

1. 样品的采集与处理

用不锈钢剪刀取1～2g发样，剪碎至1cm左右置于250mL烧杯中，用普通洗发剂浸泡2min，然后用自来水冲洗至无泡，这个过程一般须重复2～3次，以保证洗去头发样品上的污垢和油脂。最后，发样用去离子水冲洗三次，置烘箱中于90℃干燥至恒重。如果发样干净或对数据要求不高，则上述洗涤和恒重步骤可以省略。

准确称取 0.1000g 试样置于 100mL 锥形瓶中，加入 5mL 4∶1 HNO_3-$HClO_4$ 混合液，上加曲颈小漏斗，于可调温电加热板上加热消化，温度控制在 140～160℃，待约剩 0.5mL 清亮液体时，取下冷却，加 20mL 去离子水，将其定量转移至 50mL 容量瓶中，以去离子水定容，摇匀待测，与试样一起做试剂空白。

2. 标准系列溶液的配制

取 6 个 50mL 容量瓶，分别加入 0.00mL、1.00mL、2.00mL、3.00mL、4.00mL、5.00mL 10mg·L^{-1} Zn 标准溶液，以去离子水稀释至刻度，摇匀。

3. 标准溶液和试样溶液的测量

测量条件：波长 213.9 nm；灯电流 4mA；光谱通带 0.2 nm；空气流量 10.2 L·min^{-1}；乙炔流量 1.2 L·min^{-1}。

以试剂空白为参比测量标准系列溶液，以试样空白为参比测量未知试样的吸光度。

【数据记录及处理】

绘制标准曲线，求出毛发中 Zn 的含量。由正常人毛发中 Zn 含量范围，判断提供发样的人是否缺 Zn 或者是否生活在 Zn 污染地区中。

锌含量计算公式：$w=\dfrac{cV}{m_s}$，单位为 μg·g^{-1}。

【注意事项】

1. 高氯酸是强氧化剂，与有机物、还原剂、易燃物（如硫、磷等）接触或混合时有引起燃烧爆炸的危险。

2. 点火时，先开空气后开乙炔气；熄火时，先关乙炔气后关空气。

3. 实验时要打开通风设备，使金属蒸气及时排出室外。

【思考题】

1. 原子吸收光谱法中，吸光度与样品浓度之间呈什么关系？当浓度较高时，一般会出现什么情况？

2. 原子吸收分光光度计为什么使用空心阴极灯作为测定光源？为什么不使用钨丝灯为测定光源？

3. 原子吸收光谱法与紫外-可见分光光度法有哪些相同的和不同的地方？

实验 40 原子吸收光谱法测定茶水中的钙含量

【实验目的】

1. 掌握原子吸收光谱法的原理和分析方法。

2. 掌握用原子吸收光谱法进行某些元素测定的方法。

【实验原理】

茶叶有降压、提神、保健的功效与作用，与咖啡、可可并称为世界三大饮料。茶叶中除了含有儿茶素、胆甾烯酮、咖啡因、叶酸、泛酸等有机成分外，还含有丰富的钾、钙、镁、钴、铁、锰、铝、钠、锌、铜等无机矿物元素，茶汤中阳离子含量较多而阴离子较少，属于碱性食品。可帮助体液维持碱性，增进人体健康。

原子吸收光谱法的基本原理是从光源中辐射出的待测元素的特征光谱通过样品的原子蒸气时，被蒸气中的待测元素的基态原子所吸收，使通过的光谱强度减弱，根据光谱强度减弱的程度可以测定样品中待测元素的含量。在使用锐线光源且在气态原子密度较低的条件下，基态原子蒸气对其共振线的吸收符合朗伯-比尔定律。当试样原子化，火焰的绝对温度低于3000K时，可以认为原子蒸气中基态原子的数目实际上接近原子总数。在固定的实验条件下，原子总数与试样浓度 c 的比例是恒定的，即：

$$A = Kc$$

该式为原子吸收光谱法的定量分析基础。定量方法一般采用标准曲线法、标准加入法等。

【仪器与试剂】

1. 仪器

容量瓶（100mL、250mL）；移液管（5mL、10mL、25mL）；烧杯（25mL、50mL、100mL、500mL）；量筒（100mL）；原子吸收分光光度计（配有钙空心阴极灯、无油空气压缩机、乙炔钢瓶）；分析天平（0.0001g）；烘箱；干燥器。

2. 试剂

$La(NO_3)_3$ 溶液（5%）；HCl（$2mol \cdot L^{-1}$）；茶叶。

钙标准贮备溶液（$1mg \cdot mL^{-1}$）：将无水 $CaCO_3$ 在120℃烘箱中烘2h，取出，在干燥器中冷却后准确称取0.6243g，加去离子水20～30mL，滴加 $2mol \cdot L^{-1}$ HCl至 $CaCO_3$ 完全溶解，移入250mL容量瓶中，用去离子水稀释至刻度，摇匀。

钙标准溶液（$10\mu g \cdot mL^{-1}$）：准确移取10.00mL上述钙标准贮备溶液于100mL容量瓶中，用去离子水稀释至刻度，摇匀。再移取10.00mL该标准溶液于100mL容量瓶中，用去离子水稀释至刻度，摇匀。

【实验步骤】

1. 钙系列标准溶液的配制

分别移取 $10\mu g \cdot mL^{-1}$ 的钙标准溶液0.00mL、1.00mL、2.00mL、3.00mL、4.00mL、5.00mL、6.00mL，置于100mL容量瓶中，用去离子水稀释至刻度，摇匀。

2. 茶水试液的制备

准确称取茶叶2.000g，置于500mL烧杯中。用90mL沸腾去离子水冲泡5min，倒出上层清液，为第1次的茶水。再用90mL沸水冲泡5min，倒出上层清液，为第2次的茶水。如此进行，得到第3次和第4次茶水。将4次茶水分别转移至4个100mL容量瓶中，均冷却至室温，分别加入 $La(NO_3)_3$ 溶液5mL，用去离子水定容，摇匀备用。

3. 仪器工作条件的设定

各元素测定的最佳工作条件见下表。

元素	Mg	Ca	Mn	Zn	Fe	Pb	Cu
分析线/nm	285.2	422.7	279.5	213.9	248.3	283.3	324.8
灯电流/mA	2	3	2	3	4	2	4
负高压/V	250	400	400	350	300	350	350

（续表）

元素	Mg	Ca	Mn	Zn	Fe	Pb	Cu
燃烧器高度/mm	4	5	4	4	4	4	4
燃烧器位置/mm	−2	−2	−2	−2	−2	−2	−2
狭缝的宽度/nm	0.4	0.4	0.2	0.4	0.4	0.4	0.4
乙炔流量/$L \cdot min^{-1}$	1.5	2.1	1.5	1.5	1.5	1.2	1.2
空气流量/$L \cdot min^{-1}$	6	8	6	6	6	4	4

4. 钙系列标准溶液与茶水试液的测量

用原子吸收光谱法依次测定所配制的钙系列标准溶液，记录或存储相应的吸光度值，再测定茶水试液的钙吸光度，并记录或存储。

【数据记录及处理】

1. 以钙标准溶液的浓度为横坐标，吸光度为纵坐标，绘制钙的标准曲线。或由计算机软件直接绘制。

2. 根据所测得的茶水试液的吸光度，由钙的标准曲线查得茶水试液中钙的浓度，再根据茶叶称样量和茶水总体积计算茶叶中钙的含量。或由计算机自动计算出茶叶中钙的含量。

茶水中钙含量的计算公式：$w_{Ca}=\dfrac{c\times100\times10^{-6}}{m_s}\times100\%$

【注意事项】

1. 沏泡后的茶水必须冷却至室温后方可定容，为了节约时间可流水冷却。
2. 实验完成后一定要关闭乙炔总阀门。

【思考题】

1. 火焰原子吸收光谱法具有哪些特点？
2. 加入 $La(NO_3)_3$ 溶液的目的是什么？

实验 41 石墨炉原子吸收光谱法测定饮用水中的痕量镉

【实验目的】

1. 了解石墨炉原子化器的工作原理和使用方法。
2. 学习石墨炉升温过程中最佳灰化温度和最佳原子化温度的选择方法。

【实验原理】

火焰原子吸收光谱法在常规分析中应用广泛，但它雾化效率低。火焰气体的稀释使火焰中原子浓度降低，高速燃烧使基态原子在吸收区停留时间短，因此，灵敏度受到限制。

石墨炉原子吸收光谱法利用高温（3000℃）石墨管使试样完全蒸发，充分原子化，试样利用率几乎达 100%。自由原子在吸收区停留时间长，故灵敏度比火焰法高 100～1000 倍。试样用量仅 5～100μL，而且可以分析悬浮液和固体样品。它的缺点是干扰大，必须进行背景扣除，且操作比火焰法复杂。

试样溶液在石墨管内经过一定温度的干燥过程除去溶剂、灰化过程除去易蒸发的大部分基体后，在瞬间升高的原子化温度作用下，待测元素镉离子迅速蒸发、解离为镉的原子蒸气，气态的镉基态原子吸收来自镉空心阴极灯发出的228.8nm共振线，所产生的吸光度A在一定范围内与试样溶液中的镉离子浓度c成正比。利用A和c的线性关系，用已知浓度的镉离子标准溶液做工作曲线，测得试样溶液的吸光度后，从工作曲线上即可求得试样溶液中的镉离子浓度。

我国目前对饮用水中有害元素镉的限量标准为小于或等于5ng•mL^{-1}。采用石墨炉原子吸收光谱法可以方便地测出水中ng•mL^{-1}级的镉。

【仪器与试剂】

1. 仪器

石墨炉原子吸收分光光度计；镉空心阴极灯；高纯氩气钢瓶；微量注射器（20μL）；容量瓶（25mL、1000mL）；吸量管（1mL）；移液管（10mL）；分析天平（0.0001g）。

2. 试剂

镉标准贮备液（0.1mg•mL^{-1}）：准确称取0.1000g纯金属镉（99.9%）于100mL小烧杯中，加5mL硝酸溶液（1∶1）溶解，定量转移至1000mL容量瓶中，以去离子水定容，摇匀备用。

HNO_3（GR，1∶1，1∶99）；二次去离子水或重蒸水。

饮用水样品：取500mL饮用水，加入1∶1硝酸溶液10mL酸化后保存。

【实验步骤】

1. 系列标准溶液的配制

（1）0.1mg•mL^{-1}镉的贮备液用1∶99硝酸逐级稀释成50ng•mL^{-1}的镉标准溶液。

（2）在5个25mL容量瓶中分别加入50ng•mL^{-1}镉的标准溶液0.00mL、0.25mL、0.50mL、0.75mL、1.00mL，加入1∶1硝酸溶液0.5mL，用去离子水稀释至刻度，摇匀。

2. 仪器设置

按仪器操作方法启动仪器，并预热20min，开启冷却水和保护气体开关。

实验条件：波长为228.8nm；缝宽为0.5nm；灯电流为3mA；进行背景校正，进样量为20μL。石墨炉升温程序和氩气流量见下表。

	温度/℃	时间/s	氩气流量/L•min^{-1}	升温方式
1(干燥)	100	20	0.2	斜坡
2(干燥)	100	15	0.2	保持
3(灰化)	300	20	0.2	斜坡
4(灰化)	300	5	0.2	保持
5(原子化)	1500	3	0.0	快速
6(清洗)	2300	3	0.2	快速

3. 测量

（1）最佳灰化温度的选择

按实验表中的第1～2步和第5～6步设定干燥、原子化、清洗步骤所采用的温度、时间和氩气流量，改变第3～4步的灰化温度（如200℃、300℃、400℃、500℃、600℃），测定2.0ng•mL^{-1}的镉标准溶液的吸光度。以灰化温度为横坐标、吸光度值为纵坐标做灰化曲线。选择灰化曲线上吸光度值开始下降前的最高温度为灰化温度。

(2) 最佳原子化温度的选择

按实验表中的第1～2、第3～4和第6步设定干燥、灰化、清洗步骤所采用的温度、时间和氩气流量，改变第5步的原子化温度（如800℃、1000℃、1200℃、1500℃、1800℃、2200℃），测定2.0ng·mL^{-1}的镉标准溶液的吸光度。以原子化温度为横坐标、吸光度值为纵坐标做原子化曲线。选择原子化曲线上吸光度达到最大时的最低温度为原子化温度。

(3) 标准溶液和试剂空白

调好仪器的实验参数，自动升温空烧石墨管调零。然后从稀至浓逐个测量空白溶液和系列标准溶液，进样量为20μL，每个溶液测定3次，取平均值。

(4) 水样

在同样实验条件下，测量饮用水样品3次，取平均值。每次取样20μL。

【数据记录及处理】

绘制标准曲线、灰化曲线、原子化曲线，并计算饮用水中镉的含量。

镉含量计算公式：$\rho=\frac{m_{水样}}{20\times10^{-3}}$，单位为ng·mL^{-1}。

【注意事项】

1. 用移液器进样时，要快速一次性将移液器中的液体注入石墨管中，以免枪头有样品残留。

2. 待稳压电源灯亮后，再开主机开关。实验结束时，先关主机再关稳压电源。

3. 开机时，先开载气阀再开循环水，最后开石墨炉电源控制系统开关；关机时顺序刚好相反。

【思考题】

1. 在实验中通氩气的作用是什么？为什么要用氩气？

2. 石墨炉升温程序中各步骤的功能是什么？选择各步温度的原则是什么？如何选择最佳灰化温度和最佳原子化温度？

3. 进行痕量金属元素分析时要注意些什么？

实验 42 石墨炉原子吸收光谱法测定茶叶中镍的含量

【实验目的】

1. 学习石墨炉原子吸收光谱法的基本原理。

2. 掌握微波消解茶叶样品的方法。

3. 了解石墨炉原子化器的工作原理。

4. 掌握石墨炉原子吸收光谱法测定茶叶中镍含量的方法。

【实验原理】

镍是人体必需的微量元素，但摄入过多会对人体健康造成危害。茶叶在生长过程中易吸收土壤和灌溉水中的部分重金属，因此，研究茶叶中镍的测定方法对环境污染分析有益。国家标准规定，食品中镍含量测定方法主要为石墨炉原子吸收光谱法，采用石墨炉原子吸收光谱法测定镍，不仅灵敏度高，而且精密度和准确度也较好。

在食品样品的分析过程中，样品预处理的效果直接影响最终分析结果的准确度。常见的全消解预处理方法有湿法消化和干法灰化。传统的样品处理方法繁琐、费时、污染环境，并易引起被测元素的损失和污染。例如，湿法消化需要用到大量的酸碱试剂，而干法灰化可能存在较大的基体干扰。本实验采用微波消解处理茶叶样品，该方法试剂用量少、检出限低、样品消解完全、空白值低，且操作简便快捷。试样经微波消解处理后，导入原子吸收分光光度计石墨炉中，电热原子化后，吸收 232.0nm 共振线，其吸光度与镍浓度成正比，用标准曲线法进行定量分析。

【仪器与试剂】

1. 仪器

原子吸收分光光度计（配石墨炉原子化器，附镍空心阴极灯）；微波消解仪（附聚四氟乙烯消解罐、套筒）；玛瑙研钵；无油空气压缩机；石英坩埚或瓷坩埚；马弗炉；电子天平（0.0001g）；烧杯（100mL）；容量瓶（10mL、25mL、1000mL）；移液管（50mL）；吸量管（2mL、5mL、10mL）；尼龙筛；烘箱。

2. 试剂

HNO_3（GR）；H_2O_2（GR）；镍粉（光谱纯）；HNO_3（50%）；HNO_3（$0.5mol \cdot L^{-1}$）；市售茶叶。

镍标准贮备液（$1000mg \cdot L^{-1}$）：准确称取镍粉 1.0000g 于 100mL 烧杯中，加入 30mL 50%硝酸，加热溶解，并用去离子水定容于 1000mL 容量瓶中。

镍标准溶液（$200\mu g \cdot L^{-1}$）：将镍标准贮备液用 $0.5mol \cdot L^{-1}$ 硝酸溶液逐级稀释，得到浓度为 $200\mu g \cdot L^{-1}$ 的镍标准溶液。

实验用水为二次去离子水。

【实验步骤】

1. 试样消解

将茶叶样品经玛瑙研钵研磨后过 100 目尼龙筛，经烘箱 105℃干燥 4h 后放入干燥器中保存。准确称取 0.25～0.5g 茶叶样品于聚四氟乙烯消解罐中，加 50% HNO_3 4mL，再加 30% H_2O_2 4mL，盖好内塞，旋紧套筒，放入微波消解仪中消解 40min。冷却至室温后，取出聚四氟乙烯消解罐，将罐内的消解液定量转移至 25mL 容量瓶中，用去离子水多次冲洗聚四氟乙烯消解罐，并将洗液合并于容量瓶中，用去离子水稀释至刻度，摇匀待测。随同试样做试剂空白。

2. 标准曲线的制备

分别准确吸取 0.00mL、0.50mL、1.00mL、2.00mL、3.00mL、4.00mL 镍标准溶液（$200\mu g \cdot L^{-1}$）于 10mL 容量瓶中，用 $0.5mol \cdot L^{-1}$ HNO_3 稀释至刻度，摇匀。

将石墨炉原子吸收分光光度计工作条件调整到测定镍的最佳状态：波长 232nm，灯电流 4mA，狭缝宽度 0.5mm。升温程序：干燥 90℃、105℃、110℃三步，灰化温度 1100℃，原子化温度 2300℃，净化温度 2500℃。扣除背景方式：塞曼效应。进样体积：25.0μL。将标准溶液系列分别注入石墨炉进行测定。以标准溶液系列浓度为横坐标，对应的吸光度为纵坐标，绘制标准曲线。

3. 样品测定

在测定标准溶液系列相同的仪器条件下，测定消解后的试样吸光度。

【数据记录及处理】

设计实验数据表格并进行数据记录和处理，绘制标准曲线，计算茶叶试样中镍的含量。

镍含量计算公式：$x=\frac{(c-c_{空白})V}{m_s\times 1000}$，单位：$\mu g \cdot g^{-1}$。

【注意事项】

消解试剂的选择对试样预处理的结果影响很大，本实验首先应对不同消解体系的消解效果进行研究，然后选择消解效果最佳的消解试剂。

【思考题】

1. 简述石墨炉原子吸收光谱法灵敏度高的原因。

2. 石墨炉原子化过程中各步骤的主要目的是什么？

3. 在原子吸收分光光度计中，为什么单色器位于火焰之后，而紫外-可见分光光度计中单色器位于吸收池之前？

实验 43 石墨炉原子吸收光谱法测定酱油中铬的含量

【实验目的】

1. 学习石墨炉原子吸收光谱法测定铬的原理和方法。

2. 了解石墨炉原子化器的工作原理。

【实验原理】

人体内的铬是维持健康必需的微量金属元素。三价铬离子存在于血液中参与新陈代谢，而六价铬离子对人体有害，毒性较大，比如，可以引起黏膜充血和脑水肿等病症。工业生产过程中造成的环境污染和食品污染是人体摄入铬元素的主要原因，国家制定了相关的环境和食品中铬的限制标准，以控制人们对铬的摄取量，降低铬对人体健康的影响风险。

石墨炉原子吸收光谱法可以测定固体和液体样品中的微量金属元素，但实际样品的复杂性可能造成严重的干扰而影响分析结果的准确度。基体改进剂可以优化样品高温挥发过程，加速金属元素的释放，减少背景干扰，使测定过程简便快速、污染少。

本实验以硝酸镁为基体改进剂，以标准曲线法进行酱油中微量铬的定量分析，检出限达 $5\mu g \cdot kg^{-1}$。

【仪器与试剂】

1. 仪器

原子吸收分光光度计（配石墨炉原子化器，附铬空心阴极灯）；烧杯（100mL）；容量瓶（100mL）；吸量管（1mL、10mL）；分析天平（0.0001g）；托盘天平（0.1g）。

2. 试剂

HNO_3（GR）；HNO_3（0.5%）；$Mg(NO_3)_2$（AR）；$K_2Cr_2O_7$（GR）；市售酱油。

$Mg(NO_3)_2$ 基体改进剂（2%）：称取 2g $Mg(NO_3)_2$，加入 0.5mL HNO_3，用去离子水定容于 100mL 容量瓶中，摇匀。

铬标准贮备液（$1mg \cdot mL^{-1}$）：准确称取 0.2827g $K_2Cr_2O_7$（于 110℃烘干 2h）溶于 0.5%的 HNO_3 溶液中，并以 0.5% HNO_3 溶液定容于 100mL 容量瓶中，摇匀。

铬标准溶液（$1\mu g \cdot mL^{-1}$）：将铬标准贮备液用 0.5% HNO_3 溶液逐级稀释，得到浓度为 $1\mu g \cdot mL^{-1}$ 的铬标准溶液。

实验用水为二次去离子水。

【实验步骤】

1. 标准曲线的绘制

分别准确吸取 0.00mL、0.50mL、1.00mL、1.50mL、2.00mL、2.50mL 铬标准溶液于 100mL 容量瓶中，用 0.5% HNO_3 稀释至刻度，摇匀。

将石墨炉原子吸收光谱法工作条件调整到测定铬的最佳状态：波长 357.9nm；灯电流 8mA；光谱通带宽度 0.5nm；塞曼效应扣除背景。

升温程序：

干燥：95℃ 20s，升温速率 $10℃ \cdot min^{-1}$，保护气体氩气流速 $0.2L \cdot min^{-1}$。

干燥：120℃ 15s，升温速率 $25℃ \cdot min^{-1}$，保护气体氩气流速 $0.2L \cdot min^{-1}$。

灰化：500℃ 15s，升温速率 $50℃ \cdot min^{-1}$，保护气体氩气流速 $0.2L \cdot min^{-1}$。

灰化：1200℃ 15s，升温速率 $150℃ \cdot min^{-1}$，保护气体氩气流速 $0.2L \cdot min^{-1}$。

原子化：2500℃ 3s，升温速率 $0℃ \cdot min^{-1}$，保护气体氩气流速 $0.2L \cdot min^{-1}$。

净化：2700℃ 2s，升温速率 $0℃ \cdot min^{-1}$，保护气体氩气流速 $0.2L \cdot min^{-1}$。

将系列标准溶液分别注入石墨炉进行测定，进样体积为 $10.0\mu L$，$Mg(NO_3)_2$ 基体改进剂 $5.0\mu L$，测定吸光度。

2. 样品溶液的测定

样品溶液的配制：准确称取 1g 左右酱油样品，用 0.5% HNO_3 溶液定容于 100mL 容量瓶中，摇匀待测，同时做试剂空白。

在与测定标准溶液相同的仪器条件下，测定样品溶液的吸光度。

【数据记录及处理】

1. 以标准溶液浓度为横坐标，对应的吸光度为纵坐标绘制标准曲线，获得线性方程和相关系数。

2. 根据样品的吸光度和取样量计算酱油中铬的含量。

铬含量计算公式：$w=\dfrac{(c-c_{空白})V}{m_s \times 1000}$，单位：$\mu g \cdot g^{-1}$。

【注意事项】

1. 石墨炉原子吸收光谱法实验过程中的温度控制影响分析结果的重现性和准确度，所以需要严格控制温度程序。

2. 基体改进剂种类和用量影响准确度、线性范围和相关系数。

【思考题】

1. 简述石墨炉原子吸收光谱法和火焰原子吸收光谱法原理、仪器构成和应用的异同点。

2. 石墨炉原子吸收光谱法的实验过程中，通水和通氩气的作用分别是什么？

3. 描述基体改进剂的作用及石墨炉原子吸收光谱法使用基体改进剂的意义。

4.5 原子发射光谱法

实验 44 ICP-AES 法测定矿泉水中的微量元素钙、镁、锶、锌

【实验目的】

1. 熟悉 ICP 的构成、工作原理和实验参数的控制。

2. 学习原子吸收发射光谱法进行水样中金属元素分析的方法原理。

3. 掌握 ICP-AES 法的基本操作技术。

【实验原理】

不同地域的天然矿泉水的化学成分不同，但矿泉水均富含不同的无机矿物质，人们长期饮用天然矿泉水，对身体具有良好的保健作用。如钙、镁、锶和锌能有效促进骨骼和牙齿的生长发育，也能防治骨质疏松、调解中枢神经系统、帮助预防高血压和心脑血管疾病等。我国有关天然饮用矿泉水的质量标准中，对不同金属元素的含量范围有不同的说明。所以，矿泉水中无机矿物质含量的分析测定是其质量控制的重要步骤。

电感耦合等离子体原子发射光谱（ICP-AES）法是多种金属元素同时定性和定量分析的有效方法。通过混合标准溶液标准曲线的绘制，获得不同金属元素的线性方程，据此对水样中各种金属元素进行定性和定量检测。

【仪器与试剂】

1. 仪器

电感耦合等离子体发射光谱仪；烧杯（100mL）；容量瓶（100mL）；量筒（10mL）；移液管（10mL）；分析天平（0.0001g）。

2. 试剂

HNO_3（光谱纯）；HNO_3（$1mol \cdot L^{-1}$、$8mol \cdot L^{-1}$）。

钙标准贮备液（$0.1mg \cdot mL^{-1}$）：将 $CaCO_3$ 在 110℃左右烘干至恒重，准确称量 0.0250g 于 100mL 烧杯中，加入 3mL $1mol \cdot L^{-1}$ HNO_3 溶液，完全溶解后，定量转移至 100mL 容量瓶中，用去离子水稀释至刻度，摇匀。

镁标准贮备液（$0.1mg \cdot mL^{-1}$）：将 MgO 在 750℃进行灼烧至恒重，准确称量 0.0166g 于 100mL 烧杯中，加入 3mL $1mol \cdot L^{-1}$ HNO_3 溶液，完全溶解后，定量转移至 100mL 容量瓶中，用去离子水稀释至刻度，摇匀。

锶标准贮备液（$0.1mg \cdot mL^{-1}$）：将 $SrCl_2$ 在 800℃进行灼烧至恒重，准确称量 0.0181g 于 100mL 烧杯中，加入 0.2mL $1mol \cdot L^{-1}$ HNO_3 溶液。完全溶解后，定量转移至 100mL 容量瓶中，用去离子水稀释至刻度，摇匀。

锌标准贮备液（$0.1mg \cdot mL^{-1}$）：将 ZnO 在 900℃进行灼烧至恒重，准确称量 0.0125g 于 100mL 烧杯中，加入 2mL $8mol \cdot L^{-1}$ HNO_3 溶液。完全溶解后，定量转移至 100mL 容量瓶中，用去离子水稀释至刻度，摇匀。

【实验步骤】

1. 混合标准溶液的配制

分别取上述四种标准贮备液各 10.00mL 于 100mL 容量瓶中，加入 2mL $8mol \cdot L^{-1}$

HNO_3 溶液，用去离子水稀释至刻度，摇匀，得到含量均为 $10\mu g \cdot mL^{-1}$ 的钙、镁、锶和锌混合标准溶液。采用同样方法，用去离子水逐级稀释，分别得到 $1\mu g \cdot mL^{-1}$ 和 $0.1\mu g \cdot mL^{-1}$ 的混合标准溶液。

2. 样品溶液的配制

准确移取适量的矿泉水样品于 100mL 容量瓶中，加入 4mL HNO_3，用去离子水稀释至刻度，摇匀。

3. 测定

将 ICP 的射频功率、等离子气流量、辅助气流量、雾化气流量和溶液提升量分别调至 1150W、$15L \cdot min^{-1}$、$0.5L \cdot min^{-1}$、$0.8L \cdot min^{-1}$ 和 $1.85mL \cdot min^{-1}$，观察位置自动优化。然后将混合标准溶液和样品溶液分别导入电感耦合等离子体发射光谱仪中进行定性和定量分析。

4. 关机

实验结束后，按照仪器的操作步骤关闭原子发射光谱仪。

【数据记录及处理】

记录实验条件；记录定性分析结果；记录并计算定量分析结果。

依照下表记录混合标准溶液和样品溶液谱线的强度数据，拟合线性方程，根据该线性关系和样品的谱线强度，计算样品中 4 种金属元素含量（$\mu g \cdot mL^{-1}$）。

元素名称	分析线/nm	谱线强度					含量/$\mu g \cdot mL^{-1}$
		空白	标准溶液/$\mu g \cdot mL^{-1}$			试样溶液	
			0.100	1.00	10.00		
钙	315.887						
镁	285.213						
锶	460.700						
锌	231.857						

【注意事项】

1. 实验过程中涉及高压、高电流操作，请注意安全。

2. 注意关机的规范操作，实验结束后，要先用去离子水清洗进样系统，然后降低压力，熄火等离子体，最后关闭冷却气。

【思考题】

1. 原子发射光谱定性和定量分析的理论依据是什么？
2. 光源的基本构成是什么？并阐述各部件的作用。

实验 45 ICP-AES 法测定蜂蜜中的微量元素

【实验目的】

1. 熟悉 ICP 光谱分析基本原理。

2. 掌握用ICP-AES法进行多元素定量分析的方法。

3. 掌握ICP-AES法的基本操作技术。

【实验原理】

ICP-AES法是将试样在等离子体光源中激发，使待测元素发射出特征波长的辐射，经过分光，测量其强度进而进行定量分析的方法。

蜂蜜是一种天然食品，味道甜蜜，所含的单糖不需要经消化就可以被人体吸收，对妇幼和老人具有良好的保健作用，被称为“老人的牛奶”。蜂蜜的成分除了葡萄糖、果糖之外还含有各种维生素、氨基酸和微量元素。ICP-AES法是多种金属元素同时定性和定量分析的有效方法。本实验通过钙、钾、磷、锌混合标准溶液标准曲线的绘制，获得不同金属元素的线性方程，据此对蜂蜜中各种金属元素进行定性和定量分析。

【仪器与试剂】

1. 仪器

电感耦合等离子体发射光谱仪；微波消解器；容量瓶（100mL、25mL）；量筒（10mL）；移液管（10mL）；烧杯（100mL）；分析天平（0.0001g）。

2. 试剂

HNO_3（光谱纯）；H_2O_2（光谱纯）；HNO_3（5%、$1mol \cdot L^{-1}$）。

钙标准贮备液（$1mg \cdot mL^{-1}$）：将 $CaCO_3$ 在110℃左右烘干至恒重，准确称量0.2500g于100mL烧杯中，加入3mL $1mol \cdot L^{-1}$ HNO_3 溶液，完全溶解后，用去离子水定量转移至100mL容量瓶中，并稀释至刻度，摇匀。

钾标准贮备液（$1mg \cdot mL^{-1}$）：将KCl在500℃进行灼烧至恒重，准确称量0.1910g于100mL烧杯中，加入20mL去离子水溶解，定量转移至100mL容量瓶中，用去离子水稀释至刻度，摇匀。

磷标准贮备液（$1mg \cdot mL^{-1}$）：将 KH_2PO_4 在110℃进行烘干至恒重，准确称量0.4390g于100mL烧杯中，加入20mL去离子水，完全溶解后，定量转移至100mL容量瓶中，用去离子水稀释至刻度，摇匀。

锌标准贮备液（$1mg \cdot mL^{-1}$）：将ZnO在900℃进行灼烧至恒重，准确称量0.1250g于100mL烧杯中，加入5mL $1mol \cdot L^{-1}$ HNO_3 溶液，完全溶解后，定量转移至100mL容量瓶中，用去离子水稀释至刻度，摇匀。

【实验步骤】

1. 混合标准溶液的配制

分别取上述四种标准贮备液各5.00mL于100mL容量瓶中，加入5mL 5% HNO_3 溶液，用去离子水稀释至刻度，摇匀，得到含量均为 $50\mu g \cdot mL^{-1}$ 的钙、钾、磷和锌混合标准溶液。

再分别移取0.00mL、2.00mL、4.00mL、6.00mL、8.00mL、10.0mL上述混合标准溶液于6个100mL容量瓶中，加入5mL 5% HNO_3 溶液，用去离子水稀释至刻度，摇匀。

2. 样品溶液的配制

准确称取1.00g未结晶的蜂蜜样品置于微波消解罐内，依次加入3mL浓 HNO_3 和 H_2O_2，摇匀，放置过夜。将消解罐放入消解装置中120℃消化10min后取出，冷却至室温后，将溶液定量转移至25mL容量瓶中，以5% HNO_3 稀释至刻度，混匀。

随同试样做空白试验。

3. 测定

(1) 分析线选择

将电感耦合等离子体发射光谱仪调整到最佳测定参数：射频功率1150W；等离子气流量15L•min^{-1}；辅助气流量0.5L•min^{-1}；雾化气流量0.8L•min^{-1}；溶液提升量1.85mL•min^{-1}。用混合标准溶液在分析线波长处依次扫描，根据计算机显示的谱线和背景的轮廓和强度值选择分析线。分析线参考值分别为：钙315.9nm，钾766.4nm，磷213.6nm，锌231.8nm。

(2) 标准曲线绘制及样品测定

按给定的测定参数和最大测定波长，将混合标准溶液和样品溶液分别导入电感耦合等离子体发射光谱仪中进行定性和定量分析。

4. 关机

实验结束后，按照仪器的操作步骤关闭原子发射光谱仪。

【数据记录及处理】

记录实验条件；记录定性分析结果；记录并计算定量分析结果。

记录混合标准溶液和样品溶液谱线的强度数据，拟合线性方程，根据该线性关系和样品的谱线强度，计算样品中4种金属元素含量（μg•mL^{-1}）。

【注意事项】

1. 实验过程中涉及高压、高电流操作，请注意安全。

2. 注意关机的规范操作，实验结束后，要先用去离子水清洗进样系统，然后降低压力，熄火等离子体，最后关闭冷却气。

【思考题】

1. 微波消解样品应注意什么问题？
2. 在同时测定多个元素时，如何选择分析线？

第5章

色谱分析法

5.1 气相色谱法

实验46 醇系物的分离（归一化法）

【实验目的】

1. 了解补偿式双气路气相色谱仪的构造及应用特点。

2. 掌握程序升温气相色谱法的原理及基本操作。

【实验原理】

用气相色谱法分析样品时，各组分都有一个最佳柱温。对于沸程较宽、组分较多的复杂样品，柱温可选在各组分的平均沸点左右，显然这是一种折中的方法，其结果是：低沸点组分因柱温太高很快流出，色谱峰尖而拥挤，甚至重叠；而高沸点组分因柱温太低，滞流过长，色谱峰扩张严重，甚至在一次分析中不出峰。

程序升温气相色谱法（PTGC）是色谱柱按预定程序连续地或分阶段地进行升温的气相色谱法。采用程序升温技术，可使各组分在最佳柱温时流出色谱柱，以改善复杂样品的分离，缩短分析时间。另外，在程序升温操作中，随着柱温的升高，各组分加速运动，当柱温接近各组分的保留温度（在程序升温操作中，组分从进样到出现峰最大值时的柱温叫做该组分的保留温度，用 t_R 表示）时，各组分以大致相同的速度流出色谱柱，因此在PTGC中各组分的峰宽大致相同，称为等峰宽。

【仪器与试剂】

1. 仪器

带有程序升温的气相色谱仪；微量注射器（1μL）。

色谱柱：PEG 20M，101白色载体，80～100目，长2m、内径2mm的不锈钢柱2根。

2. 试剂

甲醇、乙醇、正丙醇、异丁醇、正丁醇、异戊醇、正己醇、环己醇、正辛醇均为色谱纯（或分析纯），按大致1∶1的体积比混合制成样品。

【实验步骤】

1. 操作条件

柱温：初始温度40℃，以7℃·min^{-1}的速率升温至160℃，保持1min，然后以15℃·min^{-1}

的速率升至260℃（终止温度），再保持1min。

气化室温度：190℃。

检测器温度：200℃。

进样量：0.5μL。

载气（高纯N_2）流速：35mL·min^{-1}。

氢气流速：40mL·min^{-1}。

空气流速：400mL·min^{-1}。

纸速：240mm·h^{-1}。

2. 测定

通载气、启动仪器、设定以上参数，在初始温度下，参考火焰离子化检测器的操作方法，点燃FID，调节气体流量。待基线走直后进样并启动升温程序，记录每一组分的保留温度。升温程序结束，待柱温降至初始温度方可进行下一轮操作。作为对照，在其它条件不变的情况下，恒定柱温175℃，得到醇系物在恒定柱温条件下的色谱图。

【数据记录及处理】

组分	甲醇	乙醇	正丙醇	异丁醇	正丁醇	异戊醇	正己醇	环己醇	正辛醇
沸点 t_b/℃									
保留温度 t_R/℃									

根据所记录的色谱图，测量各个组分的峰面积，利用公式计算各组分的含量。

组分含量计算公式：$w_i=\dfrac{A_if_i}{\sum(A_if_i)}\times100\%$

【注意事项】

1. 注意氢气、空气和氮气的比例，一般三者比例接近1∶10∶1。
2. 开机时，先通气，后通电；关机时，先断电，后关气。
3. 开机前必须检查气路的密闭性，然后再接通电源。

【思考题】

1. 与恒温色谱法相比，程序升温气相色谱法具有哪些优点？
2. 何谓保留温度？它在程序升温气相色谱法中有何意义？
3. 在程序升温气相色谱法中可采用峰高（h）定量，为什么？

实验47 乙酸乙酯中杂质乙醇的测定（内标法）

【实验目的】

1. 了解聚合物固定相的色谱特性。
2. 熟练掌握热导检测器的调试和使用方法。
3. 熟练掌握内标法定量分析方法。

【实验原理】

内标法是气相色谱常用的比较准确的定量方法之一。当待测样品中不是所有组分都能流出色谱柱，或检测器不能对样品中各组分都产生信号或组分沸程太宽、前后分离不完全，或只需测定样品中某几个组分时，可采用内标法。

采用内标法时要选一个适宜的内标物和分离条件，使内标物与其它组分完全分离。内标物的色谱峰与被测组分的色谱峰要靠近，加入内标物的量也要接近被测组分含量，每次进样量不必像外标法那样严格，但每次分析都要准确称取样品和内标物的质量，根据被测物和内标物的质量及其在色谱图上相应的峰面积比求出被测组分的含量。其表达式为：

$$w_i=\frac{m_i}{m}\times 100\%=\frac{m_s}{m}\cdot\frac{A_i f'_i}{A_s f'_s}\times 100\% \qquad (1)$$

式中，m_s、m 分别为内标物和样品的质量；A_i、A_s 为被测组分和内标物的峰面积；f'_i、f'_s 为被测组分和内标物的相对校正因子，一般常以内标物为基准（即 $f'_s=1$），用这种方法进行简化计算。

本实验测定乙酸乙酯中的乙醇含量，以丙酮作内标物，用称重法准确配制含内标物的混合样品，用热导池检测器测定乙酸乙酯中的乙醇及内标物丙酮色谱峰的面积，由于以丙酮作内标物，设丙酮的质量校正因子 $f_s=1$，根据被测组分的相对质量校正因子 f'_i 的表达式：

$$f'_i=\frac{f_i}{f_s}=\frac{m_i A_s}{m_s A_i} \qquad (2)$$

可求出各组分的相对质量校正因子，再根据（1）式即可求出乙酸乙酯中乙醇的质量分数。

【仪器与试剂】

1. 仪器

气相色谱仪；注射器（10μL）；容量瓶（10mL）；移液管（1mL）。

2. 试剂

乙酸乙酯（AR）；丙酮（AR）；乙醇（AR）。

【实验步骤】

1. 色谱条件

色谱柱：Φ4mm×2m。

固定相：GDX-402，60～80 目。

温度：T_c=160℃，T_i=200℃，T_D=180℃。

桥流：200mA。

载气：H_2，50mL·min^{-1}。

2. 测试

按色谱条件调节好色谱仪，基线平稳即可进样。

（1）定性分析

进样 1～2μL，记录色谱图，测定各组分的保留值。以纯乙醇、乙酸乙酯为标样，用保留值定性。

（2）定量分析

① 以丙酮为测定乙醇的内标物，丙酮进样量以使其峰高与样品中的乙醇峰近似为宜。

② 配制丙酮-乙酸乙酯样品标准溶液。准确量取适量的丙酮于 10mL 容量瓶中，用乙酸乙酯样品定容，摇匀。

③ 根据乙醇的具体含量，用 10μL 注射器注射丙酮-乙酸乙酯标准液若干微升，记录色谱图，测量丙酮与乙醇的峰面积或峰高。

【数据记录及处理】

根据所记录的色谱图，测量丙酮与乙醇的峰面积或峰高，利用公式计算乙醇的含量。

相对质量校正因子计算公式：$f_i'=\dfrac{m_iA_s}{m_sA_i}$

乙醇含量计算公式：$\rho_i=\dfrac{m_s}{V}\cdot\dfrac{A_if_i'}{A_sf_s'}$，单位为 $g\cdot L^{-1}$。

【注意事项】

1. 使用微量注射器进样时，应垂直进样口平稳刺入，迅速推进试液，快速拔出针头。

2. 定量分析时，内标物浓度应尽可能与待测物浓度接近，以减少测定误差，因此要先做预实验来确定。

【思考题】

1. 什么是内标法？有何优点？试与归一化法比较。

2. 保留值在色谱分析中有什么意义？

3. 气相色谱定量分析法有哪几种？如何选用？

实验 48 气相色谱法测定白酒中乙酸乙酯的含量

【实验目的】

1. 掌握气相色谱法测定白酒中乙酸乙酯含量的方法。

2. 掌握气相色谱仪的结构及使用方法。

【实验原理】

中国白酒历史悠久，它与威士忌、伏特加、白兰地、朗姆酒、金酒并称为世界六大蒸馏酒。白酒的香味成分有醇类、酯类、酸类、醛酮类化合物、缩醛类、芳香族化合物、含氮化合物和呋喃化合物等，酯类是具有芳香气味的化合物，在各种香型白酒中起着重要的作用，是形成酒体香气浓郁的主要因素，乙酸乙酯、己酸乙酯等均为白酒的重要香味成分。

目前，白酒中乙酸乙酯含量的测定最有效的分析方法是气相色谱法，其分析原理是试样被气化后，随同载气进入色谱柱，利用被测定的各组分在气液两相中具有不同的分配系数，在柱内形成迁移速度的差异而得到分离。分离后的组分先后流出色谱柱，进入氢火焰离子化检测器，根据色谱图上各组分峰的保留值与标样对照进行定性，利用峰面积（或峰高）以内标法进行定量。

【仪器与试剂】

1. 仪器

气相色谱仪（配有氢火焰离子化检测器）；色谱柱（SE-54，50m × 0.32mm × 0.25mm）；注射器（10μL）；容量瓶（50mL）；移液管（1mL、10mL）。

2. 试剂

乙醇（色谱纯），配成60%乙醇水溶液。

乙酸乙酯（色谱纯）作标样用，2%溶液（用60%乙醇水溶液配制）。

乙酸正丁酯（色谱纯）作内标用，2%溶液（用60%乙醇水溶液配制）。

酒样。

【实验步骤】

1. 色谱条件的确定

检测器温度为260℃；进样口温度为240℃；柱温程序：60℃保持1min，以3℃·min^{-1}的速率升到90℃，然后以40℃·min^{-1}升到220℃。

2. 校正因子 f 值的测定

吸取2%乙酸乙酯标准溶液1.00mL，移入50mL容量瓶中，然后加入2%乙酸正丁酯内标液1.00mL，用60%乙醇溶液稀释至刻度。上述溶液中乙酸乙酯及内标物的浓度均为0.04%（体积分数）。待色谱仪基线稳定后，用微量注射器进样，进样量随仪器的灵敏度而定。记录乙酸乙酯峰的保留时间及其面积，用其峰面积与内标峰面积之比，计算出乙酸乙酯的相对校正因子 f' 值。

3. 样品的测定

移取10.00mL白酒试样于50mL容量瓶中，加入2%内标液0.20mL，混匀后，在与 f 值测定相同的条件下进样，根据保留时间测定乙酸乙酯峰的位置，并测定乙酸乙酯与内标峰面积（或峰高），求出峰面积（或峰高）之比，计算出酒样中乙酸乙酯的含量。

【数据记录及处理】

根据所记录的色谱图，测量乙酸乙酯与乙酸正丁酯的峰面积或峰高，利用公式计算乙酸乙酯的相对校正因子 f' 值和乙酸乙酯的含量。

酒样中乙酸乙酯相对校正因子计算公式：$f_i'=\dfrac{m_iA_s}{m_sA_i}$。

酒样中乙酸乙酯含量计算公式：$\rho_i=\dfrac{m_s}{V}\cdot\dfrac{A_if_i'}{A_sf_s'}$，单位为 g·L^{-1}

【注意事项】

1. 使用微量注射器进样时，应垂直进样口平稳刺入，迅速推进试液，快速拔出针头。

2. 定量分析时，内标物浓度应尽可能与待测物浓度接近，以减少测定误差，因此要先做预实验来确定。

【思考题】

1. 分离度（R）有何意义？

2. 气相色谱分析中，在什么情况下需要采用程序升温进行分析？

5.2 高效液相色谱法

实验49 高效液相色谱柱性能的评价

【实验目的】

1. 了解高效液相色谱仪的基本结构和工作原理。

2. 初步掌握高效液相色谱仪的基本操作。

3. 学习高效液相色谱柱效能的测定方法。

【实验原理】

高效液相色谱法（HPLC）比较适用于复杂样品多组分的定性和定量分析，该方法具有分离效率高、应用范围广、灵敏度高、选择性好等特点。柱效是色谱柱分离能力的量度，主要由操作参数和动力学因素决定，一般可通过测定色谱柱的定性和定量重现性、理论塔板数、分离度等加以评价。柱效越高，分离效果越好。

在色谱柱效能测试中，色谱柱理论塔板数是最主要的指标，理论塔板数越大，柱效越高。同一色谱柱，不同测试物质，得到的理论塔板数也不同。反相色谱柱的理论塔板数一般在 $3\times10^4\sim4\times10^4\ m^{-1}$，正相色谱柱的理论塔板数一般在 $4\times10^4\sim5\times10^4\ m^{-1}$。

在色谱柱效能测试中，分离度 R 是另一个重要的指标，当 $R>1.5$ 时，相邻两组分才能完全分离。

【仪器与试剂】

1. 仪器

高效液相色谱仪；C_{18} 烷基键合相色谱柱；平头微量注射器；超声波清洗器；流动相过滤器；无油真空泵。

2. 试剂

甲苯（AR）；萘（AR）；联苯（AR）；菲（AR）；正己烷（AR）；甲醇。

实验用水为二次去离子水。

【实验步骤】

1. 流动相的预处理

配制甲醇∶水为 85∶15 的流动相，用 0.45μm 有机滤膜过滤后，装入流动相贮存器内，用超声波清洗器脱气 10～20min。

2. 标准溶液的配制

(1) 标准贮备液：配制含苯、奈、联苯、菲各 $1000\mu g\cdot mL^{-1}$ 的正己烷溶液，混匀备用。

(2) 标准使用液：用上述贮备液配制含苯、奈、联苯、菲各 $10\mu g\cdot mL^{-1}$ 的正己烷溶液，混匀备用。

3. 色谱柱的安装和流动相的更换

将 C_{18} 色谱柱安装在色谱仪上，将流动相更换成甲醇∶水（85∶15）溶液。

4. 高效液相色谱仪的开机

按仪器操作说明书规定的顺序依次打开仪器各单元，并将仪器调试到正常工作状态，流动相流速设置为 $1.0mL\cdot min^{-1}$，柱温设为 30℃。检测器波长设为 254nm，打开工作站电源并启动系统软件。打开输液泵旁开路开关，排除流路中的气泡，启动输液泵。

5. 标样分析

(1) 待基线稳定后，用平头微量注射器进样，将进样阀柄置于“Load”的位置并注入样品，在泵、检测器、接口、工作站均正常的状态下，将进样阀柄转至“Inject”位置，仪器开始采样。

(2) 从计算机的显示屏上即可看到样品的流出过程和分离状况。待所有的色谱峰流出完毕后，停止分析，记录好样品对应的文件名（出峰顺序为苯、萘、联苯、菲）。

（3）重复进样2到3次。

（4）从工作站中调出原始谱图，对谱图进行优化处理后，打印出色谱图和分析结果。

6. 结束工作

（1）关机

所有样品分析完毕后，让流动相继续流动10～20min，以免色谱柱上残留样品中强吸附性杂质。

（2）关闭色谱数据工作站。

（3）关闭接口、检测器电源。

（4）根据色谱柱说明书上的指导清洗色谱柱，从泵和系统中除去有害的流动相。

注意：溶剂在环境中暴露24h以上时，必须在使用前再过滤或弃用以免污染泵。

（5）关泵。

【数据记录及处理】

记录实验条件：色谱柱类型、流动相及配比、检测波长、进样量。

测量各色谱图中苯、萘、联苯、菲的保留时间 t_R 及对应色谱峰的半峰宽 $W_{1/2}$ 或峰宽 W_b，计算各对应峰的理论塔板数 n 和分离度 R。

色谱柱理论塔板数的计算公式为：$n=5.54\left(\frac{t_R}{W_{1/2}}\right)^2=16\left(\frac{t_R}{W_b}\right)^2$

分离度 R 的计算公式为：$R=\frac{2(t_{R(2)}-t_{R(1)})}{W_{b(2)}+W_{b(1)}}$

【注意事项】

1. 各实验室的仪器设备不可能完全一样，操作时一定要参照仪器的操作规程。

2. 用平头微量注射器吸液时，防止气泡吸入的方法是将擦干净并用样品清洗过的注射器插入样品液面以下，反复提拉数次，驱除气泡，然后缓慢提升针芯至刻度。

3. 色谱柱的个体差异很大，即使是同一厂家的同种型号的色谱柱性能也会有所差异，因此，具体的色谱条件及评价样品应根据所用色谱柱的出厂说明书做适当的调整。

【思考题】

1. 理论塔板数 n 和分离度 R 各有什么含义？有什么不同？
2. 如何对色谱柱进行安装和保护？
3. 紫外吸收检测器是否适用于检测所有的有机化合物，为什么？
4. 若实验中的色谱峰无法完全分离，应如何改善实验条件？

实验50 高效液相色谱法测定可乐中的咖啡因（外标法）

【实验目的】

1. 学习高效液相色谱分析方法建立的一般过程。
2. 掌握标准曲线定量的方法。
3. 掌握高效液相色谱法分离的基本原理。

4. 了解高效液相色谱仪的基本结构及使用方法。

【实验原理】

咖啡因又名咖啡碱，属甲基黄嘌呤化合物，化学名称为1,3,7-三甲基黄嘌呤，具有提神醒脑等刺激中枢神经作用，但易上瘾。为此，各国制定了咖啡因在饮料中的食品卫生标准。美国、加拿大、阿根廷、日本和菲律宾规定饮料中咖啡因含量不得超过$200mg \cdot L^{-1}$。我国仅允许咖啡因加入到可乐型饮料中，且其含量不得超过$150mg \cdot L^{-1}$。为了加强食品卫生监督管理，建立咖啡因的标准测定方法十分必要。

咖啡因的甲醇溶液在波长286nm下有最大吸收，其吸收值的大小与咖啡因浓度成正比，从而可进行定量分析。使用高效液相色谱法分析可乐中咖啡因的含量，其方法简单、快速、准确。最低检出浓度：可乐型饮料为$0.72mg \cdot L^{-1}$；茶叶、咖啡及其制品为$180\mu g \cdot g^{-1}$。

定量方法有归一化法、内标法和外标法（标准曲线法）等。本次实验采用外标法。外标法是配制已知浓度待测组分的标准溶液；测量各组分的峰高或峰面积，用峰高或峰面积对浓度作标准曲线。将待测组分置于与标准物完全相同的分析条件下操作，将得到的峰面积或峰高用插入法与标准曲线作对照，就可得到组分的浓度。

【仪器与试剂】

1. 仪器

高效液相色谱仪；紫外吸收检测器；色谱柱（C18，5μm，4.6mm×150mm）；数据处理器（N2000色谱工作站）；高压六通进样阀；微量进样器（100μL）；超声波清洗器及溶剂过滤系统。

2. 试剂

甲醇（AR）；乙腈（AR）；超纯水；咖啡因标准品；可乐样品。

【实验步骤】

1. 样品的处理

取可乐样品适量用超声波清洗器于40℃下超声5min。取脱气试样10.00mL通过混纤微孔滤膜过滤；弃去最初的5mL，保留后5mL备用。

2. 色谱条件

流动相：甲醇：乙腈：水＝57：29：14（每升流动相中加入$0.8mol \cdot L^{-1}$乙酸溶液50mL）。

流动相流速：$1.5mL \cdot min^{-1}$。

检测波长：286nm。

进样量：20μL。

3. 标准曲线的绘制

用甲醇配制成咖啡因浓度分别为$0.00\mu g \cdot mL^{-1}$、$20.00\mu g \cdot mL^{-1}$、$50.00\mu g \cdot mL^{-1}$、$100.00\mu g \cdot mL^{-1}$、$150.00\mu g \cdot mL^{-1}$的系列标准溶液，然后分别进样20μL，于波长286nm处测量峰面积，作峰面积与咖啡因浓度的标准曲线。

4. 样品测定

从试样中吸取可乐饮料20μL进样，于波长286nm处测其峰面积，同时作试剂空白扫描。

【数据记录及处理】

1. 作峰面积与咖啡因浓度的标准曲线。

2. 用色谱工作站得到的色谱峰峰面积计算出标准曲线的回归方程和线性相关系数。

3. 计算样品浓度。

4. 根据标准曲线得出样品的峰面积相当于咖啡因的浓度（$\mu g \cdot mL^{-1}$）。

【注意事项】

1. 高效液相色谱系统属贵重仪器，操作要小心，遇到不明确的操作要及时提问。

2. 要注意观察泵的压力值，如有异常，要及时停泵。

3. 注射样品至进样阀时，要将注射器推到阀的根部。

【思考题】

1. 高效液相色谱法和气相色谱法相比有哪些优缺点？

2. 流动相使用前为什么要进行脱气处理？

3. 什么叫正、反相色谱柱？

4. 高效液相色谱法中的梯度淋洗和气相色谱法中的程序升温是一回事吗？为什么？

实验 51 高效液相色谱法测定饮用水源地水中吡啶的含量

【实验目的】

1. 了解高效液相色谱在吡啶分析中的应用。

2. 学习液相色谱仪的基本规范操作。

【实验原理】

吡啶（C_5H_5N）是一种含氮杂环化合物，是重要的化工原料，可用作生产农药。它还是一种优良的溶剂，在纺织、制革、染整等行业均有广泛的应用。吡啶易溶于水，为有毒化学品，长期摄入易出现头晕、头痛、失眠、步态不稳等病症，并可导致肝肾损害。我国地表水环境质量标准中把吡啶纳入饮用水源地特定的监测项目，标准限值为 $0.2mg \cdot L^{-1}$。

高效液相色谱法适用于复杂实际样品的多组分定性和定量分析，本实验以 C_{18} 材料为固定相，30%甲醇和 70%水为流动相，采用外标法对饮用水源地水中吡啶进行定量分析，方法快速准确、灵敏度高、选择性好。

【仪器与试剂】

1. 仪器

高效液相色谱仪；色谱工作站；微量进样器（$10\mu L$、$100\mu L$、1mL）；有机滤膜（$0.45\mu m$）；色谱柱（C18）。

2. 试剂

吡啶贮备溶液（$1000mg \cdot L^{-1}$）；甲醇（色谱纯）；水样。

吡啶贮备溶液（$10mg \cdot mL^{-1}$）：用微量液体注射器吸取 $100\mu L$ 吡啶贮备液（$1000mg \cdot L^{-1}$）注入装有少量二次去离子水的 10mL 容量瓶中，加水至刻度，混匀。

实验用水为二次去离子水。

【实验步骤】

1. 色谱条件

炉温：35℃。

流动相：30%甲醇，70%水（流动相需用0.45μm有机滤膜过滤）。

检测器波长：254nm。

流速：1.0mL·min^{-1}。

2. 标准曲线的绘制

用微量注射器分别取一定量标准贮备液（10mg·mL^{-1}），用二次去离子水稀释，配制系列标准溶液，浓度分别为0mg·L^{-1}、0.01mg·L^{-1}、0.02mg·L^{-1}、0.05mg·L^{-1}、0.1mg·L^{-1}、0.5mg·L^{-1}、2mg·L^{-1}。取20μL标准溶液注入液相色谱仪分析。

3. 样品测定

水样在进样分析前用0.45μm滤膜过滤，放入样品瓶中通过自动进样器取样分析，进样量20μL。

【数据记录及处理】

根据测量数据绘制标准曲线，确定线性范围，根据标准曲线计算水样中吡啶的含量。

【注意事项】

1. 色谱流动相要脱气和过膜，进样前的样品也要过膜，避免颗粒进入HPLC系统。
2. 待基线平稳后方可进样。
3. 实验结束后必须冲洗柱子。

【思考题】

1. 高效液相色谱的定量分析方法有哪些？
2. 在高效液相色谱分析前，应对进样溶液做哪些预处理？

5.3 毛细管电泳法

实验52 高效毛细管电泳法测定氧氟沙星滴眼液中氧氟沙星的含量

【实验目的】

1. 了解高效毛细管电泳仪的性能、结构及使用方法。
2. 掌握高效毛细管电泳法定量分析的基本原理和实验技术。

【实验原理】

高效毛细管电泳（HPCE），是一类以毛细管为分离通道、以高压直流电场为驱动力的新型分离技术。带电粒子在电场中发生定向移动，根据粒子所带电荷数、形状、解离度等不同所产生的差速迁移而分离。在毛细管中，由于电渗流的存在，所有溶质都随电渗流一起向负极迁移。中性粒子随电渗流一起流出毛细管，可以实现正负离子（或粒子）的同时分离。

组分的检出顺序为：

阳离子(粒子)＞中性粒子＞负离子(粒子)

氧氟沙星滴眼液由氧氟沙星主成分和辅料组成。在毛细管电泳中，氧氟沙星与辅料分离良好，氧氟沙星在 293nm 处有紫外吸收，可采用高效毛细管电泳紫外法检测，以外标法测定氧氟沙星含量。

【仪器与试剂】

1. 仪器

高效毛细管电泳仪（配有 HV-30I 高压电源，UV-K-2501 型紫外检测器）；熔融石英毛细管（50cm×50μm）；pHS-25 型酸度计；电子天平（0.0001g）；容量瓶（50mL）；吸量管（2mL）。

2. 试剂

氧氟沙星对照品（中国药品生物制品检定所）；氧氟沙星滴眼液（规格：5mL，约含待测物 15mg）；Na_2HPO_4（AR）；NaH_2PO_4（AR）；H_3PO_4（AR）；NaOH（0.1mol·L^{-1}）。

实验用水为二次去离子水。

【实验步骤】

1. 电泳条件

熔融毛细管（有效长度 42cm，内径 50μm）；分离电压为 25kV；检测波长为 293nm；背景电解质为 80mmol·L^{-1}磷酸盐缓冲液（Na_2HPO_4 和 NaH_2PO_4 等体积混合，用 H_3PO_4 调 pH 至 6.0），用 0.45μm 微孔滤膜过滤。

使用前毛细管柱依次用 0.1mol·L^{-1} NaOH 冲洗 2min，二次去离子水冲洗 2min，缓冲液冲洗 2min 后进样；两次进样间用缓冲液冲洗 2min。采用虹吸进样，进样高度差为 10cm，进样时间为 10s。

2. 溶液制备

待测试液的制备：准确移取氧氟沙星滴眼液 2.00mL（相当于氧氟沙星约 6mg），置于 50mL 容量瓶中，用二次去离子水稀释至刻度，摇匀。用 0.45μm 微孔滤膜过滤，取续滤液作为待测溶液。

对照品溶液的制备：准确称取氧氟沙星对照品 6mg，置于 50mL 容量瓶中，用二次去离子水稀释至刻度，摇匀。用 0.45μm 微孔滤膜过滤，取续滤液作为对照品溶液。

3. 实验方法

按照《中华人民共和国药典》（2015 年版三部）方法，调试好高效毛细管电泳仪，设置电压为 25kV，检测波长为 293nm，柱温为 25℃，待基线平稳后进样。

4. 样品测定

按实验步骤 1 中的“电泳条件”进样，记录色谱图。

【数据记录及处理】

记录色谱图，按照外标法以峰面积计算含量。

氧氟沙星含量计算公式：$c_x=\dfrac{c_r A_x}{A_r}$

式中 c_x——待测试液浓度，mg·mL^{-1}；

c_r——对照品溶液浓度，mg·mL^{-1}；

A_x——待测试液峰面积；

A_r——对照品溶液峰面积。

【注意事项】

1. 毛细管电泳使用的电压经常超过 1 万伏，注意避免触电。

2. 注意观察仪器前面板的冷却液液面，保持该液面在刻度以上。

【思考题】

1. 综述高效毛细管电泳法的定量分析方法。

2. 影响高效毛细管电泳法定量分析准确度的因素有哪些？

3. 毛细管电泳的分离原理是什么？

实验 53　毛细管电泳测定苯甲酸、水杨酸和对氨基苯甲酸

【实验目的】

1. 熟悉毛细管电泳仪的性能、结构及使用方法。

2. 了解影响毛细管电泳分离的主要操作参数。

3. 理解高效毛细管电泳法定量分析的基本原理。

【实验原理】

苯甲酸类化合物是一类重要的化工中间体，是合成药物的基础原料，广泛应用于食品、医药等行业。比如水杨酸具有消炎功效，常用的感冒药阿司匹林就是水杨酸的衍生物乙酰水杨酸钠，而对氨基水杨酸钠则是一种常用的抗结核药物。水杨酸在皮肤科常用于治疗各种慢性皮肤病，如痤疮（青春痘）、癣等。因此，对苯甲酸类化合物进行有效的分析具有极其重要的意义。目前，苯甲酸类化合物大多采用紫外分光光度法、离子对色谱法、气相色谱法、高效液相色谱法和高效毛细管电泳法进行检测。本实验采用毛细管电泳法对苯甲酸、水杨酸和对氨基苯甲酸进行定性分析。

【仪器与试剂】

1. 仪器

毛细管电泳仪；烧杯（100mL）；移液管（1mL、5mL）；容量瓶（10mL）。

2. 试剂

苯甲酸（1.00mg·mL^{-1}）；水杨酸（1.00mg·mL^{-1}）；对氨基苯甲酸（1.00mg·mL^{-1}）；未知浓度混合溶液；NaH_2PO_4-Na_2HPO_4 缓冲溶液（10mmol·L^{-1}，pH=6）；HAc-NaAc 缓冲溶液（20mmol·L^{-1}，其中 HAc∶NaAc 约为 1∶15）；NaOH 溶液（1mol·L^{-1}）；$Na_2B_4O_7$ 缓冲溶液（20mmol·L^{-1}）。

实验用水均为二次去离子水。

【实验步骤】

1. 仪器的预热和毛细管的冲洗

打开仪器及计算机工作站，不加分离电压，设置毛细管温度为 30℃，冲洗毛细管。冲洗次序依次为 1mol·L^{-1} NaOH 溶液 5min、二次去离子水 5min 和 10mmol·L^{-1} NaH_2PO_4-Na_2HPO_4 缓冲溶液 5min。

2. 混合标样的配制

冲洗毛细管的同时可以配制混合标样。分别移取 3.00mL 苯甲酸（1.00mg·mL^{-1}）、1.00mL 水杨酸（1.00mg·mL^{-1}）及 0.50mL 对氨基苯甲酸（1.00mg·mL^{-1}）于 10mL 的容量瓶中，以二次去离子水定容。得到苯甲酸、水杨酸、对氨基苯甲酸浓度分别为 300μg·mL^{-1}、100μg·mL^{-1}、50μg·mL^{-1}的混合液作为混合标样。

3. 混合标样的测定

待毛细管冲洗完毕，取 1.00mL 混合标样于塑料样品管中，放在电泳仪毛细管进口端托架上“sample”的位置，然后调整出口（outlet）对准缓冲溶液（buffer），升高托架并固定，开始进样。这样压力为 30mbar（1bar=10^5Pa），进样时间为 5s，进样后将进口托架的位置换回缓冲溶液，选择方法 2004CE. mtv，修改合适的文件说明，然后开始分析，电压为 25kV，时间为 10min。

4. 未知浓度混合样品的测定

方法与条件同上，测试未知浓度混合样品，分析时间为 10min。

5. 不同缓冲溶液对迁移时间的影响

未知浓度混合样品测定完毕后，冲洗毛细管，顺序依次是：1mol·L^{-1} NaOH 溶液 5min，二次去离子水 5min，然后更换进出口两端的缓冲溶液为 20mmol·L^{-1} $Na_2B_4O_7$ 缓冲溶液，冲洗 5min。并在此条件下测试未知浓度混合溶液，电压为 25kV，时间为 10min。按前面的顺序再次冲洗毛细管，再次更换进出口两端的缓冲溶液为 20mmol·L^{-1} HAc-NaAc 缓冲溶液，冲洗 5min。并在此条件下测试未知浓度混合溶液，电压为 25kV，时间为 10min。

6. 完成实验后，用二次去离子水冲洗毛细管 10min，再用空气冲洗 10min，然后关闭仪器。

【数据记录及处理】

1. 根据电泳的原理，判断两种混合标样中 3 个峰各自的归属。

2. 按照已知浓度混合标样毛细管电泳图所得峰面积，计算未知浓度混合溶液中各组分的浓度（外标法）。

3. 判断并分析哪个组分可以作为电渗流标记物？据此计算各组分的表观淌度和有效淌度。本实验使用的毛细管总长度为 60cm，有效长度为 51cm。

4. 根据电泳的原理，判断在另外两种缓冲溶液下各个峰的归属，并对各组分迁移时间的变化做出合理的分析和讨论。

【注意事项】

1. 冲洗毛细管时禁止在毛细管上加电压。

2. 冲洗毛细管对实验结果的可靠性和重现性至关重要，务必认真完成每一次冲洗。

3. 在实验过程中，要随时注意所需试剂或试样是不是放在正确位置。

4. 进出口端装有缓冲液的塑料样品管中的液面要求高度一致。

【思考题】

1. 从理论上分析，为什么毛细管电泳的分离效率高于气相色谱和高效液相色谱？

2. 与高效液相色谱相比，毛细管电泳的检测灵敏度是高还是低？

3. 为什么不采用浓度相同的混合溶液作为混合标样？

第6章

综合技能训练实验

6.1 综合实验

实验 54 碳纤维表面化学镀铜

【实验目的】

1. 掌握化学镀铜基本原理。
2. 了解碳纤维预处理方法。
3. 学会化学镀液的配制方法和化学镀铜技术。

【实验原理】

在化学镀铜中，只有在碱性溶液中，甲醛作为还原剂才能进行化学镀铜。化学镀铜溶液中包括以下基本成分：硫酸铜（铜离子来源）、甲醛、氢氧化钠（调节溶液 pH）、配合剂、稳定剂等。

当溶液中有络合剂如 EDTA 存在时，EDTA 就会与金属铜离子形成螯合物，其反应式如下：

$$Cu(OH)_2 + H_2Na_2Y = CuNa_2Y + 2H_2O$$

向溶液中加入甲醛后，铜的螯合物被还原分解，生成氧化亚铜。

$$2CuNa_2Y + HCHO + NaOH + H_2O \longrightarrow Cu_2O + 2H_2Na_2Y + HCOONa$$

若要将 Cu_2O 进一步还原为金属铜，还必须靠引发剂进行诱发，常用引发剂为银盐。首先引发剂在碳纤维表面形成一层分布均匀的活化中心，如金属银膜，其反应式为：

$$Sn^{2+} + 2Ag^+ = Sn^{4+} + 2Ag$$

这层银膜能使 Cu_2O 中的一价铜或配离子中的二价铜直接还原为铜，其反应式为：

$$CuNa_2Y + HCHO + NaOH \xrightarrow{\text{Ag 膜}} Cu + HCOONa + H_2Na_2Y$$

总反应为：

$$Cu^{2+} + HCHO + 3OH^- \xrightarrow{Ag, H_2Na_2Y} Cu + HCOO^- + 2H_2O$$

上式也可看成下面二步的合成：

$$HCHO + OH^- \xrightarrow{Ag, H_2Na_2Y} H_2 + HCOO^-$$

$$Cu^{2+} + H_2 + 2OH^- \xrightarrow{Ag, H_2Na_2Y} Cu + 2H_2O$$

一旦新沉积铜薄膜生成，其本身便进一步自催化，铜离子不断还原为铜原子，加厚铜膜，其反应为：

$$HCHO + OH^- \xrightarrow{铜膜} H_2 + HCOO^-$$

$$Cu^{2+} + H_2 + 2OH^- \xrightarrow{铜膜} Cu + 2H_2O$$

为了提高镀铜溶液的稳定性，延长镀液的使用寿命，经常使用2,2′-联吡啶和亚铁氰化钾作为稳定剂。

【仪器与试剂】

1. 仪器

恒温水浴锅；烘箱；马弗炉；分析天平（0.0001g）；托盘天平（0.1g）；电炉；玻璃棒；烧杯（250mL）；量筒（10mL、100mL）；移液管（2mL、5mL）；试剂瓶（250mL、1000mL）；碳纤维（每束3000根）。

2. 试剂

$K_4[Fe(CN)_6]\cdot 3H_2O$（$1mg\cdot mL^{-1}$）；HCHO（AR）；$CuSO_4\cdot 5H_2O$（AR）；NaOH（AR）；H_2SO_4（AR）；HCl（AR）；乙二胺四乙酸二钠盐（AR）酒石酸钾钠（$15g\cdot L^{-1}$）。

2,2′-联吡啶（$1mg\cdot mL^{-1}$）：称取0.2g 2,2′-联吡啶，加热溶于200mL去离子溶液中。

$(NH_4)_2S_2O_8$（$200g\cdot L^{-1}$）：称取40g $(NH_4)_2S_2O_8$ 于250mL烧杯中，加120mL去离子水溶解，缓慢加入20mL浓 H_2SO_4，加去离子水配成200mL溶液，混匀备用。

$SnCl_2$（$14g\cdot L^{-1}$）：称取3g $SnCl_2$，加10mL 1∶2 HCl溶液并加热至沸，使之完全溶解，以1∶9 HCl溶液稀释至200mL，混匀备用。

$AgNO_3$（$5g\cdot L^{-1}$）：称取5g $AgNO_3$，加100mL去离子水溶解，加8mL浓 $NH_3\cdot H_2O$，混匀，以去离子水稀释至1000mL，混匀备用。

【实验步骤】

1. 碳纤维表面预处理

（1）去胶

采用空气灼烧法去胶，将纤维束放入马弗炉内在400℃下灼烧30min。

（2）粗化

准确称取0.3g经过去胶处理的碳纤维，将其放入 $(NH_4)_2S_2O_8$ 粗化液中，在不断搅拌下，于室温下浸泡15～20min。取出，用自来水冲洗4次，再用去离子水洗3次。

（3）敏化

将粗化过的碳纤维放入 $SnCl_2$ 敏化液中，在不断搅拌下，于室温下浸泡4～5min。取出，用自来水静水漂洗3次，再用去离子水静水漂洗2次。

（4）活化

将敏化后的碳纤维放入 $AgNO_3$ 活化液中，在不断搅拌下，于室温下浸泡5min，取出，用去离子水洗4次，不允许用自来水冲洗。

2. 碳纤维表面化学镀铜

（1）化学镀铜配方

$CuSO_4\cdot 5H_2O$（$16g\cdot L^{-1}$）；乙二胺四乙酸二钠盐（$25g\cdot L^{-1}$）；酒石酸钾钠（$15g\cdot L^{-1}$）；NaOH（$15g\cdot L^{-1}$）；2,2′-联吡啶（$5mg\cdot L^{-1}$）；$K_4[Fe(CN)_6]$（$15mg\cdot L^{-1}$）；甲醛

(15mL・L^{-1})。

(2) 化学镀铜液配制过程

A 溶液：称取 3.5g $CuSO_4 \cdot 5H_2O$ 溶于 60mL 去离子水中。

B 溶液：称取 5.0g EDTA 溶于 70mL 去离子水中。

C 溶液：称取 3.0g 酒石酸钾钠溶于 40mL 去离子水中。

D 溶液：称取 3.2g NaOH 溶于 30mL 去离子水中。

首先将 A 溶液和 B 溶液依次倒入 250mL 烧杯中，混合均匀，再加入 C 溶液，最后加入 D 溶液，加 1mL 2,2′-联吡啶溶液、3mL $K_4Fe(CN)_6$ 溶液和 4mL 甲醛，每加入一种试剂均需混匀。

(3) 化学镀铜

将上述配好的镀液置于恒温水浴中加热，控制镀液温度为 (25±2)℃。将预处理过的碳纤维置于镀液中，不断搅拌使其充分散开，化学镀铜 40min 后取出，先用自来水冲洗 3 次，再用去离子水冲洗 3 次，放入烘箱于 90℃下烘干至恒重，称重并计算碳纤维增重率。平行测定 3 次。

【数据记录及处理】

序号	镀铜前碳纤维质量/g	镀铜后碳纤维质量/g	碳纤维增重率/%
1			
2			
3			

填全实验数据并进行数据处理，计算碳纤维增重率。

【注意事项】

1. 在配制化学镀液时，先将 $CuSO_4$ 溶液与 EDTA 溶液混合，再加入 NaOH 溶液，若先加入 NaOH 溶液则会引起 $Cu(OH)_2$ 沉淀，致使镀液配制失败。

2. 镀液温度偏低时，镀铜速度慢，甚至镀不上铜；镀液温度较高时，镀液不稳定、易分解。温度对碳纤维增重率影响很大，故应严格控制镀液温度，否则增重率相差较大。

3. 敏化是使碳纤维表面吸附一层还原性物质，在活化时，活性剂被还原并留在碳纤维表面形成催化晶核。以 $SnCl_2$ 作为敏化液，生成的 $Sn_2(OH)_3Cl$ 吸附于碳纤维表面。

$$2SnCl_2 + 3H_2O \xlongequal{} Sn_2(OH)_3Cl + 3HCl$$

HCl 的加入是为了防止 $SnCl_2$ 溶液水解，静水漂洗比流水冲洗经过 $SnCl_2$ 溶液浸泡的碳纤维敏化效果更好，因为敏化是 $SnCl_2$ 水解生成胶状物 $Sn_2(OH)_3Cl$ 吸附于碳纤维表面的过程，如果流水冲洗不当，会将 $Sn_2(OH)_3Cl$ 从碳纤维表面冲洗掉，导致敏化效果不好。

4. 活化处理是将经敏化处理后的碳纤维浸入含有催化活性的贵金属 (Ag^+、Pd^{2+}) 的溶液中，使碳纤维表面形成一层具有催化活性的贵金属层。活化后的碳纤维不能用自来水冲洗，因为自来水中含有氯离子，生成大量 AgCl 沉淀影响碳纤维表面贵金属层的催化活性。

【思考题】

1. 碳纤维进行预处理的目的是什么？
2. 如何配制 $SnCl_2$ 溶液？为什么要加入 HCl？
3. 在配制化学镀液时，试剂的加入顺序可以是任意的吗？为什么？
4. 本实验为什么选择 $AgNO_3$ 而不是 $PdCl_2$ 作为活性剂？
5. 对碳纤维进行敏化时应注意什么问题？

实验 55 柠檬酸盐稳定的金纳米粒子和牛血清蛋白稳定的金纳米簇的合成及光谱性质比较

【实验目的】

1. 学习金纳米粒子和金纳米簇的合成方法。

2. 了解金纳米粒子和金纳米簇的光谱性质差异。

3. 理解不同尺寸纳米粒子的性质差异。

【实验原理】

纳米技术是一个快速发展的科学领域。现在可以生产和使用低至几纳米的粒子，甚至几乎可以实现单原子操纵。为了能够利用纳米技术开发新产品，了解不同尺寸纳米材料的制备和性质非常重要。

纳米材料是指三维空间尺度至少有一维处于纳米量级（1～100nm）的材料，它是由尺寸介于原子、分子和宏观体系之间的纳米粒子所组成的新一代材料。当粒子的尺寸减小到纳米量级，将导致声、光、电、磁、热等性能呈现新的特性，即出现了不同于传统大块宏观材料体系的许多特殊性质。

金属纳米材料是众多纳米材料中的一类。由于金属纳米颗粒的尺寸远小于光波波长，所以特定的频率光线会引发其内部自由电子的集体运动，这种现象被称为局域表面等离子体共振。紫外-可见吸收光谱可以用来展示纳米材料的电子结构信息，即波长大于 500nm 的吸收峰主要来自纳米粒子的表面等离子体共振吸收。

金属纳米簇是零维纳米材料的一种，仅由几个或几十个金属原子组成，其粒径通常小于 2nm，具有可比拟费米电子波长的大小。由于金属原子中的电子被限制在分子尺寸和离散能级，使金属纳米簇具有独特的光学和电学性能。金属纳米簇理论上不应该存在紫外-可见吸收峰。

本实验开始之前，请先自行查阅金纳米粒子和金纳米簇相关文献，理解二者之间的尺寸差异。然后进行合成实验，并利用紫外-可见光谱和荧光光谱进行表征，从而得到两种纳米颗粒的光谱差异。

【仪器与试剂】

1. 仪器

锥形瓶（100mL）；容量瓶（100mL）；圆底烧瓶（25mL）；数字型加热磁力搅拌器；紫外-可见光谱仪；荧光光谱仪；石英比色皿（两面透光，光程 1cm）；比色皿（四面透光，光程 1cm）；透析袋；电热板；移液枪。

2. 试剂

四氯金酸（$HAuCl_4$，$2mmol \cdot L^{-1}$、$10mmol \cdot L^{-1}$）；柠檬酸三钠（$40mmol \cdot L^{-1}$）；沸石；牛血清蛋白（BSA）溶液（$50mg \cdot mL^{-1}$，$0.1mg \cdot mL^{-1}$）；NaOH（$1.0mol \cdot L^{-1}$）。

【实验步骤】

1. 柠檬酸盐稳定的金纳米粒子的合成

依次向 100mL 锥形瓶里加入 1mL $2mmol \cdot L^{-1}$ $HAuCl_4$ 溶液、19mL 去离子水和少量沸石。加热锥形瓶直至溶液沸腾。持续加热，向锥形瓶中加入 2mL $40mmol \cdot L^{-1}$ 柠檬酸三钠溶液，几秒钟后，溶液由黄色变深紫色。继续加热保持沸腾10min，然后停止加热，移走锥形瓶，用自来水冷却锥形瓶。将锥形瓶中的产物溶液定量转移至100mL容量瓶中，加入去离子水定容，溶液呈暗红色。室温暗处保存。

2. 牛血清蛋白稳定的金纳米簇的合成

向25mL圆底烧瓶中加入5mL 50mg·mL^{-1}的BSA水溶液和5mL 10mmol·L^{-1} $HAuCl_4$水溶液，在37℃水浴中剧烈搅拌2min。加入0.5mL 1.0mol·L^{-1} NaOH溶液调节pH，使其反应的pH为10。将磁子转速适当调慢，在37℃下搅拌12h，溶液从柠檬黄色变为棕色。反应结束后，将溶液转移到截留分子量为8000～14000的透析袋中，在磁力搅拌条件下，透析48h，最后将产物溶液置于−4℃冰箱中保存备用，溶液pH接近7.0。

3. 紫外-可见光谱表征

(1) 金纳米粒子的紫外-可见光谱表征

利用去离子水做空白试样，置于两面透光的1cm石英比色皿中，在200～800nm波长范围内，进行紫外-可见光谱扫描。准确移取2.00mL实验步骤1合成的金纳米粒子溶液，按照上述过程，进行紫外-可见光谱扫描。记录金纳米粒子溶液的吸收峰波长。

(2) 金纳米簇的紫外-可见光谱表征

准确移取30.00μL实验步骤2合成的金纳米簇溶液，置于两面透光的1cm石英比色皿中，加入1970μL去离子水，混合均匀，在200～800nm波长范围内，进行紫外-可见光谱扫描。记录金纳米簇溶液的吸收峰波长。

准确移取0.1mg·mL^{-1} BSA溶液2.00mL，按照上述过程，进行紫外-可见光谱扫描。记录BSA溶液的吸收峰波长。

4. 荧光光谱表征

(1) 金纳米粒子的荧光光谱表征

准确移取2.00mL实验步骤1合成的金纳米粒子溶液，置于四面透光的1cm比色皿中，设置激发波长为480nm，在500～800nm进行荧光发射光谱扫描。观察金纳米粒子溶液是否存在荧光发射光谱以及发射峰波长是多少。

(2) 金纳米簇的荧光光谱表征

准确移取2.00mL实验步骤2合成的金纳米簇溶液，置于四面透光的1cm比色皿中，设置激发波长为480nm，在500～800nm进行荧光发射光谱扫描。观察金纳米簇溶液是否存在荧光发射光谱以及发射峰波长是多少。

【数据记录及处理】

1. 根据文献检索，记录两种纳米颗粒的尺寸范围。根据实验结果，记录两种纳米颗粒的紫外-可见吸收峰和荧光光谱发射峰。总结光谱性质差异。

溶液	尺寸	紫外可见吸收峰λ/nm	荧光光谱发射峰λ/nm	结论
金纳米粒子				
金纳米簇				

【注意事项】

1. 紫外-可见光谱和荧光光谱表征时都要扫描空白试液做对比。
2. 紫外-可见光谱必须使用石英比色皿，否则在紫外区检测不到吸收。

【思考题】

1. 自行查阅文献，举例说明金纳米粒子和金纳米簇在分析检测方面的应用。
2. 除了金纳米粒子和金纳米簇外，还有哪些金属纳米粒子和金属纳米簇？
3. 紫外-可见光谱和荧光光谱有什么差异？

实验 56　阿司匹林的合成、鉴定与含量的测定

【实验目的】

1. 掌握乙酰水杨酸的合成、鉴定及含量测定的方法。
2. 进一步熟练重结晶及熔点测定等基本操作。
3. 通过实践了解紫外光谱法、红外光谱法在有机合成中的应用。

【实验原理】

乙酰水杨酸通常称为阿司匹林，通过水杨酸（邻羟基苯甲酸）和乙酸酐合成。19 世纪末，人们成功地合成了乙酰水杨酸，是应用最早、最广、最普遍的解热镇痛药和抗风湿药，具有解热、镇痛、抗炎、抗风湿和抗血小板聚集等多方面的药理作用。

反应式：

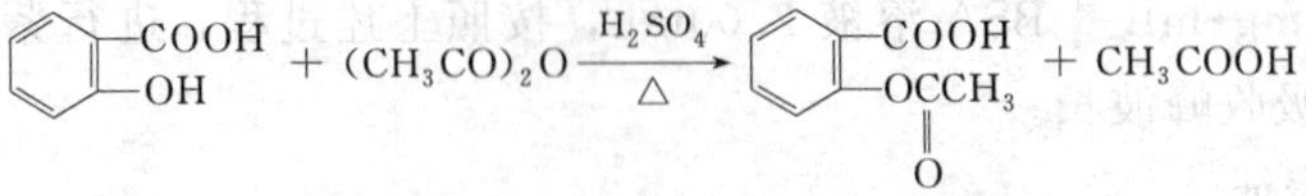

在生成乙酰水杨酸的同时，水杨酸的分子之间可以发生酯化反应，生成少量的聚酯：

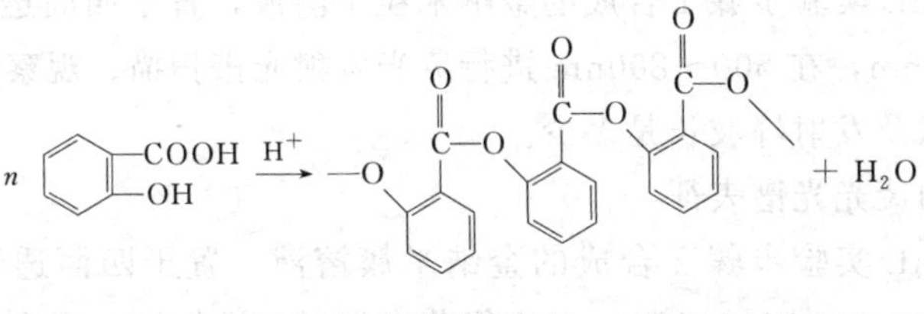

乙酰水杨酸能与 $NaHCO_3$ 反应生成水溶性钠盐，而副产物聚酯不能溶于 $NaHCO_3$ 溶液，这种性质上的差别可用于阿司匹林的纯化。

由于乙酰化反应不完全，在产物中可能含有水杨酸，它可以在各步纯化过程和产物的重结晶过程中被除去。与大多数酚类化合物一样，水杨酸可与 $FeCl_3$ 发生颜色反应，因而未作用的水杨酸很容易被检测出。

乙酰水杨酸的红外光谱见图 6-1，可由 IR 鉴定产物为乙酰水杨酸。

为了测定产品中乙酰水杨酸的含量，产物用稀 NaOH 溶液溶解，乙酰水杨酸水解成水杨酸二钠。

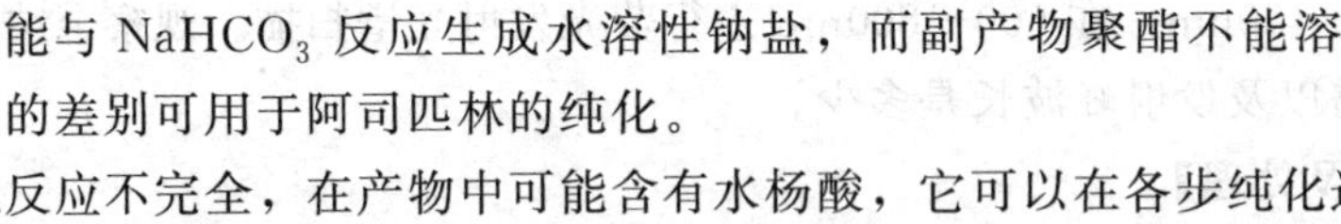

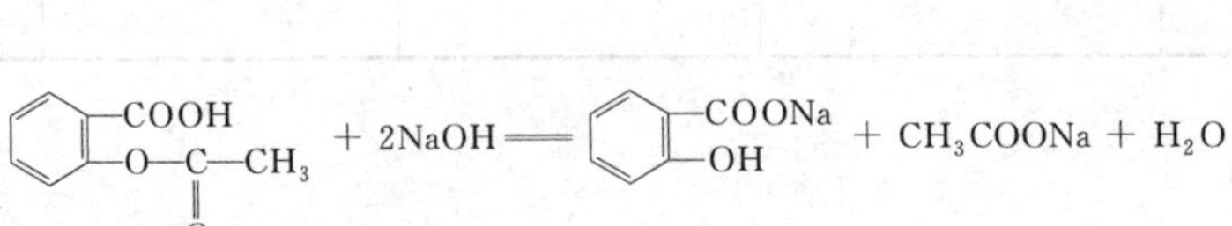

该物质溶液在 296.5nm 左右有个吸收峰，测定稀释成一定浓度乙酰水杨酸的 NaOH

水溶液的吸光度，并用已知浓度的水杨酸的 NaOH 水溶液作标准曲线，则可从标准曲线上求出相当于乙酰水杨酸的含量。根据两者的摩尔质量，即可求出产物中乙酰水杨酸的含量。

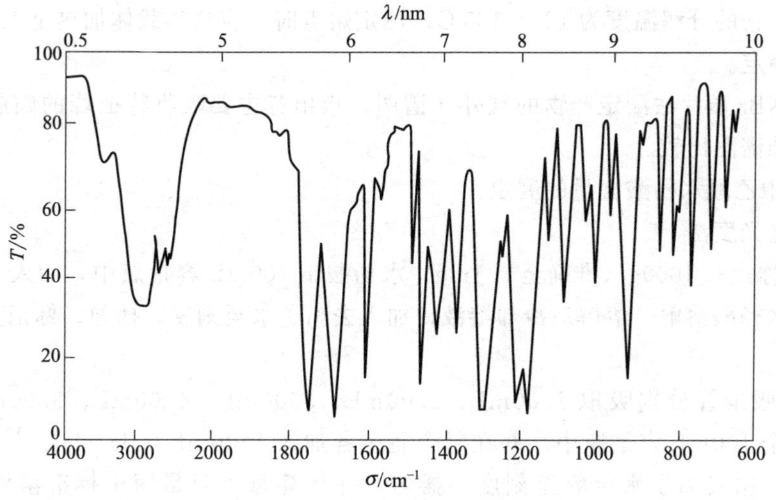

图 6-1　乙酰水杨酸红外光谱图

【仪器与试剂】

1. 仪器

IR-408 型红外光谱仪；UV-1201 型紫外-可见分光光度计；吸滤装置；电热熔点仪；分析天平（0.0001g）；容量瓶（100mL）；吸量管（5mL）；锥形瓶（100mL）；烧杯（150mL）；试管；托盘天平（0.1g）。

2. 试剂

水杨酸（AR）；乙酸酐（AR）；$NaHCO_3$ 饱和水溶液；HCl（AR）；$FeCl_3$ 溶液（1%）；H_2SO_4（AR）；NaOH（0.1mol·L^{-1}）；H_2SO_4（0.05mol·L^{-1}）。

邻苯二甲酸氢钾（基准试剂或 AR）：在 100～125℃干燥 1h，放入干燥器中备用。

【实验步骤】

1. 阿司匹林的合成

在干燥的 100mL 锥形瓶中加入 3.2g 干燥的水杨酸、8mL 新蒸的乙酸酐（收集 139～140℃的馏分）和 5 滴浓 H_2SO_4。旋转摇动锥形瓶使水杨酸全部溶解后，在水浴上加热 5～10min，控制水浴温度在 85～90℃，冷至室温，即有乙酰水杨酸结晶析出。如不结晶，可用玻璃棒摩擦瓶壁并将反应物置于冰水中冷却使结晶产生。加入 50mL 去离子水，混合物继续在冰水中冷却使结晶完全。减压过滤，用滤液反复淋洗锥形瓶，直至所有晶体被收集到布氏漏斗，用少量去离子水洗涤结晶，继续抽气将溶剂抽干，称量，粗产物约 2.8g。

将粗产物转移到 150mL 烧杯中，在搅拌下加入 25mL $NaHCO_3$ 饱和溶液，加完后继续搅拌几分钟，直至无 CO_2 气泡产生。抽滤，副产物聚合物应被滤出，用 5～10mL 去离子水冲洗漏斗，合并滤液，倒入预先盛有 5mL 浓 HCl 和 10mL 去离子水配成溶液的烧杯中，搅拌均匀，即有乙酰水杨酸沉淀析出。将烧杯置于冰水浴中冷却，使结晶完全，抽滤并使用玻璃塞压干晶体，再用少量去离子水洗涤 2 次，压干，将结晶移到表面皿上，干燥后准确称重（约 2g）。取几粒结晶加入盛有 5mL 去离子水的试管中，加入 1～2 滴 1% $FeCl_3$ 溶液，观察有无颜色反应（粗产品杂质主要是水杨酸，因此，若结晶不纯，则加入 $FeCl_3$ 时溶液显蓝紫色）。

2. 阿司匹林的鉴定

（1）在电热熔点仪上测定熔点，133～135℃（文献值）乙酰水杨酸易受热分解，因此熔点不很明显，它的分解温度为 128～135℃。测定熔点时，应将热载体加热至 120℃左右，然后放入样品测定。

（2）用 KBr 压片法测定产物的红外光谱图，指出各主要吸收特征峰的归属，并与乙酰水杨酸的标准谱图比较。

3. 产物中乙酰水杨酸含量的测定

（1）分光光度法

① 准确称量 0.1000g（准确至 0.1mg）水杨酸于 100mL 容量瓶中，加入 50mL 去离子水，温热使水杨酸溶解。溶解后冷却溶液，加入去离子水至刻度，摇匀。标记为“原始标准贮备液”。

用 5mL 吸量管分别吸取 1.00mL、2.00mL、3.00mL、4.00mL、5.00mL 原始标准贮备液于 5 个 100mL 容量瓶中。并在每个瓶中各加入 1.00mL 0.1mol·L^{-1} NaOH，标记每个容量瓶，用去离子水定容至刻度，摇匀，并计算每个容量瓶中标准溶液的浓度（单位为 mg·mL^{-1}）。

在 UV-1201 紫外-可见分光光度计上扫描一标准溶液在 250～350nm 的紫外吸收光谱，记录最大吸收波长 λ_{max} 和最大吸收光度 A_{max}。然后在 λ_{max} 处测定五个标准溶液的吸光度。

② 准确称取 0.1000g 本实验合成的乙酰水杨酸，加 40mL 0.1mol·L^{-1} NaOH 溶液搅拌数分钟，转移到 100mL 容量瓶中，用去离子水稀释至刻度，摇匀。移取 2.00mL 上述溶液至 100mL 容量瓶中，用去离子水稀释至刻度，摇匀。用此稀释液作为试样，测试 250～350nm 范围的紫外吸收光谱，记录 λ_{max} 处的吸光度值，在标准曲线上查出乙酰水杨酸的量。

（2）酸碱滴定法

准确称取 0.5g 复方乙酰水杨酸片，与 0.1mol·L^{-1} NaOH 加热时，有下列反应：

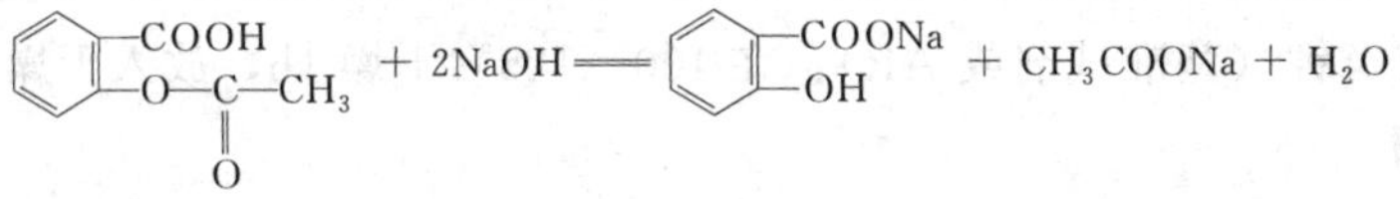

多余的 NaOH 可用 0.1mol·L^{-1} 硫酸标准溶液回滴，实验数据如下：

① 用邻苯二甲酸氢钾为基准物标定 NaOH 溶液，平行测定三次。

② 取上述 NaOH 溶液 25.00mL，用 H_2SO_4 溶液滴定，平行测定三次。

③ 称取一定量 APC 样品，加入一定过量的 NaOH 溶液，煮沸后用 H_2SO_4 溶液滴定，平行测定三次。

④ 求 APC 样品中乙酰水杨酸的含量。

【数据记录及处理】

1. 将有关实验数据填入下表，并绘制标准曲线。

水杨酸标准溶液编号	1	2	3	4	5
浓度/mg·mL^{-1}					
吸光度(A)					

2. 绘制水杨酸、乙酰水杨酸的吸收曲线，确定 λ_{max} 和 A_{max}。

3. 根据实验合成的乙酰水杨酸与 NaOH 的反应物溶液在 λ_{max} 处的吸光度值，从工作曲线上查到待测液的水杨酸质量浓度（单位为 $mg\cdot mL^{-1}$），然后换算成乙酰水杨酸的质量，计算乙酰水杨酸含量。

乙酰水杨酸含量计算公式：$\rho_{乙酰水杨酸}=\rho_{水杨酸}\times\frac{180.16}{138.12}$，单位为 $mg\cdot mL^{-1}$

4. 设计酸碱滴定法实验数据表格并进行数据处理，计算出 NaOH 溶液和 H_2SO_4 溶液的准确浓度，利用酸碱滴定法求出乙酰水杨酸的含量。

NaOH 浓度计算公式：$c_{NaOH}=\frac{m_{KHC_8H_4O_4}}{V_{NaOH}M_{KHC_8H_4O_4}\times10^{-3}}$，单位为 $mol\cdot L^{-1}$

H_2SO_4 浓度计算公式：$c_{H_2SO_4}=\frac{c_{NaOH}\times25.00}{2V_{H_2SO_4}}$，单位为 $mol\cdot L^{-1}$

乙酰水杨酸含量计算公式：$w=\frac{\frac{1}{2}(c_{NaOH}V_{NaOH}-2c_{H_2SO_4}V_{H_2SO_4})M\times10^{-3}}{m_s}\times100\%$

$M=180.16g\cdot mol^{-1}$

5. 根据合成产物的红外光谱图，对各主要吸收特征峰的归属进行解析，再结合产物的熔点考察合成产物的纯度。

【注意事项】

1. 制备阿司匹林时仪器要全部干燥，样品也要经过干燥处理，酸酐要使用新蒸馏的，收集 139～140℃的馏分。

2. 合成样品时应控制好温度不宜超过 90℃。

3. 为了检测产品中是否还有水杨酸，利用水杨酸与 $FeCl_3$ 发生颜色反应的特点，将几粒样品晶体加入盛有 3mL 去离子水的试管中，加入 2 滴 1% $FeCl_3$ 溶液，观察溶液是否显蓝紫色。

【思考题】

1. 两种测定产物中乙酰水杨酸含量的方法中，请问哪种方法更准确？
2. 为什么选择最大吸收波长为测定波长？
3. 用 KBr 压片法测定产物的红外光谱图时，应注意哪些问题？
4. 为什么在合成阿司匹林时酸酐要使用新蒸馏的？

实验 57 硅酸盐水泥中 SiO_2、Fe_2O_3、Al_2O_3、CaO、MgO 含量的测定

【实验目的】

1. 了解重量法测定硅酸盐水泥中 SiO_2 含量的原理和方法。

2. 掌握配位滴定法的原理，通过控制试液的酸度及选择适当的掩蔽剂和指示剂进行分别测定。

3. 掌握配位滴定的几种测定方法。

4. 了解硅酸盐水泥分解方法。

【实验原理】

水泥主要由硅酸盐组成，按我国规定，分成硅酸盐水泥（熟料水泥）、普通硅酸盐水泥（普通水泥）、矿渣硅酸盐水泥（矿渣水泥）、火山灰质硅酸盐水泥（火山灰水泥）等。水泥熟料是由水泥生料经1400℃以上高温煅烧而成，硅酸盐水泥由水泥熟料加入适量石膏，其成分均与水泥熟料相似，可按水泥熟料化学分析法进行。

水泥熟料、未掺混合材料的硅酸盐水泥、碱性矿渣水泥均可采用酸分解法。不溶物含量较高的水泥熟料、酸性矿渣水泥、火山灰质水泥等酸性氧化物含量也较高，可采用碱熔融法。本实验采用的是硅酸盐水泥，一般容易被酸分解。

SiO_2 的测定可分为容量法和重量法。根据使硅酸凝聚所用物质的不同，重量法可分为盐酸干涸法、动物胶法、氯化铵法等，本实验采用氯化铵法。将试样与7～8倍固体 NH_4Cl 混匀后，再加 HCl 分解试样，HNO_3 将 Fe^{2+} 氧化为 Fe^{3+}。经沉淀分离、过滤洗涤后的 $SiO_2 \cdot nH_2O$ 在瓷坩埚中于950℃灼烧至恒重。生产上 SiO_2 的快速分析常采用氟硅酸钾容量法。

如果不测定 SiO_2，则试样经 HCl 分解、HNO_3 氧化后，用均匀沉淀法使 $Fe(OH)_3$、$Al(OH)_3$ 与 Ca^{2+}、Mg^{2+} 分离。沉淀用 HCl 溶解，调节溶液的 pH 为 2～2.5，以磺基水杨酸钠为指示剂，用 EDTA 滴定 Fe^{3+}。然后加入一定过量的 EDTA，煮沸，待 Al^{3+} 与 EDTA 完全络合后，再调节溶液的 pH 为 4.2，以 PAN 为指示剂，用 $CuSO_4$ 标准溶液滴定过量的 EDTA，从而分别测得 Fe_2O_3、Al_2O_3 的含量。

在 pH 为 10 时用 EDTA 滴定滤液，测得 Ca^{2+}、Mg^{2+} 合量；再调节 pH 为 12，用 EDTA 滴定，测得 CaO 的含量，用差减法计算得 MgO 的含量。

【仪器与试剂】

1. 仪器

滴定管（50mL）；烧杯（50mL、250mL）；锥形瓶（250mL）；大量筒（100mL）；小量筒（10mL）；容量瓶（250mL）；移液管（25mL）；细口试剂瓶（1000mL）；分析天平（0.0001g）；托盘天平（0.1g）；马弗炉；瓷坩埚；干燥器；玻璃漏斗；定量滤纸，玻璃棒。

2. 试剂

EDTA（AR）；$CuSO_4 \cdot 5H_2O$（AR）；三乙醇胺（1∶2）；HCl（AR）；HCl（AR，$6mol \cdot L^{-1}$）；NaOH 溶液（20%）；$CaCO_3$（AR，120℃下干燥 2h）；NH_4Cl（AR）；NH_4NO_3（AR）；HNO_3（AR）；H_2SO_4（1∶1）；$NH_3 \cdot H_2O$（1∶1）。

甲基红（0.2%）：60%的乙醇溶液或其钠盐水溶液。

磺基水杨酸钠指示剂（10%）：10g 磺基水杨酸钠溶于100mL去离子水中。

PAN 指示剂（0.3%）：0.3g PAN 溶于100mL乙醇中。

HAc-NaAc 缓冲溶液（pH＝4.2）：将32g无水 NaAc 溶于水中，加入50mL冰 HAc，用去离子水稀释至1L。

K-B 指示剂：称取0.2g酸性铬蓝K、0.4g萘酚绿B于150mL烧杯中，加去离子水溶解后，稀释至100mL。也可以采用如下的方法配制：将1g酸性铬蓝K、2g萘酚绿B和40g KCl研细混匀，装入小广口瓶中，置于干燥器中备用。

【实验步骤】

1. SiO_2 的测定

准确称取 0.4g 试样，置于干燥的 50mL 烧杯中，加入 2.5～3.0g 固体 NH_4Cl，用玻璃棒混匀，滴加浓 HCl（一般约需 2mL）至试样全部润湿，并滴加浓 HNO_3 2～3 滴，搅匀。小心压碎块状物，盖上表面皿，置于沸水浴上加热，蒸发至近干（大约 10min）。加热水约 40mL，搅动，以溶解可溶性盐类。过滤，用热水洗涤烧杯和沉淀，直至滤液中无 Cl^-（用 $AgNO_3$ 检验），弃去滤液。

将沉淀连同滤纸放入已经恒重的瓷坩埚中，低温干燥、炭化并灰化后，于 950℃灼烧 30min。取下，置于干燥器中冷却至室温，称重。再灼烧，冷至室温，再称重，直至恒重。计算试样中 SiO_2 的含量，平行测定 3 次。

2. 0.025mol·L^{-1} EDTA 标准溶液的配制和标定

（1）配制

在托盘天平上称取乙二胺四乙酸二钠 10g 于 250mL 烧杯中，加入 200mL 去离子水，加热溶解，冷却，用去离子水稀释至 1000mL，贮存于 1000mL 试剂瓶中，摇匀备用。

（2）标定

准确称取 0.35～0.40g $CaCO_3$ 于 250mL 烧杯中，用少量去离子水润湿，盖上表面皿，缓慢加入 6mol·L^{-1} HCl 溶液 10～20mL，加热溶解，将溶液转移至 250mL 容量瓶中，用去离子水稀释至刻度，摇匀。移取 25.00mL 上述溶液于 250mL 锥形瓶中，加入 20mL pH 约为 10 的氨性缓冲溶液，加少许 K-B 指示剂至溶液呈紫红色，用 0.025mol·L^{-1} EDTA 溶液滴定至溶液由紫红色变为蓝绿色即为终点，平行测定 3 次。

3. 0.025mol·L^{-1} $CuSO_4$ 标准溶液的配制与标定

（1）配制

在分析天平上称取 $CuSO_4 \cdot 5H_2O$ 6.24g 于 250mL 烧杯中，加入 200mL 去离子水，4～5 滴 H_2SO_4（1∶1），溶解后用去离子水稀释至 1000mL，贮存于 1000mL 试剂瓶中，摇匀备用。

（2）体积比测定

准确移取 25.00mL 0.025mol·L^{-1} EDTA 溶液，加去离子水稀释至 150mL 左右，加 10mL pH 为 4.2 的 HAc-NaAc 缓冲溶液，加热至 80～90℃。加入 PAN 指示剂 4～6 滴，用 $CuSO_4$ 溶液滴定至红色不变即为终点，平行测定 3 次，计算 1mL $CuSO_4$ 溶液相当于 0.025mol·L^{-1} EDTA 标准溶液的体积。

4. Fe_2O_3、Al_2O_3、CaO、MgO 含量的测定

准确称取 0.25g 试样，置于 250mL 烧杯中，加少许去离子水润湿，加入 15mL 6mol·L^{-1} HCl 和 3～5 滴浓 HNO_3，加热煮沸。待试样分解完全后，用去离子水稀释至 150mL 左右。加热至沸，取下，加 2 滴甲基红指示剂，在不断搅动下慢慢滴加 $NH_3 \cdot H_2O$（1∶1）至溶液呈黄色，并略有氨味后，再加热至沸。取下，溶液澄清后，趁热用快速定量滤纸过滤，沉淀用热的 1% NH_4NO_3 溶液充分洗涤，至流出液中无 Cl^- 为止。滤液盛于 250mL 容量瓶中，冷却至室温，用去离子水稀释至刻度，供测定 Ca^{2+}、Mg^{2+} 用。

（1）Fe_2O_3 含量的测定

滴加 6mol·L^{-1} HCl 于滤纸上，使氢氧化物沉淀溶解于原烧杯中，滤纸用热水洗涤数次

后弃去。将溶液煮沸以溶解可能存在的氢氧化物沉淀。冷却，滴加 $NH_3 \cdot H_2O$ (1∶1) 至溶液的 pH 为 2～2.5 (可以用试纸检验)，加热至 60～70℃，加 10 滴磺基水杨酸钠指示剂，用 EDTA 标准溶液滴定至溶液由紫红色变为淡黄色为终点，记下 EDTA 标准溶液的用量，计算试样中 Fe_2O_3 含量，平行测定 3 次。测 Fe^{3+} 后的溶液，供测 Al^{3+} 用。

(2) Al_2O_3 含量的测定

在滴定 Fe^{3+} 后的溶液中，准确加入 25.00mL EDTA 标准溶液，滴加 $NH_3 \cdot H_2O$ (1∶1) 至溶液的 pH 约为 4，加入 10mL HAc-NaAc 缓冲溶液 (pH≈4.2)，煮沸 3min，取下稍冷却。加 6～8 滴 PAN 指示剂，用 $CuSO_4$ 标准溶液滴定至溶液呈红色即为终点，记下 $CuSO_4$ 标准溶液的用量，计算试样中 Al_2O_3 含量，平行测定 3 次。

(3) CaO、MgO 含量的测定

准确移取 25.00mL 或 50.00mL 分离氢氧化物沉淀后的滤液，加入 6mL 三乙醇胺溶液 (1∶2)，加 20mL pH 约为 10 的 NH_3-NH_4Cl 缓冲溶液，加少许 K-B 指示剂至溶液呈紫红色，用 EDTA 标准溶液滴定至溶液由紫红色变为纯蓝色即为终点。记下 EDTA 滴定 Ca^{2+}、Mg^{2+} 含量所消耗的体积 V_1，平行测定 3 次。

再准确移取 25.00mL 或 50.00mL 分离氢氧化物沉淀后的滤液，加入 6mL 三乙醇胺溶液 (1∶2)，用 20%NaOH 溶液调节溶液的 pH 为 12～12.5 (可以用试纸检验)，加少许 K-B 指示剂至溶液呈紫红色，用 EDTA 标准溶液滴定至溶液由紫红色变为纯蓝色即为终点，记下 EDTA 滴定 Ca^{2+} 所消耗的体积 V_2，计算 CaO 的含量。用差减法计算 MgO 的含量，平行测定 3 次。

【数据记录及处理】

设计实验数据表格并进行数据处理，计算出 EDTA 的准确浓度 (保留 4 位有效数字)、$CuSO_4$ 与 EDTA 体积比，计算出硅酸盐水泥中 SiO_2、Fe_2O_3、Al_2O_3、CaO、MgO 的含量 ($g \cdot mL^{-1}$)。

EDTA 浓度计算公式：$c_{EDTA}=\dfrac{m_{CaCO_3}\times\dfrac{25}{250}\times10^3}{V_{EDTA}M_{CaCO_3}}$，单位为 $mol \cdot L^{-1}$

体积比计算公式：$\beta=\dfrac{25.00}{V_{CuSO_4}}$

SiO_2 含量计算公式：$w_{SiO_2}=\dfrac{m_{SiO_2}}{m_s}\times100\%$

Fe_2O_3 含量计算公式：$w_{Fe_2O_3}=\dfrac{\dfrac{1}{2}c_{EDTA}\cdot V_{EDTA}\cdot M_{Fe_2O_3}}{m_s}\times100\%$

Al_2O_3 含量计算公式：$w_{Al_2O_3}=\dfrac{\dfrac{1}{2}c_{EDTA}(25.00-\beta\cdot V_{CuSO_4})M_{Al_2O_3}}{m_s}\times100\%$

CaO 含量计算公式：$w_{CaO}=\dfrac{c_{EDTA}\cdot V_2\cdot M_{CaO}}{m_s\times\dfrac{25}{250}}\times100\%$

MgO 含量计算公式：$w_{MgO}=\dfrac{c_{EDTA}(V_1-V_2)M_{MgO}}{m_s\times\dfrac{25}{250}}\times100\%$

$M_{Fe_2O_3}=159.69g\cdot mol^{-1}$，$M_{Al_2O_3}=101.96g\cdot mol^{-1}$，$M_{CaO}=56.08g\cdot mol^{-1}$，$M_{MgO}=40.30g\cdot mol^{-1}$。

【注意事项】

1. 由于EDTA与Fe^{3+}在pH为1.8～2.0时的配位反应比较缓慢，故需要加热，在热溶液中（60～70℃）滴定以提高配位速度。温度过低，反应速度慢，终点拖长，Fe_2O_3的测定结果偏高；温度过高，试样中的部分铝离子将提前参与EDTA的配位反应，也使Fe_2O_3的测定结果偏高。

2. 测定铁含量时，最好控制测定溶液的体积为100mL左右。体积过大，由于终点颜色浅，视觉上有误差，易造成滴定过量，结果偏高。

3. 测定铁含量时，以PAN为指示剂，用硫酸铜标准溶液回滴时速度应稍快些，使达到终点时温度不要低于80℃，以免回色，使终点不容易辨别。

【思考题】

1. 用EDTA滴定Al^{3+}时，为什么需采用返滴定法？还能采用别的滴定方式吗？
2. 在测定Fe^{3+}、Al^{3+}、Ca^{2+}、Mg^{2+}时为什么要控制不同的pH？试分别加以讨论。
3. 在测定Ca^{2+}、Mg^{2+}时，Fe^{3+}、Al^{3+}的干扰可以采用哪些办法消除？

6.2 实验设计

实验58 化学分析（滴定分析）设计实验

【实验目的】

1. 综合运用所学理论知识及实验技能，根据不同分析对象设计不同滴定体系的测定方法，考察实施方案的合理性。

2. 培养学生分析问题和解决问题的能力。

【设计要求】

设计实验报告应包含以下几个方面：

1. 实验目的：通过本项目实验应该了解、掌握和熟悉相关的理论知识和实验技能，比如指示剂的选择、颜色变化、分析方法的原理等。

2. 实验原理：描述自行设计方案的方法原理、选用的指示剂及有关计算公式。

3. 仪器与试剂：实验所需主要仪器，包括大型、小型实验设备，玻璃仪器名称、型号，所用试剂的名称、纯度、浓度和配制方法。

4. 实验步骤：包括标准溶液的标定、试样或混合液各组分含量的测定步骤，要有详细和具体的量（浓度、加取体积）、有关现象（颜色的变化）等，具有可操作性。

5. 数据记录及处理：自行设计表格，记录并计算实验结果，要求表格简单明了，实验数据和实验结果的有效数字保留准确。

6. 结果讨论：对实验现象、实验结果和实验注意事项等加以讨论、对自行设计的分析设计方案进行评价，写出心得体会。

【设计思路】

1. 确定分析方法：根据所给题目查阅相关资料，结合所学知识选择合理可行实验方法，比如酸碱滴定法、氧化还原滴定法、配位滴定法和沉淀滴定法，可运用其中的一种或两种滴定法。

2. 能否直接或分别滴定：针对分析对象，先用准确滴定的判别式和分别滴定的判别式进行判别，将不能直接滴定的物质进行强化处理，将不能分别滴定的物质利用掩蔽、分离等方法消除干扰后测定。

3. 选择滴定剂：依据被测物的性质选择滴定剂，比如测定 Cu 含量，既可以用配位滴定法也可以用氧化还原滴定法，对应的滴定剂分别为 EDTA 和 $Na_2S_2O_3$。

4. 标定滴定剂：根据滴定剂确定基准物质并且对其进行标定。

5. 选择指示剂：依据选定的滴定方法，选择合适的指示剂。

6. 选择取样量：在滴定分析中，根据滴定剂的浓度（通常酸碱滴定剂约为 $0.1mol\cdot L^{-1}$、配位滴定剂约为 $0.01mol\cdot L^{-1}$、氧化还原滴定剂约为 $0.01\sim0.1mol\cdot L^{-1}$）和滴定剂体积消耗量在 20～30mL 时计算样品溶液或固体样品的取样量（注意：样品取样量不得少于 0.2g，否则应采用称取大样再分取的方法）。

【设计题目】

1. 磷酸盐溶液中各组分的测定

提示：查出 H_3PO_4 的三个 K_a 值，计算出三个 K_b 值。磷酸盐共有三种存在形式：PO_4^{3-}、HPO_4^{2-}、$H_2PO_4^-$。可采用双指示剂法在同一溶液中对其进行测定。如果其组成是 PO_4^{3-}、HPO_4^{2-}，选择什么做滴定剂？如果其组成是 HPO_4^{2-}、$H_2PO_4^-$，又该选择什么做滴定剂？根据 V_1、V_2 大小判断溶液组成，进而求相应组分含量。

2. HCl-NH_4Cl 混合液各自含量的测定

提示：NH_4^+ 为极弱酸（$pK_a=9.25$），NH_4Cl 不能被直接准确滴定，可在混合液中分步滴定 HCl。在测定 HCl 之后，可甲醛强化法测定 NH_4^+ 的含量。

3. NaOH-Na_3PO_4 混合液各自含量的测定

提示：利用判别式判断两者能不能分步滴定，若不能，可以采用双指示剂法，以 HCl 标准溶液为滴定剂，在同一溶液中对其进行测定。根据消耗 HCl 标准溶液的体积 V_1、V_2 求出相应组分含量。

4. NH_3-NH_4Cl 混合液各自含量的测定

提示：氨水是一种较弱的碱（$K_b=1.8\times10^{-5}$），可用 HCl 标准溶液直接滴定，其指示剂的选择应由化学计量点时溶液的 pH 来确定。而 NH_4Cl 的测定需要用甲醛强化，然后测定含量。

5. H_3BO_3 含量的测定

提示：H_3BO_3 为极弱酸，以甘油或甘露醇强化 H_3BO_3，用 NaOH 标准溶液滴定。

6. Al^{3+}、Zn^{2+} 混合液中各自含量的测定

提示：由于 Al^{3+}、Zn^{2+} 与 EDTA 形成配合物的稳定性非常接近，不能分别滴定，而 Al^{3+} 的测定中存在该组分易水解、络合反应速率慢、对二甲酚橙封闭等问题，无法用直接滴定法测试，可以考虑返滴定法测定合量，再采取置换滴定法测定 Al^{3+} 含量。

7. 维生素 C（药片）含量的测定

提示：维生素 C 具有较强的还原性，在空气中极易被氧化，尤其在碱性介质中更甚，测定时在弱酸性介质中进行。一般可采用间接碘量法进行滴定（参考碘量法测定铜含量的方法），也可以采用 I_2 标准溶液直接滴定。

8. 苯酚含量的测定

提示：$KBrO_3$ 与过量的 KBr 作用生成 Br_2，Br_2 与苯酚反应生成三溴苯酚，剩余的 Br_2 与过量的 I^- 反应产生 I_2，再用 $Na_2S_2O_3$ 标准溶液滴定。

实验 59　仪器分析设计实验

【实验目的】

1. 了解各种实验分析仪器的原理、结构、特点和使用方法，培养学生根据实际样品设计合理实验方案。

2. 培养学生分析问题和解决问题的能力，开拓思路，加深对理论知识的理解。

【设计要求】

设计实验报告应包含以下几个方面：

1. 实验目的：通过本项目实验应该了解、掌握和熟悉相关的理论知识和实验技能，比如分析方法的原理、分析仪器的使用方法等。

2. 实验原理：描述自行设计方案的方法原理、测定条件、干扰及其消除等。

3. 仪器与试剂：实验所需主要仪器，包括大型、小型实验设备，玻璃仪器名称、型号，所用试剂的名称、纯度、浓度和配制方法。

4. 实验步骤：包括分析仪器的操作条件、试样各组分含量测定步骤，要有详细和具体的量、有关现象等，具有可操作性。

5. 数据记录及处理：自行设计表格，记录并计算实验结果，要求表格简单明了，实验数据和实验结果的有效数字保留准确。

6. 结果讨论：对实验现象、实验结果和实验注意事项等加以讨论、对自行设计的分析设计方案进行评价，写出心得体会。

【设计思路】

1. 确定分析方法：根据所给题目查阅相关资料，针对分析对象、含量，结合所学知识选择合理可行的实验方法，包括紫外-可见分光光度法、电位滴定法、原子吸收分光光度法、红外光谱等。

2. 测定条件选择：针对分析对象，确定最佳分析条件，比如测定波长、比色皿、灯电流、乙炔流量、空气流量等。

3. 选择滴定剂：针对电位滴定法，依据被测物的性质选择滴定剂，比如利用电位滴定法测定 HAc 含量时，应选用 NaOH 为滴定剂。

4. 标准曲线绘制：针对紫外-可见分光光度法和原子吸收分光光度法，合理选择加入标准溶液量使标准曲线具有较宽的线性范围。

5. 取样量：在分光光度法中，要求控制试液的吸光度在标准曲线的线性范围内的取样量；在滴定分析中，要求控制滴定剂体积消耗量在20～30mL时样品的取样量。

【设计题目】

1. $HCl-H_3PO_4$ 混合液各自含量的测定

提示：酸碱滴定时，既可以用指示剂法又可以用电位法指示滴定终点。本实验采用电位滴定法进行测定，首先确定滴定剂，再配制和标定滴定剂，利用判别式判断整个滴定有几个突跃，产生第一个突跃时目标物被滴定的程度，产生第二个突跃时目标物被滴定的程度，利用作图法和二阶微商计算滴定终点体积，再根据消耗滴定剂的体积 V_1、V_2 值分别求得两种酸的含量。

2. 混合碱的测定

提示：采用电位滴定法进行测定，参见 $HCl-H_3PO_4$ 混合液各自含量的测定。

3. HAc 解离常数 K_a 值的测定

提示：采用电位滴定法进行测定，可通过作图法确定滴定终点，或利用二阶微商等于0计算滴定终点时消耗滴定剂的体积 V_0，在 pH-V 曲线上查得 $1/2V_0$ 所对应的 pH，即 $pH=pK_a$。

4. 邻菲啰啉铁配合物组成的测定

提示：由于邻菲啰啉铁配合物具有颜色且稳定，可利用紫外-可见分光光度法进行测定。采用摩尔比法对配合物组成进行测定，具体内容参考分析化学理论教材相关知识。

5. 甲基橙解离常数 K_a 值的测定

提示：甲基橙为有机弱酸，具有颜色，且随酸度的不同而变化，可利用紫外-可见分光光度法进行测定。首先配制一系列总浓度相等，而 pH 不同的溶液，使 pH 在强酸和强碱大范围变化，并测定每份溶液准确 pH，再测定各溶液的吸光度，根据相关公式计算 K_a 值。

6. 茶水中 Pb^{2+}、Cu^{2+} 含量的测定

提示：采用原子吸收分光光度法进行测定，参考相关文献确定最佳仪器工作条件。将一定量茶叶用烧开的去离子水冲泡，取上清液分析，其吸光度值不得超过标准曲线线性范围。

7. 分光光度法实验条件选择

提示：学生可以根据邻二氮菲光度法测定铁的实验进行实验设计，自行拟定实验条件和取值范围。比如溶液酸度、显色剂用量、显色时间、盐酸羟胺用量等，每次只改变一个实验条件，较大且平稳的吸光度值所对应的数值为最佳工作条件。

8. 苯甲醛红外谱图的测定与解析

提示：基团的振动频率和吸收强度与组成基团的原子量、化学键类型及分子的几何构型等有关。因此，根据红外吸收光谱的峰值、峰强、峰形和峰的数目，可以判断物质中可能存在着某些官能团，进而推断未知物的结构。苯甲醛有两个显著特征，醛基和苯环结构，在红外谱图上分别标出醛基和苯环的特征峰。

9. 色谱参数的测定

提示：色谱参数包括调整保留时间、容量因子、理论塔板数、有效塔板数和分离度等。在正丙醇、异丁醇、正丁醇、异戊醇、正己醇、环己醇中选择其中的3个为分析对象，按大致1∶1的体积比混合制成样品。色谱条件可参考本书相关实验确定，先取空气50μL 注入仪器中，准确记录死时间 t_M，重复几次，取平均值。然后注入混合液，重复测定几次，取

平均值，按计算公式进行计算。

实验60 综合设计实验

【实验目的】

1. 培养学生综合运用分析化学理论和实验知识解决复杂样品测试的能力。

2. 开拓学生思路，加深对理论知识的理解。

【设计要求】

设计实验报告应包含以下几个方面：

1. 实验目的：通过本项目实验应该了解、掌握和熟悉相关的理论知识和实验技能，比如分析方法的原理、分析仪器的使用方法等。

2. 实验原理：描述自行设计方案的方法原理、测定条件、干扰及其消除等。

3. 仪器与试剂：实验所需主要仪器，包括大型、小型实验设备，玻璃仪器名称、型号，所用试剂的名称、纯度、浓度和配制方法。

4. 实验步骤：包括分析仪器的操作条件、试样各组分含量测定步骤，要有详细和具体的量、有关现象等，具有可操作性。

5. 数据记录及处理：自行设计表格，记录并计算实验结果，要求表格简单明了，实验数据和实验结果的有效数字保留准确。

6. 结果讨论：对实验现象、实验结果和实验注意事项等加以讨论、对自行设计的分析设计方案进行评价，写出心得体会。

【设计思路】

1. 确定分析方法：根据所给分析对象、含量，分析结果的准确度的要求，结合所学知识查阅相关文献，选择合理可行的实验方法，包括四大滴定法、重量法和仪器分析法。

2. 测定条件选择：针对仪器分析，根据分析对象，确定最佳分析条件，比如测定波长、比色皿、灯电流、乙炔流量、空气流量等。

3. 标准曲线绘制：针对紫外-可见分光光度法和原子吸收分光光度法，合理选择加入标准溶液量使标准曲线具有较宽的线性范围。

4. 选择滴定剂：针对不同滴定法，依据被测物的性质选择滴定剂。比如利用电位滴定法测定 HAc 含量时，应选用 NaOH 为滴定剂；用氧化还原滴定法测定 Cu 含量时，应选用 $Na_2S_2O_3$ 为滴定剂。

5. 标定：根据滴定剂确定基准物质并对其进行标定。

6. 选择指示剂：依据选定滴定方法，选择合适的指示剂。

7. 取样量：根据标准曲线的线性范围和滴定剂合理消耗体积称取试样。

【设计题目】

1. Cr^{3+}、Mn^{2+}溶液中各组分的测定

提示：如果 Cr^{3+}、Mn^{2+} 的含量都为微量，可向溶液中加入 KIO_4 溶液将 Cr^{3+} 氧化为 $Cr_2O_7^{2-}$、将 Mn^{2+} 氧化为 MnO_4^-，由于 $Cr_2O_7^{2-}$、MnO_4^- 均有颜色，可利用吸光度的加和

性原理，在 $Cr_2O_7^{2-}$ 和 MnO_4^- 的最大吸收波长 440nm 和 545nm 处测定混合溶液的总吸光度，然后用解联立方程式的方法分别求出溶液中 Cr^{3+}、Mn^{2+} 的含量。或者用原子吸收法测定 Cr^{3+}、Mn^{2+} 的含量。

如果 Cr^{3+}、Mn^{2+} 的含量都为常量，可用配位滴定法通过控制溶液酸度，在同一溶液中将 Cr^{3+}、Mn^{2+} 分别滴定。

如果 Cr^{3+}、Mn^{2+} 的含量其中一个为常量一个为微量，可用配位滴定法测定常量组分，用原子吸收法测定微量组分。

2. $HCl-H_2C_2O_4$ 混合液各自含量的测定

提示：利用判别式判断两者能不能分步滴定，若不能，可以用 NaOH 标准溶液滴定混合液各组分的总量，加入 Ca^{2+} 使 $C_2O_4^{2-}$ 生成 CaC_2O_4 沉淀，过滤、洗涤沉淀，用酸溶解沉淀，用高锰酸钾法测定 $C_2O_4^{2-}$ 含量，两者差值即为 HCl 的量。

3. $HCl-H_2SO_4$ 混合液各自含量的测定

提示：利用判别式判断两者能不能分步滴定，若不能，可以用 NaOH 标准溶液滴定混合液各组分的总量，结合沉淀滴定法测定 Cl^- 含量，两者差值即为 H_2SO_4 的量；或加入 $BaCl_2$ 沉淀 SO_4^{2-}，用酸溶解沉淀，用配位滴定法测定 Ba^{2+}，即 H_2SO_4 的量，两者差值即为 HCl 的量；或者利用 $BaSO_4$ 重量法测定 SO_4^{2-}，进而求得 H_2SO_4 的量。

4. 铜溶液中铜含量和酸度的测定

提示：首先观察试样溶液是否有颜色（蓝色）及颜色的深浅度，粗略判断铜含量是微量还是常量。如果溶液颜色比较深，说明铜含量比较高，为常量分析，则可以采用配位滴定法或氧化还原滴定法；如果溶液颜色比较淡或者没有颜色，说明铜含量比较低，可以采用原子吸收光谱法或紫外-可见分光光度法。溶液的酸度可以通过 pH 计进行测定，当酸度较高时，可采用酸碱滴定法进行测定，但在选择指示剂时必须考虑铜离子水解的影响。

6.3 技能考核

实验 61 化学分析实验技能考核

【考核题目】

配位滴定法测定水中钙的含量

【考核内容】

1. 标准溶液的配制
2. 标准溶液的标定
3. 未知样品的测定
4. 计算标准溶液的浓度和样品中钙的含量
5. 实验结束后工作台的整理
6. 实验记录和数据处理

【主要考核项目】

1. 理论知识：配位滴定的计算能力、理论应用能力。

2. 实验操作基本能力：物质的称量，溶液的配制和转移，配位滴定。

3. 实验器具的使用知识：天平、容量瓶、烧杯、玻璃棒、锥形瓶、移液管、吸量管、滴定管、试剂瓶等。

4. 个人实验习惯：实验用品的摆放。

5. 原始记录：及时性、真实性、准确性。

6. 实验结果：标定的精密度，未知样品测量的准确度。

【仪器与试剂】

1. 仪器

滴定管（50mL）；烧杯（250mL）；锥形瓶（250mL）；大量筒（100mL）；小量筒（10mL）；细口试剂瓶（500mL）；容量瓶（250mL）；移液管（25mL）；玻璃棒；分析天平（0.0001g）。

2. 试剂

ZnO(AR)；钙指示剂；铬黑 T；HCl（1∶1）；$NH_3 \cdot H_2O$（10%）；NH_3-NH_4Cl 缓冲溶液（pH=10，已添加 MgY）；NaOH（20%）；EDTA(0.02mol·L^{-1})。

【实验步骤】

1. 0.025mol·L^{-1}锌标准溶液的配制

用分析天平准确称取 0.50～0.55g ZnO（800℃灼烧、干燥处理至恒重）置于 250mL 烧杯中，用少量去离子水湿润。滴加适量的 1∶1 HCl 使之完全溶解，并转移至 250mL 容量瓶中，以去离子水定容，摇匀。

2. EDTA 溶液的标定

用 25mL 移液管准确移取上述标准溶液 25.00mL 于 250mL 锥形瓶内，加 70mL 去离子水，用氨水溶液（10%）调节溶液 pH 值为 7～8（微微浑浊），加 10mL NH_3-NH_4Cl 缓冲溶液（pH=10）和少许铬黑 T 指示剂，用 EDTA 溶液滴定至溶液由紫色变为纯蓝色即为终点。重复以上操作，平行测定三次。

3. 未知样品的测定

移取未知样品溶液（含钙约 0.02mol·L^{-1}）25.00mL 于 250mL 锥形瓶中，依次加入 30mL 去离子水、2mL 20% NaOH 溶液，摇匀，再加入少许钙指示剂，摇匀后，用 EDTA 标准溶液滴定至溶液由红色变为纯蓝色即为终点。重复以上操作，平行测定三次。

【数据记录及处理】

EDTA 浓度计算公式：$c_{EDTA}=\dfrac{m_{ZnO}\times\dfrac{25}{250}\times10^3}{V_{EDTA}M_{ZnO}}$，单位为 mol·$L^{-1}$

钙的含量计算公式：$\rho_{Ca}=\dfrac{c_{EDTA}V_{EDTA}M_{Ca}\times10^3}{V_{水样}}$，单位为 mg·$L^{-1}$

$M_{ZnO}=81.39g\cdot mol^{-1}$，$M_{Ca}=40.08g\cdot mol^{-1}$。

【实验考核评分表】

考核项目	详细条目	分值	扣分	备注
物质的称量（10分）	未清扫天平	2		
	读数时未关闭天平门	2		
	称量时未戴称量手套	2		
	称量质量不在要求称量范围	2		
	样品出现洒落	2		
溶液转移和配制（10分）	持取试剂瓶等带标签容器时标签未向手心	2		
	试剂瓶等瓶盖未倒过来放置在台面上	2		
	转移溶液时有损失	2		
	转移溶液时烧杯清洗次数少于3次	2		
	未用玻璃棒引流	2		
容量瓶的使用（5分）	使用前未检查漏水情况	1		
	瓶内溶液达到2/3～3/4处未平摇混合	2		
	定容后未混合均匀	1		
	定容不准或返工	1		
移液管的使用（10分）	润洗次数不足3次	2		
	吸液操作不熟练、不规范	2		
	调整液面前外壁未擦干	1		
	液面调整时不准确、不规范	2		
	放液时未沿容器内壁流下、不垂直、等待时间不足	2		
	用吸耳球吹	1		
滴定管的使用（15分）	润洗次数不足3次	2		
	滴定前未排下端气泡	2		
	滴定操作手法不规范	2		
	滴定速度控制不当	3		
	滴定终点判断不准确	2		
	滴定过程中偷看读数	2		
	读数不准确	2		
数据记录、结果计算和数据处理（10分）	划改原始数据	1		
	涂改数据	2		
	未写或写错计量单位	1		
	记录数据有效数字位数不对	1		
	未求标准偏差	1		
	计算公式错误	1		
	公式准确但结果错误	1		
	报告不规范、不完整、不整洁	2		
结果评价（35分）	EDTA标定的精确度不好	8		S_r>0.5%
	测定结果准确度不好	25	0	S_r<0.3%
			5	0.3%～0.5%
			10	0.5%～0.8%
			20	0.8%～1.0%
			25	S_r>1.0%
	实验时间过长	2		>2.5h
实验管理（5分）	玻璃器皿破损	1		
	操作台面未摆放整齐	1		
	废纸、废液未放在规定地方	1		
	实验结束未清洗玻璃器皿	1		
	天平未复原	1		
总计		100		

实验 62　仪器分析实验技能考核

【考核题目】

邻二氮菲分光光度法测定水中微量铁。

【考核内容】

1. 分光光度计的使用
2. 标准系列和试样的显色操作
3. 吸收曲线的绘制和测定波长的选择
4. 未知样品的测定
5. 绘制标准曲线并计算试样中铁的含量
6. 实验结束后工作台的整理
7. 实验记录和数据处理

【主要考核项目】

1. 理论知识：分光光度法的定量分析。

2. 实验操作基本能力：分光光度计的使用，溶液显色及比色测定，绘制吸收曲线和标准曲线。

3. 实验器具的使用知识：比色管、吸量管、量筒、比色皿、分光光度计等。

4. 个人实验习惯：实验用品的摆放。

5. 原始记录：及时性、真实性、准确性。

6. 实验结果：绘制吸收曲线和标准曲线，标准曲线的线性关系，未知样品测量的准确度。

【仪器与试剂】

1. 仪器

比色管（50mL）；比色管架；吸量管（1mL、5mL、10mL）；小量筒（10mL）；V-5000 型分光光度计；比色皿（1cm）。

2. 试剂

铁标准溶液（$10\mu g\cdot mL^{-1}$）；盐酸羟胺溶液（10%）；邻二氮菲溶液（0.1%）；NaAc 溶液（$1mol\cdot L^{-1}$）；未知水样。

【实验步骤】

1. 吸收曲线的绘制

准确移取 $10\mu g\cdot mL^{-1}$ 铁标准溶液 5.00mL 于 50mL 比色管中，加入 10%盐酸羟胺溶液 1mL，摇匀，放置 2min 后，再分别加入 5mL $1mol\cdot L^{-1}$ NaAc 及 3mL 0.1% 邻二氮菲，以去离子水稀释至刻度，摇匀。在 V-5000 型分光光度计上，用 1cm 比色皿，以去离子水为参比溶液，波长从 570nm 开始，到 430nm 为止，每隔 10nm 或 20nm 测定一次吸光度，其中 530～490nm，每隔 10nm 测一次，在吸收峰附近每隔 5nm 测一次吸光度。以波长为横坐标，吸光度为纵坐标绘制出吸收曲线，从吸收曲线上确定测定的适宜波长（最大吸收波长）。

2. 标准曲线的绘制

于 6 只 50mL 的比色管中，分别加入 $10\mu g\cdot mL^{-1}$ 铁标准溶液 0.00mL、2.00mL、4.00mL、6.00mL、8.00mL、10.00mL，然后各加入 1mL 10%的盐酸羟胺，摇匀，放置

2min 后，再分别加入 5mL $1mol \cdot L^{-1}$ NaAc 及 3mL 0.1% 邻二氮菲，以去离子水稀释至刻度，摇匀。以试剂空白为参比，用 1cm 比色皿于最大波长处测定各溶液的吸光度。以铁标准溶液体积为横坐标，吸光度为纵坐标，绘制工作曲线。

3. 水样中铁含量的测定

移取 5.00mL 水样代替铁标准溶液，其他步骤同上，测定吸光度，由未知液的吸光度值在工作曲线上查出未知液中的铁含量。

【数据记录及处理】

1. 以测定波长为横坐标，吸光度为纵坐标绘制吸收曲线，在吸收曲线上找出最大吸收波长。

2. 以加入的铁标准溶液体积为横坐标，吸光度为纵坐标绘制标准曲线，在标准曲线上求得未知液中铁的含量。

未知液中的铁含量计算公式：$\rho_{Fe}=\frac{10\times V}{5.0}$，单位为 $\mu g \cdot mL^{-1}$

【实验考核评分表】

考核项目	详细条目	分值	扣分	备注
显色操作（20分）	加入试剂顺序不对	3		
	吸液操作不熟练、不规范	3		
	液面调整时不准确、不规范	3		
	每加入一种试剂未摇匀	3		
	定容后未混合均匀	3		
	定容不准或返工	5		
仪器准备与校正（10分）	仪器未预热 20min	2		
	比色皿光面擦拭不正确	2		
	比色皿放置不正确	2		
	仪器校正方法不对	2		
	比色皿液面不在 2/3～4/5 范围	2		
吸光度测定（15分）	测定波长未调整至最大吸收波长	2		
	测量前未用待测液润洗	2		
	比色皿放置方向不对	2		
	测量顺序未从稀到浓	2		
	每次调节波长未用试剂空白调零	3		
	每次测量一个试样后吸光度未调零	2		
	操作液洒落在仪器上	2		
数据记录、数据处理（10分）	划改原始数据	1		
	涂改数据	2		
	绘制曲线不规范	1		
	记录数据有效数字位数不对	1		
	工作曲线线性不好	2		
	未求标准偏差	1		
	计算公式错误	1		
	报告不规范、不完整、不整洁	1		
结果评价（40分）	最大吸收波长不对	5		(510±5)nm
	测定结果准确度不好	30	0	$S_r<4\%$
			5	4%～6%
			10	6%～8%
			20	8%～10%
			30	$S_r>10\%$
	实验时间过长	5		>2.5h

（续表）

考核项目	详细条目	分值	扣分	备注
实验管理（5 分）	玻璃器皿破损	1		
	操作台面未摆放整齐	1		
	废纸、废液未放在规定地方	1		
	实验结束未清洗玻璃器皿和表面皿	1		
	分光光度计未复原	1		
总计		100		

附录

附录1　实验常用仪器介绍

仪　　器	规　　格	用　　途	注意事项
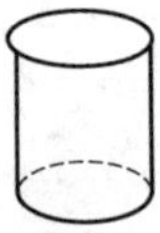 烧杯	以容积(mL)表示	用于盛放试剂或用作反应器	加热时应放在石棉网上
 锥形瓶	以容积(mL)表示	反应容器,振荡方便,常用于滴定操作	加热时应放在石棉网上
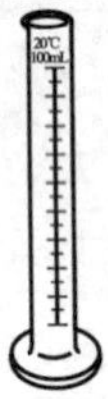 量筒	以容积(mL)表示	用于量取一定体积的液体	不能受热
 吸量管和移液管	以刻度最大标度(mL)表示,璃质,移液管为单刻度,吸量管有分刻度	用于准确移取一定体积的液体	不能加热,用后应洗净,置于吸管架上,以免沾污
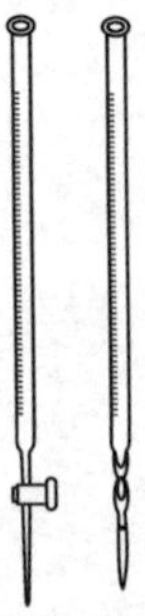 酸式　碱式 滴定管	以刻度最大标度(mL)表示,玻璃质,分酸式和碱式两种,管身为无色或棕色	用于滴定,或量取准确体积的液体	不能加热或量取热的液体。 不能用毛刷洗涤内管壁。 酸式、碱式滴定管不能互换使用,酸式滴定管和酸式滴定管的玻璃活塞配套使用,不能互换

（续表）

仪器	规格	用途	注意事项
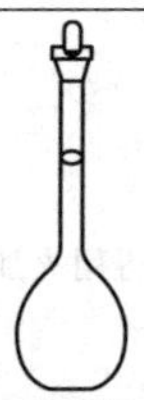 容量瓶	以容积(mL)表示	用于配制准确浓度的溶液	不能受热
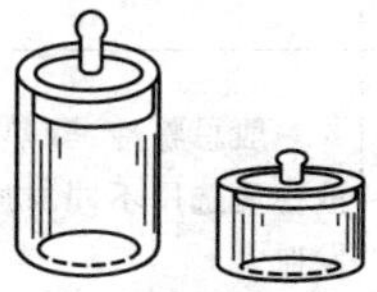 称量瓶	以(外径×高)表示，单位为mm	用于准确称取固体粉状样品	
 干燥器	以外径(mm)表示	用于干燥或保存试剂	不得放入过热物品
 药匙	牛角、瓷质或塑料制	取固体试剂	试剂专用，不得混用
 滴瓶	以容积(mL)表示	用于盛放指示剂溶液和试液	滴管不得互换，不能长期盛放浓碱液
 细口瓶 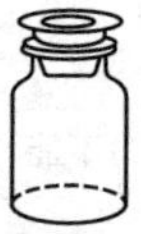 广口瓶	以容积(mL)表示	细口瓶和广口瓶分别用于盛放液体试剂和固体试剂	盛放碱性试剂时应使用橡胶或塑料瓶塞
 表面皿	以口径(mm)表示	盖在烧杯上	不得用火加热
 漏斗	以口径(mm)表示	用于过滤	不得用火加热
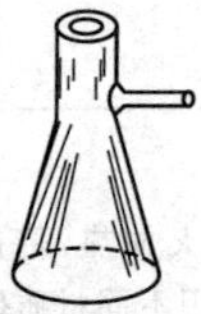 吸滤瓶  布氏漏斗	布氏漏斗为瓷质，以容量(mL)或口径(mm)表示，吸滤瓶以容积(mL)表示	用于减压过滤	不得用火加热

（续表）

仪器	规格	用途	注意事项
 分液漏斗	以容积（mL）表示，分球形和梨形	用于分离互不相溶的液体，也可用作发生气体装置中的加液漏斗	不得用火加热
 蒸发皿	以口径（mm）或容积（mL）表示，材质有瓷、石英、铂等	用于蒸发液体或溶液	一般忌骤冷、骤热，视试液性质选用不同材质的蒸发皿
 坩埚	以容积（mL）表示，材质有瓷、石英、刚玉、铁、镍、铂等	用于灼烧沉淀和试剂	一般忌骤冷、骤热、依试剂性质选用不同材质的坩埚
 坩埚钳	以长度（cm）表示，金属（铜、铁）制品，有长短不一的各种规格	加持坩埚加热或往热源（电炉、煤气灯、马弗炉）中取放坩埚	使用前钳埚尖应预热，用后坩埚尖应向上放在桌面或石棉网上
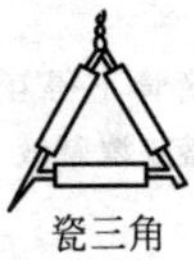 瓷三角	有大小之分	支撑灼烧坩埚	
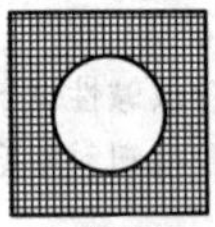 石棉网	有大小之分	支撑受热器皿	不能与水接触
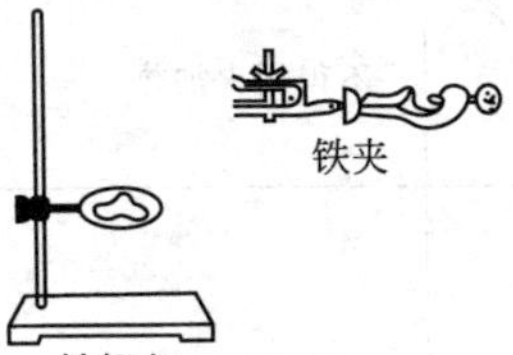 铁架台		用于固定或放置滴定管和容器	
 三脚架	有大小、高低之分	支撑较大或较重的加热容器	
 研钵	筒形，以口径（mm）表示，材质有瓷、玻璃、玛瑙、铁等	用于研磨固体试剂	不得用火加热，依固体的性质选用不同材质研钵

（续表）

仪　　器	规　　格	用　　途	注意事项
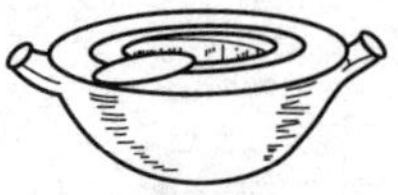 水浴锅	铜质或铝质，有大、中、小之分	用于水浴加热	
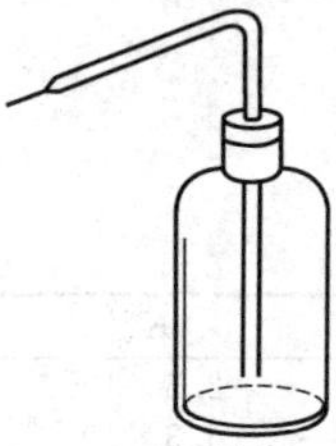 洗瓶	塑料材质，以容积(mL)表示，一般为250mL、500mL	装去离子水用，用于挤出少量去离子水洗沉淀或仪器	不能漏气，远离火源

附录 2　弱酸、弱碱的解离常数

弱酸的解离常数（298.15K）

弱　酸	解离常数 $K_a^\ominus$
H_3AsO_4	$K_{a1}^\ominus=6.0\times10^{-3}$；　$K_{a2}^\ominus=1.0\times10^{-7}$；　$K_{a3}^\ominus=3.2\times10^{-12}$
H_3AsO_3	$K_a^\ominus=6.3\times10^{-10}$
H_3BO_3	$K_a^\ominus=5.8\times10^{-10}$
$H_2B_4O_7$	$K_{a1}^\ominus=1.0\times10^{-4}$；　$K_{a2}^\ominus=1.0\times10^{-9}$
HBrO	$K_a^\ominus=2.0\times10^{-9}$
H_2CO_3	$K_{a1}^\ominus=4.2\times10^{-7}$；　$K_{a2}^\ominus=5.6\times10^{-11}$
HCN	$K_a^\ominus=6.2\times10^{-10}$
H_2CrO_4	$K_{a1}^\ominus=9.5$；　$K_{a2}^\ominus=3.2\times10^{-7}$
HClO	$K_a^\ominus=2.8\times10^{-8}$
HF	$K_a^\ominus=6.6\times10^{-4}$
HIO	$K_a^\ominus=2.3\times10^{-11}$
HIO_3	$K_a^\ominus=0.16$
HIO_4	$K_a^\ominus=2.8\times10^{-2}$
HNO_2	$K_a^\ominus=7.2\times10^{-4}$
H_2O_2	$K_a^\ominus=2.2\times10^{-12}$
H_3PO_4	$K_{a1}^\ominus=6.9\times10^{-3}$；　$K_{a2}^\ominus=6.2\times10^{-8}$；　$K_{a3}^\ominus=4.8\times10^{-13}$
H_3PO_3	$K_{a1}^\ominus=6.3\times10^{-2}$；　$K_{a2}^\ominus=2.0\times10^{-7}$
H_2SO_4	$K_{a2}^\ominus=1.0\times10^{-2}$
H_2SO_3	$K_{a1}^\ominus=1.3\times10^{-2}$；　$K_{a2}^\ominus=6.3\times10^{-8}$
H_2S	$K_{a1}^\ominus=1.1\times10^{-7}$；　$K_{a2}^\ominus=1.3\times10^{-13}$
HSCN	$K_a^\ominus=1.41\times10^{-1}$
H_2SiO_3	$K_{a1}^\ominus=1.7\times10^{-10}$；　$K_{a2}^\ominus=1.6\times10^{-12}$
$H_2C_2O_4$	$K_{a1}^\ominus=5.4\times10^{-2}$；　$K_{a2}^\ominus=6.4\times10^{-5}$
HCOOH	$K_a^\ominus=1.77\times10^{-4}$
CH_3COOH	$K_a^\ominus=1.75\times10^{-5}$
$ClCH_2COOH$	$K_a^\ominus=1.4\times10^{-3}$
$CH_2=CHCOOH$	$K_a^\ominus=5.5\times10^{-5}$
H_4Y	$K_{a1}^\ominus=1.0\times10^{-2}$　$K_{a2}^\ominus=2.1\times10^{-3}$　$K_{a3}^\ominus=6.9\times10^{-7}$　$K_{a4}^\ominus=5.5\times10^{-11}$

弱碱的解离常数（298.15K）

弱碱	解离常数 $K_b^\ominus$
$NH_3 \cdot H_2O$	$K_b^\ominus = 1.8\times10^{-5}$
NH_2-NH_2	$K_b^\ominus = 9.8\times10^{-7}$
NH_2OH	$K_b^\ominus = 9.1\times10^{-9}$
$C_6H_5NH_2$	$K_b^\ominus = 4\times10^{-10}$
C_5H_5N	$K_b^\ominus = 1.5\times10^{-9}$
$(CH_2)_6N_4$	$K_b^\ominus = 1.4\times10^{-9}$

附录 3 溶度积常数（298.15K）

难溶电解质	$K_{sp}^\ominus$	难溶电解质	$K_{sp}^\ominus$
AgCl	1.77×10^{-10}	Cu_2S	2.5×10^{-48}
AgBr	5.35×10^{-13}	CuS	6.3×10^{-36}
AgI	8.52×10^{-17}	$CuCO_3$	1.4×10^{-10}
AgOH	2.0×10^{-8}	$Fe(OH)_2$	8.0×10^{-16}
Ag_2SO_4	1.20×10^{-5}	$Fe(OH)_3$	4×10^{-38}
Ag_2SO_3	1.50×10^{-14}	$FeCO_3$	3.2×10^{-11}
Ag_2S	6.3×10^{-50}	FeS	6.3×10^{-18}
Ag_2CO_3	8.46×10^{-12}	$Hg(OH)_2$	3.0×10^{-26}
AgC_2O_4	3.40×10^{-11}	Hg_2Cl_2	1.3×10^{-18}
Ag_2CrO_4	1.12×10^{-12}	Hg_2Br_2	5.6×10^{-23}
$Ag_2Cr_2O_7$	2.0×10^{-7}	Hg_2I_2	4.5×10^{-29}
Ag_3PO_4	1.4×10^{-16}	Hg_2CO_3	8.9×10^{-17}
$Al(OH)_3$	1.3×10^{-33}	$HgBr_2$	6.2×10^{-20}
As_2S_3	2.1×10^{-22}	HgI_2	2.8×10^{-29}
$Au(OH)_3$	5.5×10^{-46}	Hg_2S	1.0×10^{-47}
BaF_2	1.0×10^{-6}	HgS(红)	4×10^{-53}
$Ba(OH)_2 \cdot 8H_2O$	2.55×10^{-4}	HgS(黑)	1.6×10^{-52}
$BaSO_4$	1.08×10^{-10}	$K_2[PtCl_6]$	1.1×10^{-5}
$BaSO_3$	8×10^{-7}	$Mg(OH)_2$	1.8×10^{-11}
$BaCO_3$	5.1×10^{-9}	$La(OH)_3$	2.0×10^{-19}
BaC_2O_4	1.6×10^{-7}	LiF	3.8×10^{-3}
$BaCrO_4$	1.17×10^{-10}	$MgCO_3$	3.5×10^{-8}
$Ba_3(PO_4)_2$	3.4×10^{-23}	$Mn(OH)_2$	1.9×10^{-13}
$Be(OH)_2$	1.6×10^{-22}	MnS(无定形)	2.5×10^{-10}
$Bi(OH)_3$	4×10^{-30}	MnS(结晶)	2.5×10^{-13}
BiOCl	1.8×10^{-31}	$MnCO_3$	1.8×10^{-11}
$BiO(NO_3)$	2.82×10^{-3}	$Ni(OH)_2$(新析出)	2.0×10^{-15}
Bi_2S_3	1×10^{-97}	$NiCO_3$	6.6×10^{-9}
$CaSO_4$	9.1×10^{-6}	α-NiS	3.2×10^{-19}
$CaCO_3$	2.8×10^{-9}	$Pb(OH)_2$	1.2×10^{-15}
$Ca(OH)_2$	5.5×10^{-6}	$Pb(OH)_4$	3.2×10^{-66}
CaF_2	2.7×10^{-11}	PbF_2	2.7×10^{-8}
$CaC_2O_4 \cdot H_2O$	4×10^{-9}	$PbCl_2$	1.6×10^{-5}
$Ca_3(PO_4)_2$	2.07×10^{-29}	$PbBr_2$	4.0×10^{-5}
$Cd(OH)_2$	5.27×10^{-15}	PbI_2	7.1×10^{-9}
CdS	8.0×10^{-27}	$PbSO_4$	1.6×10^{-8}
$Co(OH)_2$	1.6×10^{-15}	$PbCO_3$	7.4×10^{-14}
$Co(OH)_3$	1.6×10^{-44}	$PbCrO_4$	2.8×10^{-13}
$CoCO_3$	1.4×10^{-13}	PbS	1.3×10^{-28}
α-CoS	4.0×10^{-21}	$Sn(OH)_2$	1.4×10^{-28}
β-CoS	2.0×10^{-25}	$Sn(OH)_4$	1.0×10^{-56}
$Cr(OH)_3$	6.3×10^{-31}	SnS	1.0×10^{-25}
$CsClO_4$	3.95×10^{-3}	$SrCO_3$	1.1×10^{-10}
Cu(OH)	1×10^{-14}	$SrCrO_4$	2.2×10^{-5}
$Cu(OH)_2$	2.2×10^{-20}	$Zn(OH)_2$	1.2×10^{-17}
CuCl	1.2×10^{-6}	$ZnCO_3$	1.4×10^{-11}
CuBr	5.3×10^{-9}	α-ZnS	1.6×10^{-24}
CuI	1.1×10^{-12}	β-ZnS	2.5×10^{-22}

附录 4 标准电极电势（298.15K）

在酸性溶液中

电　对	电极反应	$\varphi^{\ominus}$/V
Li^+/Li	$Li^+ + e^- = Li$	−3.045
K^+/K	$K^+ + e^- = K$	−2.925
Ba^{2+}/Ba	$Ba^{2+} + 2e^- = Ba$	−2.91
Ca^{2+}/Ca	$Ca^{2+} + 2e^- = Ca$	−2.87
Na^+/Na	$Na^+ + e^- = Na$	−2.714
Mg^{2+}/Mg	$Mg^{2+} + 2e^- = Mg$	−2.37
Be^{2+}/Be	$Be^{2+} + 2e^- = Be$	−1.85
Al^{3+}/Al	$Al^{3+} + 3e^- = Al$	−1.66
Mn^{2+}/Mn	$Mn^{2+} + 2e^- = Mn$	−1.17
Zn^{2+}/Zn	$Zn^{2+} + 2e^- = Zn$	−0.763
Cr^{3+}/Cr	$Cr^{3+} + 3e^- = Cr$	−0.86
Fe^{2+}/Fe	$Fe^{2+} + 2e^- = Fe$	−0.440
Cd^{2+}/Cd	$Cd^{2+} + 2e^- = Cd$	−0.403
$PbSO_4/Pb$	$PbSO_4 + 2e^- = Pb + SO_4^{2-}$	−0.356
Co^{2+}/Co	$Co^{2+} + 2e^- = Co$	−0.29
Ni^{2+}/Ni	$Ni^{2+} + 2e^- = Ni$	−0.25
AgI/Ag	$AgI + e^- = Ag + I^-$	−0.152
Sn^{2+}/Sn	$Sn^{2+} + 2e^- = Sn$	−0.136
Pb^{2+}/Pb	$Pb^{2+} + 2e^- = Pb$	−0.126
H^+/H_2	$2H^+ + 2e^- = H_2$	0.0000
$AgBr/Ag$	$AgBr + e^- = Ag + Br^-$	0.071
Cu^{2+}/Cu^+	$Cu^{2+} + e^- = Cu^+$	0.34
$AgCl/Ag$	$AgCl + e^- = Ag + Cl^-$	0.2223
Cu^+/Cu	$Cu^+ + e^- = Cu$	0.52
I_2/I^-	$I_2 + 2e^- = 2I^-$	0.545
$H_3AsO_4/HAsO_2$	$H_3AsO_4 + 2H^+ + 2e^- = HAsO_2 + 2H_2O$	0.581
$HgCl_2/Hg_2Cl_2$	$2HgCl_2 + 2e^- = Hg_2Cl_2 + 2Cl^-$	0.63
O_2/H_2O_2	$O_2 + 2H^+ + 2e^- = H_2O_2$	0.69
Fe^{3+}/Fe^{2+}	$Fe^{3+} + e^- = Fe^{2+}$	0.771
Hg_2^{2+}/Hg	$Hg_2^{2+} + 2e^- = 2Hg$	0.907
Ag^+/Ag	$Ag^+ + e^- = Ag$	0.7991
Hg^{2+}/Hg	$Hg^{2+} + 2e^- = Hg$	0.8535
Cu^{2+}/CuI	$Cu^{2+} + I^- + e^- = CuI$	0.907
Hg^{2+}/Hg_2^{2+}	$2Hg^{2+} + 2e^- = Hg_2^{2+}$	0.911
NO_3^-/HNO_2	$NO_3^- + 3H^+ + 2e^- = HNO_2 + H_2O$	0.94
NO_3^-/NO	$NO_3^- + 4H^+ + 3e^- = NO + 2H_2O$	0.957
HIO/I^-	$HIO + H^+ + 2e^- = I^- + H_2O$	0.985
HNO_2/NO	$HNO_2 + H^+ + e^- = NO + H_2O$	0.996
$Br_2(l)/Br^-$	$Br_2 + 2e^- = 2Br^-$	1.065
IO_3^-/HIO	$IO_3^- + 5H^+ + 4e^- = HIO + 2H_2O$	1.14
IO_3^-/I_2	$2IO_3^- + 12H^+ + 10e^- = I_2 + 6H_2O$	1.19
ClO_4^-/ClO_3^-	$ClO_4^- + 2H^+ + 2e^- = ClO_3^- + H_2O$	1.19
O_2/H_2O	$O_2 + 4H^+ + 4e^- = 2H_2O$	1.229
MnO_2/Mn^{2+}	$MnO_2 + 4H^+ + 2e^- = Mn^{2+} + 2H_2O$	1.23
HNO_2/N_2O	$2HNO_2 + 4H^+ + 4e^- = N_2O + 3H_2O$	1.297

（续表）

电　对	电 极 反 应	$\varphi^{\ominus}$/V
Cl_2/Cl^-	$Cl_2+2e^- = 2Cl^-$	1.3583
$Cr_2O_7^{2-}/Cr^{3+}$	$Cr_2O_7^{2-}+14H^++6e^- = 2Cr^{3+}+7H_2O$	1.36
ClO_4^-/Cl^-	$ClO_4^-+8H^++8e^- = Cl^-+4H_2O$	1.389
ClO_4^-/Cl_2	$2ClO_4^-+16H^++14e^- = Cl_2+8H_2O$	1.392
ClO_3^-/Cl^-	$ClO_3^-+6H^++6e^- = Cl^-+3H_2O$	1.45
PbO_2/Pb^{2+}	$PbO_2+4H^++2e^- = Pb^{2+}+2H_2O$	1.46
ClO_3^-/Cl_2	$2ClO_3^-+12H^++10e^- = Cl_2+6H_2O$	1.468
BrO_3^-/Br^-	$BrO_3^-+6H^++6e^- = Br^-+3H_2O$	1.44
$BrO_3^-/Br_2(l)$	$2BrO_3^-+12H^++10e^- = Br_2(l)+6H_2O$	1.5
MnO_4^-/Mn^{2+}	$MnO_4^-+8H^++5e^- = Mn^{2+}+4H_2O$	1.51
$HClO/Cl_2$	$2HClO+2H^++2e^- = Cl_2+2H_2O$	1.630
MnO_4^-/MnO_2	$MnO_4^-+4H^++3e^- = MnO_2+2H_2O$	1.70
H_2O_2/H_2O	$H_2O_2+2H^++2e^- = 2H_2O$	1.763
$S_2O_8^{2-}/SO_4^{2-}$	$S_2O_8^{2-}+2e^- = 2SO_4^{2-}$	1.96
FeO_4^-/Fe^{3+}	$FeO_4^{2-}+8H^++3e^- = Fe^{3+}+4H_2O$	2.20
BaO_2/Ba^{2+}	$BaO_2+4H^++2e^- = Ba^{2+}+2H_2O$	2.365
$XeF_2/Xe(g)$	$XeF_2+2H^++2e^- = Xe(g)+2HF$	2.64
$F_2(g)/F^-$	$F_2(g)+2e^- = 2F^-$	2.87
$F_2(g)/HF(aq)$	$F_2(g)+2H^+\ 2e^- = 2HF(aq)$	3.053
$XeF/Xe(g)$	$XeF+e^- = Xe(g)+F^-$	3.4

在碱性溶液中

电　对	电 极 反 应	$\varphi^{\ominus}$/V
$Ca(OH)_2/Ca$	$Ca(OH)_2+2e^- = Ca+2OH^-$	(−3.02)
$Mg(OH)_2/Mg$	$Mg(OH)_2+2e^- = Mg+2OH^-$	−2.69
$[Al(OH)_4]^-/Al$	$[Al(OH)_4]^-+3e^- = Al+4OH^-$	−2.26
SiO_3^{2-}/Si	$SiO_3^{2-}+3H_2O+6e^- = Si+6OH^-$	(−1.697)
$Cr(OH)_3/Cr$	$Cr(OH)_3+3e^- = Cr+3OH^-$	(−1.48)
$[Zn(OH)_4]^{2-}/Zn$	$[Zn(OH)_4]^{2-}+2e^- = Zn+4OH^-$	−1.285
$HSnO_2^-/Sn$	$HSnO_2^-+H_2O+2e^- = Sn+3OH^-$	−0.91
H_2O/H_2	$2H_2O+2e^- = H_2+2OH^-$	−0.828
$[Fe(OH)_4]^-/[Fe(OH_4)]^{2-}$	$[Fe(OH)_4]^-+e^- = [Fe(OH)_4]^{2-}$	−0.73
$Ni(OH)_2/Ni$	$Ni(OH)_2+2e^- = Ni+2OH^-$	−0.72
AsO_2^-/As	$AsO_2^-+2H_2O+3e^- = As+4OH^-$	−0.66
AsO_4^{3-}/AsO_2^-	$AsO_4^{3-}+2H_2O+2e^- = AsO_3^-+4OH^-$	−0.67
SO_3^{2-}/S	$SO_3^{2-}+3H_2O+4e^- = S+6OH^-$	−0.59
$SO_3^{2-}/S_2O_3^{2-}$	$2SO_3^{2-}+3H_2O+4e^- = S_2O_3^{2-}+6OH^-$	−0.576
NO_2^-/NO	$NO_2^-+H_2O+e^- = NO+2OH^-$	(−0.46)
S/S^{2-}	$S+2e^- = S^{2-}$	−0.48
$CrO_4^{2-}/[Cr(OH)_4]^-$	$CrO_4^{2-}+4H_2O+3e^- = [Cr(OH)_4]^-+4OH^-$	−0.12
O_2/HO_2^-	$O_2+H_2O+2e^- = HO_2^-+OH^-$	−0.076
$Co(OH)_3/Co(OH)_2$	$Co(OH)_3+e^- = Co(OH)_2+OH^-$	0.17
O_2/OH^-	$O_2+2H_2O+4e^- = 4OH^-$	0.401
ClO^-/Cl_2	$2ClO^-+2H_2O+2e^- = Cl_2+4OH^-$	0.421
MnO_4^-/MnO_4^{2-}	$MnO_4^-+e^- = MnO_4^{2-}$	0.56
MnO_4^-/MnO_2	$MnO_4^-+2H_2O+3e^- = MnO_2+4OH^-$	0.60
MnO_4^{2-}/MnO_2	$MnO_4^{2-}+2H_2O+2e^- = MnO_2+4OH^-$	0.62
HO_2^-/OH^-	$HO_2^-+H_2O+2e^- = 3OH^-$	0.867
ClO^-/Cl	$ClO^-+H_2O+2e^- = Cl^-+2OH^-$	0.890
O_3/OH^-	$O_3+H_2O+2e^- = O_2+2OH^-$	1.246

附录 5 常见配离子的稳定常数（298.15K）

配合物类型	金属离子	级数 n	$\lg\beta_n$
氨配合物	Ag^+	1,2	3.40,7.40
	Cd^{2+}	1,…,6	2.60,4.65,6.04,6.92,6.6 ,4.9
	Co^{2+}	1,…,6	2.05,3.62,4.61,5.31,5.43,4.75
	Cu^{2+}	1,…,4	4.13,7.61,10.48,12.59
	Ni^{2+}	1,…,6	2.75,4.95,6.64,7.79,8.50,8.49
	Zn^{2+}	1,…,4	2.27,4.61,7.01,9.06
氟配合物	Al^{3+}	1,…,6	6.1,11.15,15.0,17.7,19.4,19.7
	Fe^{3+}	1,2,3	5.2,9.2,11.9
	Th^{4+}	1,2,3	7.7,13.5,18.0
	TiO^{2+}	1,…,4	5.4,9.8,13.7,17.4
	Sn^{4+}	6	25
	Zr^{4+}	1,2,3	8.8,16.1,21.9
氯配合物	Ag^+	1,…,4	2.9,4.7,5.0,5.9
	Hg^{2+}	1,…,4	6.7,13.2,14.1,15.1
碘配合物	Cd^{2+}	1,…,4	2.4,3.4,5.0,6.15
	Hg^{2+}	1,…,4	12.9,23.8,27.6,29.8
氰配合物	Ag^+	1,…,4	—,21.1,21.8,20.7
	Cd^{2+}	1,…,4	5.5,10.6,16.3,18.9
	Cu^+	1,…,4	—,24.0,28.6,30.3
	Fe^{2+}	6	35.4
	Fe^{3+}	6	43.6
	Hg^{2+}	1,…,4	18.0,34.7,38.5,41.5
	Ni^{2+}	4	31.3
	Zn^{2+}	4	16.7
硫氰酸配合物	Fe^{3+}	1,…,5	2.3,4.2,5.6,6.4,6.4
	Hg^{2+}	1,…,4	—,16.1,19.0,20.9
硫代硫酸配合物	Ag^+	1,2	8.82,13.5
	Hg^{2+}	1,2	29.86,32.26
柠檬酸配合物	Al^{3+}	1	20.0
	Cu^{2+}	1	18
	Fe^{3+}	1	25
	Ni^{2+}	1	14.3
	Pb^{2+}	1	12.3
	Zn^{2+}	1	11.4
磺基水杨酸配合物	Al^{3+}	1,2,3	12.9,22.9,29.0
	Fe^{3+}	1,2,3	14.4,25.2,32.2
乙酰丙酮配合物	Al^{3+}	1,2,3	8.1,15.7,21.2
	Cu^{2+}	1,2	7.8,14.3
	Fe^{3+}	1,2,3	9.3,17.9,25.1
邻二氮菲配合物	Ag^+	1,2	5.02,12.07
	Cd^{2+}	1,2,3	6.4,11.6,15.8
	Co^{2+}	1,2,3	7.0,13.7,20.1
	Cu^{2+}	1,2,3	9.1,15.8,21.0
	Fe^{2+}	1,2,3	5.9,11.1,21.3
	Hg^{2+}	1,2,3	—,19.65,23.35
	Ni^{2+}	1,2,3	8.8,17.1,24.8
	Zn^{2+}	1,2,3	6.4,12.15,17.0

（续表）

配合物类型	金属离子	级数 n	$\lg\beta_n$
乙二胺配合物	Ag^+	1,2	4.7,7.7
	Cd^{2+}	1,2	5.47,10.02
	Cu^{2+}	1,2	10.55,19.6
	Co^{2+}	1,2,3	5.89,10.72,13.82
	Hg^{2+}	2	23.42
	Ni^{2+}	1,2,3	7.66,14.06,18.59
	Zn^{2+}	1,2,3	5.71,10.37,12.08

附录 6　常用酸碱试剂的浓度和密度

名称	密度(293K) /g·mL^{-1}	质量分数 /%	物质的量浓度 /mol·L^{-1}
浓硫酸	1.84	98	18
稀硫酸	1.06	9	1
浓硝酸	1.42	69	16
稀硝酸	1.07	12	2
浓盐酸	1.19	38	12
稀盐酸	1.03	7	2
磷酸	1.7	85	15
高氯酸	1.7	70	12
冰醋酸	1.05	99	17
稀醋酸	1.02	12	2
氢氟酸	1.13	40	23
氢溴酸	1.38	40	7
氢碘酸	1.70	57	7.5
浓氨水	0.88	28	15
稀氨水	0.98	4	2
浓氢氧化钠	1.43	40	14
稀氢氧化钠	1.09	8	2

附录 7　常用基准物及其干燥条件

基准物		干燥后组成	干燥条件或干燥温度	标定对象
名称	分子式			
碳酸氢钠	$NaHCO_3$	Na_2CO_3	270～300℃	酸
碳酸钠	$Na_2CO_3 \cdot 10H_2O$	Na_2CO_3	270～300℃	酸
硼砂	$Na_2B_4O_7 \cdot 10H_2O$	$Na_2B_4O_7 \cdot 10H_2O$	放在含 NaCl 和蔗糖饱和溶液的干燥器中	酸
碳酸氢钾	$KHCO_3$	$KHCO_3$	270～300℃	酸
草酸	$H_2C_2O_4 \cdot 2H_2O$	$H_2C_2O_4 \cdot 2H_2O$	室温干燥空气	碱或 $KMnO_4$
邻苯二甲酸氢钾	$KHC_8H_4O_4$	$KHC_8H_4O_4$	110～120℃	碱
重铬酸钾	$K_2Cr_2O_7$	$K_2Cr_2O_7$	140～150℃	还原剂
溴酸钾	$KBrO_3$	$KBrO_3$	130℃	还原剂
碘酸钾	KIO_3	KIO_3	130℃	还原剂
铜	Cu	Cu	室温干燥器中保存	还原剂

（续表）

基准物		干燥后组成	干燥条件或干燥温度	标定对象
名称	分子式			
三氧化二砷	As_2O_3	As_2O_3	室温干燥器中保存	氧化剂
草酸钠	NaC_2O_4	NaC_2O_4	130℃	氧化剂
碳酸钙	$CaCO_3$	$CaCO_3$	110℃	EDTA
锌	Zn	Zn	室温干燥器中保存	EDTA
氧化锌	ZnO	ZnO	900～1000℃	EDTA
氯化钠	NaCl	NaCl	500～600℃	$AgNO_3$
氯化钾	KCl	KCl	500～600℃	$AgNO_3$
硝酸银	$AgNO_3$	$AgNO_3$	280～290℃	氯化物
氨基磺酸	$HOSO_2NH_2$	$HOSO_2NH_2$	在真空 H_2SO_4 干燥器中保存 48h	碱
氟化钠	NaF	NaF	铂坩埚中 500～550℃ 保存 40～50min 后，H_2SO_4 干燥器中冷却	

附录 8 常用的缓冲溶液

缓冲溶液	pK_a	pH	溶液配制方法
一氯乙酸-NaOH	2.86	2.8	将 200g 一氯乙酸溶于 200mL 水中，加 NaOH 40g，溶解后稀释至 1000mL
甲酸—NaOH	3.76	3.7	将 95g 甲酸和 40g NaOH 溶于 500mL 水中，稀释至 1000mL
NH_4OAc-HOAc	4.74	4.5	将 77g NH_4OAc 溶解于 200mL 水中，加冰 HOAc 59mL，稀释至 1000mL
NaOAc-HOAc	4.74	5.0	将 120g 无水 NaOAc 溶于水，加冰 HOAc 60mL，稀释至 1000mL
$(CH_2)_6N_4$-HCl	5.15	5.4	将 40g 六亚甲基四胺溶于 200mL 水中，加入浓 HCl 10mL，稀释至 1000mL
NH_4OAc-HOAc		6.0	将 600g NH_4OAc 溶于水中，加冰 HOAc 20mL，稀释至 1000mL
NH_4Cl— NH_3	9.26	8.0	将 100g NH_4Cl 溶于水中，加浓氨水 7.0mL，稀释至 1000mL
NH_4Cl— NH_3	9.26	9.0	将 70g NH_4Cl 溶于水中，加浓氨水 48mL，稀释至 1000mL
NH_4Cl— NH_3	9.26	10	将 54g NH_4Cl 溶于水中，加浓氨水 350mL，稀释至 1000mL

附录 9 常用酸碱溶液的配制

溶液名称	浓度 c/ $mol \cdot L^{-1}$（近似）	相对密度（20℃）	质量分数/%	配制方法
浓 HCl	12	1.19	37.23	
稀 HCl	6	1.10	20.0	取 HCl 与等体积水混合
浓 HNO_3	16	1.40	69.80	
稀 HNO_3	6	1.20	32.36	取浓硝酸 381mL，稀释成 1L
	2	1.10	12	取浓硝酸 128mL，稀释成 1L
浓 H_2SO_4	18	1.84	95.6	
稀 H_2SO_4	3	1.18	24.8	取浓硫酸 167mL，缓慢加入 833mL 去离子水中
冰 HAc	17.5	1.05	99.8	
稀 HAc	6	1.02	35.0	取浓 HAc350mL，稀释成 1L
	2			取浓 HAc118mL，稀释成 1L
浓 $NH_3 \cdot H_2O$	15	0.90	25～27	
稀 $NH_3 \cdot H_2O$	6			取浓氨水 400mL，稀释成 1L
	2			取浓氨水 134mL，稀释成 1L
NaOH	6	1.22	19.7	将 NaOH 240 g 溶于去离子水，稀释成 1L
	2			将 NaOH 80 g 溶于去离子水，稀释成 1L

附录10　官能团红外特征吸收峰

类别	键和官能团	吸收峰位置及特征	说明
卤代烃	C—F C—Cl C—Br C—I	1350～1100cm^{-1}(强) 750～700cm^{-1}(中) 700～500cm^{-1}(中) 610～485cm^{-1}(中)	1. 如果同一碳上卤素增多,吸收位置向高波数位移 2. 卤化物,尤其是氟化物和氯化物的伸缩振动吸收易受邻近基团的影响,变化较大 3. δ_{C-Cl} 与 δ_{C-H}(面外)的值比较接近
醇	—OH	游离:3650～3610cm^{-1}(尖峰,强度不定) 分子内缔合:3500～3000cm^{-1} 分子间缔合:二聚(3600～3500cm^{-1})、多聚(3400～3200cm^{-1})	1. 缔合物峰形较宽(缔合程度越大,峰越宽,越向低波数移动) 2. 一般羟基吸收峰出现在比碳氢吸收峰所在频率高的部位,即大于 3000cm^{-1} 的吸收峰通常表示分子中含有羟基
		伯醇 δ_{OH}:1500～1260cm^{-1} 仲醇 δ_{OH}:1350～1260cm^{-1} 叔醇 δ_{OH}:1410～1310cm^{-1}	—OH 的面内变形振动,其吸收位置与醇的类型、缔合状态、浓度有关
	在解谱时要注意,H_2O 和 N 上质子的伸缩振动也会在—OH 的伸缩振动区域出现		
	C—O	(1200～1030)±5cm^{-1} 伯醇 ν_{C-O}:1070～1000cm^{-1} 仲醇 ν_{C-O}:1120～1030cm^{-1} 叔醇 ν_{C-O}:1170～1100cm^{-1}	1. 分子中含有羟基的一个特征伸缩振动吸收峰 2. 有时可根据该吸收峰确定醇的级数,如叔醇:1200～1125cm^{-1} 仲醇、丙烯型叔醇、环叔醇:1125～1085cm^{-1} 伯醇、丙烯型仲醇、环仲醇:1085～1050cm^{-1}
酚	O—H	极稀溶液:3611～3603cm^{-1}(尖锐) 浓溶液:3500～3200cm^{-1}(较宽)	多数情况下,两个吸收峰并存
	C—O	1300～1200cm^{-1}	
醚	C—O—C	1275～1020cm^{-1}	醚的特征吸收为碳氧碳键的伸缩振动
		脂肪族醚 ν^{as}_{C-O-C}:1275～1020cm^{-1}	脂肪族醚的 ν^{s}_{C-O-C} 太小,只能根据 ν^{as}_{C-O-C} 来判断
		芳香族和乙烯基醚: ν^{as}_{C-O-C}:1310～1020cm^{-1}(强) ν^{s}_{C-O-C}:1075～1020cm^{-1}(较弱)	由于 O 原子的未共用电子对与苯环或烯键的 p-π 共轭,使=C—O 键级升高,键长缩短,力常数增加,故伸缩振动频率升高
		饱和环醚　ν^{as}_{C-O-C}　ν^{s}_{C-O-C} 六元双氧环:1124cm^{-1}　878cm^{-1} 六元单氧环:1098cm^{-1}　813cm^{-1} 五元单氧环:1071cm^{-1}　913cm^{-1} 四元单氧环:983cm^{-1}　1028cm^{-1} 三元单氧环:839cm^{-1}　1270cm^{-1}	饱和六元环醚与非环醚谱带位置相近。环减小时,ν^{as}_{C-O-C} 降低,ν^{s}_{C-O-C} 升高
		环氧化合物 8μ 峰 1280～1240cm^{-1},11μ 峰 950～810cm^{-1},12μ 峰 840～750cm^{-1}	环氧化合物有三个特征吸收带,即所谓的 8μ 峰、11μ 峰、12μ 峰
	一般情况下,只用 IR 来判断醚是困难的,因为其它一些含氧化合物,如醇、羧酸、酯类都会在 1250～1100cm^{-1} 范围内有强的 ν_{C-O} 吸收		

（续表）

类别	键和官能团	吸收峰位置及特征	说明
醛	C=O	1750～1650cm^{-1}	鉴别羰基最迅速的方法
	RCHO C=C—CHO ArCHO $R_2C=O$ C=C—C(R)=O ArC(R)=O	1740～1720cm^{-1} 1705～1680cm^{-1} 1717～1695cm^{-1} 1725～1705cm^{-1} 1685～1665cm^{-1} 1700～1680cm^{-1}	1. 酮羰基的力常数较醛的小，故吸收位置较醛的低，不过差别不大，一般不易区分。—CHO 中的 C-H 键在～2720cm^{-1} 区域的伸缩振动吸收峰可用来判断是否有—CHO 存在 2. 羰基与苯环共轭时，芳环在 1600cm^{-1} 区域的吸收峰分裂为两个峰，即在～1580cm^{-1} 位置又出现一个新的吸收峰
	醛有 $\nu_{C=O}$ 和醛基质子 ν_{C-H} 两个特征吸收带		
	醛的 $\nu_{C=O}$ 高于酮。饱和脂肪醛 $\nu_{C=O}$ 为 1740～1715cm^{-1}；α,β-不饱和脂肪醛 $\nu_{C=O}$ 为 1705～1685cm^{-1}；芳香醛 $\nu_{C=O}$ 为 1710～1695cm^{-1}		
	醛基质子的伸缩振动	醛基在 2880～2650cm^{-1} 出现两个强度相近的中强吸收峰，一般这两个峰在～2820cm^{-1} 和 2740～2720cm^{-1} 出现，后者较尖，是区别醛与酮的特征谱带。这两处吸收是由醛基质子 ν_{C-H} 与 δ_{C-H} 倍频的费米共振产生的	
	C—C—C(O) 面内弯曲振动	脂肪醛在 695～520cm^{-1} 有强吸收峰，当 α 位有取代基时则移动到 665～635cm^{-1}	
	C—C=O 面内弯曲振动	脂肪醛在 535～665cm^{-1} 有中强吸收，当 α 位有取代基时则移动到 565～540cm^{-1}	
酮	酮的特征吸收为 $\nu_{C=O}$，常是第一强峰。饱和脂肪酮的 $\nu_{C=O}$ 在 1725～1705cm^{-1}		
	α-C 上有吸电子基团时将使 $\nu_{C=O}$ 升高		
	羰基与苯环、双键或炔键共轭时，使羰基的双键性减小，力常数减小，使吸收峰向低波数方向移动		
	环酮中，随张力的增加，波数增大		
	α-二酮(R-CO-CO-R)′在 1730～1710cm^{-1} 有一强吸收，β-二酮(R—CO—CH_2—CO—R)′有酮式和烯醇式互变异构体。酮式中因两个羰基偶合效应，在 1730～1690cm^{-1} 有两个强吸收；烯醇式在 1640～1540cm^{-1} 有宽且强的吸收		
	C—CO—C 面内弯曲振动	脂肪酮当 α 位无取代基时，在 630～620cm^{-1} 有一强吸收；当 α 位有取代基时，移到 580～560cm^{-1} 有一中强吸收。芳香酮类除芳香甲基酮在 600～580cm^{-1} 处有一强吸收外，其它芳香酮无此谱带与结构的关系	
	C—C=O 面内弯曲振动	脂肪酮当 α 位无取代基时，在 540～510cm^{-1} 有一强吸收；当 α 位有取代基时，移到 560～550cm^{-1} 有一强度变化的吸收。甲基酮在 530～510cm^{-1} 处有一中强吸收，环酮在 505～480cm^{-1} 有一强吸收带	
羧酸	C=O	RCOOH 单体：1770～1750cm^{-1} 二缔合体：～1710cm^{-1} CH_2=CH—COOH 单体：～1720cm^{-1} 二缔合体：～1690cm^{-1} ArCOOH 单体：1770～1750cm^{-1} 二缔合体：～1745cm^{-1}	1. 二缔合体 C=O 的吸收，由于氢键的影响，吸收位置向低波数移动 2. 关于芳香羧酸，由于形成氢键及与芳环共轭两种影响，使 C=O 吸收向低波数方向移动
		$\nu_{C=O}$ 高于酮的 $\nu_{C=O}$，这是 OH 作用的结果	
	OH	气相(游离)：～3550cm^{-1} 液/固(二缔合体)：3200～2500cm^{-1}(宽而散)，以 3000cm^{-1} 为中心，此吸收在 2700～2500cm^{-1} 有几个小峰，因此区域其它峰很少出现，故对判断羧酸很有用	羧酸的 O—H 在约 1400cm^{-1} 和约 920cm^{-1} 区域有两个比较强且宽的弯曲振动吸收峰，这可以作为进一步确定存在羧酸结构的证据
	CH_2 的面外摇摆吸收	晶态的长链羧酸及其盐在 1350～1180cm^{-1} 出现峰间距相等的特征吸收峰组，峰的个数与亚甲基的个数有关。当链中不含不饱和键时，长链脂肪酸及其盐含有 n 个亚甲基。若 n 为偶数，谱带数为 $n/2$ 个；若 n 为奇数，谱带数为 $(n+1)/2$ 个。一般 $n>10$ 时可使用此法计算	
	在 955～915cm^{-1} 有一特征宽峰，是酸二聚体中 OH…O= 的面外变形振动引起的，可用于确认羧基的存在		
	$\nu_{C=O}$ 高于酮的 $\nu_{C=O}$，这是 OH 作用的结果		
	羧酸盐中的—COO^- 无 $\nu_{C=O}$ 吸收，—COO^- 是一个多电子的共轭体系，两个 C=O 振动耦合，故在两个地方出现强吸收。其中反对称伸缩振动在 1610～1560cm^{-1}，对称伸缩振动在 1440～1360cm^{-1}，强度弱于反对称伸缩振动吸收，并且常是两个或三个较宽的峰		

（续表）

类别	键和官能团	吸收峰位置及特征	说明
酯	C=O	1735cm^{-1}（强）	
		C=C—COOR 或 ArCOOR 的 C=O 伸缩振动吸收因与 C=C 共轭移向低波数方向，在约 1720cm^{-1} 区域-COOC 或 RCOOAr 结构的 C=O 则向高波数方向移动，在约 1760cm^{-1} 区域吸收	1. 在 1300～1050cm^{-1} 有两个 C—O 伸缩振动吸收，其中波数较高的吸收峰比较明显，可用于酯的鉴定 2. 芳香酯在 1605～1585cm^{-1} 还有一个环的特征振动吸收峰
	酯有两个特征吸收，即 $\nu_{C(O)-O}$ 和 ν_{C-O-C}		
	ν_{C-O-C} 在 1330～1050cm^{-1} 有两个吸收带，即 $\nu_{C(O)-O}$ 和 ν_{C-O-C}，其中 $\nu_{C(O)-C}$ 为 1330～1150cm^{-1}，峰强且宽大，在酯的红外光谱中为第一强峰		
酸酐	C=O	1860～1800cm^{-1}（强） 1800～1750cm^{-1}（强）	1. 反对称、对称的两个 C=O 伸缩振动吸收峰往往相隔 60cm^{-1} 2. 对于线性酸酐，高频峰较强于低频峰，而环状酸酐则反之
	C-O	1310～1045cm^{-1}（强）	
		饱和脂肪酸酐：1180～1045cm^{-1} 环状酸酐：1300～1200cm^{-1}	各类酸酐在 1250cm^{-1} 都有一中强吸收
酰卤	C=O	脂肪酰卤：1800cm^{-1}（强）	如果 C=O 与不饱和基共轭，吸收峰出现在 1800～1750cm^{-1}
		芳香酰卤：1785～1765cm^{-1}（两强峰）	波数较高的是 C=O 伸缩振动吸收，在 1785～1765cm^{-1}（强）；波数较低的是芳环与 C=O 之间的 C—C 伸缩振动吸收（约 875cm^{-1}）的弱倍频峰，出现在 1750～1735cm^{-1}
	C—C(O)	脂肪酰卤在 965～920cm^{-1} 有吸收峰，芳香酰卤在 890～850cm^{-1} 有吸收峰，芳香酰卤在 1200cm^{-1} 还有一吸收峰	
酰胺	C=O	一级酰胺 $RCONH_2$ 游离：约 1690cm^{-1}（强）；缔合体：约 1650cm^{-1}	
		二级酰胺 RCONHR′游离：约 1680cm^{-1}（强）；缔合体：约 1650cm^{-1}（强）	
		三级酰胺 RCOR′R″约 1650cm^{-1}（强）	
	N—H	无极性稀的溶液：约 3520cm^{-1} 和 3400cm^{-1} 浓溶液或固态：约 3350cm^{-1} 和 3180cm^{-1}	N—H 的弯曲振动吸收在 1640cm^{-1} 和 1600cm^{-1}，是一级酰胺的两个特征吸收峰
		游离：约 3400cm^{-1} 缔合体（固态）：约 3300cm^{-1}	N-H 的弯曲振动吸收在 1550～1530cm^{-1}
	C—N	约 1400cm^{-1}	
	伯酰胺	ν_{C-H}：NH_2 的伸缩振动吸收在 3540～3180cm^{-1}，有两个尖的吸收带；当在稀的 $CHCl_3$ 中测试时，在 3400～3390cm^{-1} 和 3530～3520cm^{-1} 出现	
		$\nu_{C=O}$：由于氮原子上未共用电子对与羰基的 p-π 共轭，使 C=O 伸缩振动频率降低，出现在 1690～1630cm^{-1}	
		NH_2 的面内变形振动：此吸收较弱，并靠近 $\nu_{C=O}$，一般在 1655～1590cm^{-1}	
		ν_{C-N}：在 1420～1400cm^{-1} 内有一个很强的碳氮键伸缩振动的吸收带，在其它酰胺中也有此吸收	
		NH_2 的摇摆吸收：伯酰胺在约 1150cm^{-1} 有一个弱吸收，在 750～600cm^{-1} 有一个宽吸收	

续表

类别	键和官能团	吸收峰位置及特征	说明
酰胺	仲酰胺	ν_{N-H}:在稀溶液中,伯酰胺有一个很尖的吸收,在仪器分辨率很高时,可分裂为相似的双线,有顺反异构产生。在压片法或浓溶液中,仲酰胺的 ν_{N-H} 可能出现几个吸收带,由顺反两种异构产生的靠氢键连接的多聚物所致	
		$\nu_{C=O}$:仲酰胺在 1680～1630cm^{-1} 有一个强吸收	
		δ_{NH} 和 ν_{C-N} 之间偶合造成酰胺Ⅱ带和酰胺Ⅲ带。酰胺Π带在 1570～1510cm^{-1},酰胺Ⅲ带在 1335～1200cm^{-1}	
	叔酰胺	唯一的特征谱带是 $\nu_{C=O}$,在 1680～1630cm^{-1}	
腈	C≡N	2260～2210cm^{-1}	特征吸收峰
胺	RNH_2	3500～3400cm^{-1}(游离)缔合降低 100	
	NH	3500～3300cm^{-1}(游离)缔合降低 100	

参 考 文 献

[1] 武汉大学．分析化学．6版．北京：高等教育出版社，2016.

[2] 华东理工大学分析化学教研组，四川大学工科化学基础课程教学基地．分析化学．6版．北京：高等教育出版社，2009.

[3] 顾佳丽．分析化学实验技能．北京：化学工业出版社，2018.

[4] 李志富．分析化学实验．北京：化学工业出版社，2017.

[5] 佘振宝，姜桂兰．分析化学实验．北京：化学工业出版社，2005.

[6] 张晓丽．仪器分析实验．北京：化学工业出版社，2006.

[7] 陈怀侠．仪器分析实验．北京：科学出版社，2017.

[8] 胡坪．仪器分析实验．北京：高等教育出版社，2016.

[9] 杨万龙，李文友．仪器分析实验．北京：科学出版社，2008.

[10] 刘雪静，吴鸿伟，闫春燕，等．仪器分析实验．北京：化学工业出版社，2019.

[11] 俞英．仪器分析实验．北京：化学工业出版社，2008.

[12] 周明达．现代分析化学实验．长沙：中南大学出版社，2014.

[13] 天津大学．分析化学实验．天津：天津大学出版社，1995.

[14] 四川大学化学工程学院，浙江大学化学系．分析化学实验．4版．北京：高等教育出版社，2015.

[15] 武汉大学，吉林大学，中山大学．分析化学实验．北京：高等教育出版社，1995.

[16] 张学军，高嵩．分析化学实验教程．北京：中国环境科学出版社，2009.

[17] 高嵩，张学军，王传胜．无机与分析化学实验．北京：化学工业出版社，2011.